中德畜牧业技术创新中心项目概述及进展

Vorstellung und aktueller Stand der Projekte zum Deutsch-Chinesischen Zentrum für Technologie und Innovation in der Tierzucht und Tierhaltung

全国畜牧总站　组编

中国农业大学出版社
·北京·

内容简介

中德畜牧业技术创新中心是在2010年中德两国政府间磋商协定的基础上，由中华人民共和国农业部与德意志联邦共和国食品、农业及消费者保护部在中德农业合作联委会框架下于2011年共同组建成立的中德畜牧业合作机构。

本书围绕中德畜牧业技术创新中心——中德牛业发展合作项目实施7年来的进展情况，简明扼要地介绍了项目主推技术在荷斯坦牛、西门塔尔牛和新疆褐牛上的应用，总结梳理了项目示范场经中德双方专家的指导和帮助下，在品种改良、饲养管理、疫病防控、饲料营养、生产效益等方面所取得的成效。

本书是对中德畜牧业技术创新中心工作的总结和回顾，供从事相关工作的地方畜牧主管部门、畜牧技术推广机构、科研人员和企业参考和借鉴。

图书在版编目(CIP)数据

中德畜牧业技术创新中心项目概述及进展 / 全国畜牧总站组编．—北京：中国农业大学出版社，2017.11

ISBN 978-7-5655-1940-6

Ⅰ.①中…　Ⅱ.①全…　Ⅲ.①畜牧业-农业合作-技术革新-研究-中国、德国　Ⅳ.①S8

中国版本图书馆CIP数据核字(2017)第263235号

书　名　中德畜牧业技术创新中心项目概述及进展

作　者　全国畜牧总站　组编

策划编辑　李卫峰　　**责任编辑**　冯雪梅

封面设计　郑　川

出版发行　中国农业大学出版社

社　　址　北京市海淀区圆明园西路2号　　**邮政编码**　100193

电　　话　发行部 010-62818525,8625　　读者服务部 010-62732336

编辑部 010-62732617,2618　　出　版　部 010-62733440

网　　址　http://www.cau.edu.cn/caup　　**E-mail** cbsszs@cau.edu.cn

经　　销　新华书店

印　　刷　涿州市星河印刷有限公司

版　　次　2017年11月第1版　2017年11月第1次印刷

规　　格　787×1 092　16开本　22.25印张　560千字

定　　价　115.00元

编写人员

主　编　何新天　张　沅

副主编　王雅春　格鲁伯

编　委　张胜利　李俊雅　朱化彬　石万海　王志刚

　　　　张金松　孙志华　毕颖慧　杨晓敏　邱小田

序

改革开放近四十年来，我国养牛业迅速发展。牛奶、牛肉的产量快速增长，为保障市场供应、增加农民收入做出了重要贡献。德国养牛业历史悠久，在育种、饲养管理、生态和环境保护等方面居于世界前列。中德两国养牛业有着很强的互补性和合作潜力。

中德畜牧业技术创新中心——中德牛业发展合作项目实施以来成效显著。在中德双方农业部指导下，成立了项目专家组，遴选了10家中国示范牛场和若干家德方参与企业。双方围绕荷斯坦牛、西门塔尔牛和新疆褐牛，开展了技术交流与合作。

项目取得了重要进展。通过遗传物质的交流，促进了项目地区牛品种改良工作。通过开展现场培训与指导，提高了示范场的管理和生产水平。通过开展赴德考察与培训，更新了观念、提高了认识。通过召开学术会、推介活动，促进了中德学术交流和商务合作。

农业部外经中心和德国GFA对本项目的实施提供了有益的指导，专家组付出了辛勤的努力，10个示范场及所在省区市畜牧部门和推广单位、德方参与企业也给予了大力支持。本项目的中方实施单位全国畜牧总站和德方实施单位ADT公司对此表示诚挚谢意。

牛的品种改良是一个漫长的过程。我们希望中德牛业合作项目能继续实施，希望品种改良的作用和价值在未来牛业发展中得到进一步的体现和发挥。

杨红杰

2017年10月

目 录

1 中德畜牧业技术创新中心项目简介

1.1 背景

2006 年中德农业联委会(图 1-1)成立以来,中德两国农业部间高层和专业考察团组互访频繁,有力地推动了两国在畜牧、农机以及经贸等领域的互利合作。

图 1-1 2011 年中德农业联委会会议现场

2007 年,中国农业部国际合作司与德国巴伐利亚州农林部签订了为期 5 年的《关于推广应用德系西门塔尔乳肉兼用牛种遗传物质与相关技术的合作协议》,全国畜牧总站和德国宝牛育种中心作为项目的实施单位。在 2007—2011 年期间,项目在河北、山西、吉林、内蒙古、河南、新疆等 6 个试点省份,引进优质德系西门塔尔(弗莱维赫)乳肉兼用牛冷冻精液 2 万份,在中国和德国开展技术培训,促进了双方企业、科研院校之间的交流与合作。

2010 年，中德农业部签署了《中华人民共和国农业部与德意志联邦共和国食品、农业及消费者保护部关于建立中德畜牧业技术创新中心意向书》，意向书明确提出，为促进中德畜牧业科技交流，双方将在北京建立中德畜牧业技术创新中心。2011 年 6 月，中德两国在德国柏林举行首轮中德政府间磋商，发布了首轮中德政府磋商联合新闻公报，公报中第十四项内容提到，双方将共同制定未来 5 年中德农业合作行动计划，在中德农业合作联委会框架下组建中德畜牧业技术创新中心。

1.2 经历

1.2.1 中国牛业发展合作项目(2010—2013 年)

2011 年，中德畜牧业技术创新中心(图 1-2)正式成立(以下简称“中心”)。中方实施单位为全国畜牧总站(以下简称“总站”)，德方实施单位为德国 GFA 农业技术咨询有限公司(以下简称“GFA”)。2011 年 11 月 4 日，双方实施单位经友好协商，签订了《中德畜牧业技术创新中心——中国牛业发展合作项目实施方案》。目标是通过引进德国先进的养牛生产管理技术和优良的遗传物质，帮助中国养牛企业提高牛奶和牛肉质量以及资源效益。本阶段确定了第一批项目示范单位，分别为北京三元绿荷奶牛养殖中

图 1-2 中德农业部领导共同为中德畜牧业技术创新中心揭牌

心、石家庄润通牧业有限公司、新疆呼图壁种牛场有限公司、黑龙江省九三红枫种植有限公司、新疆维吾尔自治区国营乌鲁木齐种牛场、伊犁新褐种牛场。德国主要参与企业分别为德国巴伐利亚遗传物质公司(Bayern-Geneti kgmbH)、德国宝牛育种中心(BVN)、德国遗传物质国际有限公司(GGI)和诺丁林种畜基因产品公司(Masterrind)。

1.2.2　中国牛业发展合作项目(2014 年)

2014 年,中德两国项目实施单位总站和 GFA 再次签署了《中德畜牧业技术创新中心——中国牛业发展合作项目实施方案》,并确定了第二批项目示范单位,分别为北京首农畜牧奶牛中心良种场、北京中地畜牧科技有限公司、张北华田牧业科技有限公司、四川省阳平种牛场,项目示范单位由 6 家增至 10 家。

1.2.3　中德畜牧业发展合作项目(2015—2017 年)

这一阶段,项目合作由牛业合作拓展到畜牧业合作,把猪业合作首次纳入到项目合作内容当中。2015 年 1 月 16 日,总站与 GFA 经友好协商,签订了《中德畜牧业技术创新中心——中德畜牧业发展合作项目实施方案》。目的在于通过引进德国先进的畜牧业生产管理技术和优良的遗传物质,帮助中国发展养牛、养猪以及其他畜种的生产,提高动物食品产业链的产能、质量和资源效益,并协助中国畜牧业持续发展。

1.3　机构设置

为保证中心项目工作的顺利实施,中方于 2011 年筹备成立了以高鸿宾副部长为组长的"中方畜牧业技术创新中心项目领导小组"和以中国农业大学张沅教授为组长的"中方项目专家组",领导小组成员由农业部畜牧业司和全国畜牧总站有关人员和专家组成。中方项目办公室设在全国畜牧总站牧业发展处,在领导小组的领导下开展工作。专家组在中方项目办公室的组织下开展工作,包括制定项目技术方案,提供技术咨询服务,解决项目执行过程中的技术问题,专家组成员由国内大专院校、科研单位、项目省技术推广部门的有关专家组成。

1.4　进展与成效

项目实施七年来,在农业部国际合作司、畜牧业司及中德农业合作联委会的大力支持和正确领导下,总站与德方密切配合、通力协作,积极努力落实合作内容,项目工作进展顺利,取得了阶段性的成果。

1.4.1　推动技术和物质引进工作

免费引进了德国先进的养牛生产管理技术和优良的遗传物质,目前成功引进

10 000 剂优质荷斯坦、西门塔尔和褐牛的牛冷冻精液，其中荷斯坦4 000 剂，德系西门塔尔 4 000 剂，褐牛 2 000 剂，配种效果良好，产出的后代表现出优秀的生长、繁殖和泌乳性能，展现了乳肉兼用牛的优质特性和优势，推动了示范单位乳肉兼用牛群体的遗传改良进程；引进 13 620 套牛耳标，引进并汉化了 6 套德国的育种和饲料配方软件，对规范和加强示范单位科学饲养管理起到了重要作用，提升了发展竞争力与综合效益。

1.4.2 广泛开展技术培训

与德方共同组织了 10 余期赴德国专项培训和学习活动，举办了 7 期养牛技术培训班，4 期犊牛饲养管理培训班，2 期饲料营养及牛群管理软件培训班(图 1-3)，2 期粪污处理培训班。累计参与交流或培训的管理和技术人员突破 1 000 人次。参与培训的示范单位工作人员回到岗位后，无论在本场的日常管理还是在养牛技术的提升等方面，都发挥了重要的带动作用，示范单位整体综合生产水平较项目实施以前有了显著的改善。

图 1-3 2012 年 3 月管理软件培训班

1.4.3 进行针对性的技术指导

项目实施以来，双方实施单位每年组织从事牛场管理、饲料配方设计、疾病防治、犊牛饲喂、遗传育种等方面的两国专家 10 余人次，对示范单位进行现场指导和调研，并在之后针对每场情况提供具有针对性的考察指导报告，累计现场技术指导超过 60 人次。组织有关示范场针对西门塔尔牛、荷斯坦牛和褐牛等品种开展生产性能测定工作，对测定数据进行整理分析，提出切合实际的改进建议。通过以上工作，为示范单位在牛群管理、犊牛腹泻防治、挤奶、选种选配、饲喂、修蹄、牛群营养健康等方面提供了实实在在的帮助。

1.4.4 组织技术交流研讨

多次组织中德双方专家在中国农业大学、国家饲料质检中心、中国农科院北京畜牧兽医研究所胚胎生物技术重点实验室和国家畜牧基因库开展技术交流活动。每年举办中德畜牧业技术创新中心项目研讨交流会，为示范单位制定技术改进方案，有针对性地开展现场技术指导工作打好基础。通过组织中德畜牧业专家的技术交流和项目经验交流会，及时对项目成果、经验和存在的问题进行了总结，确保项目顺利开展。

1.4.5 开展项目总结与评估

今年是项目实施阶段的收官年，中德双方根据项目进展实际情况，组织开展了项目总结与效果评估工作（图 1-4）。中方办公室组织各牛业项目示范单位对项目执行情况进行总结，规定了总结的框架和内容。同时，通过配合德方对项目执行效果和示范

图 1-4 牛业合作项目评估

牛场发展状况进行评估，有针对性地为下一步合作制定计划、改进方案、科学谋划（图1-5）。

图 1-5 项目评估工作总结会议现场

1.5 展望

1.5.1 进一步完善中德畜牧业合作机制

我国建立健全了省、地、县级畜牧技术推广机构，总站与地方畜牧技术推广机构建立了紧密的业务指导关系，形成了一套完整的技术推广体系，在推动畜牧科技和产业合作方面优势明显。希望将这一优势纳入到现有中德畜牧业合作模式中，发挥各级畜牧推广机构作用，推动项目更好更快发展。

1.5.2 加大良种推广的政策扶持力度

引进德国优良的猪、牛、羊品种，需要政府引导，需要促进良种推广的政策扶持。建议有关部门制定促进推广良种繁育的有关政策，加大推广的政策扶持力度，提高我国畜牧业综合生产力，最终实现互惠共赢。

1.5.3 加强技术交流与合作

希望双方在品种选育、生产性能测定、遗传评定、育种生产体系建设、饲养管理、乳制品加工等方面加强技术交流与合作，开展多领域的技术指导与培训，同时做好后续服务和跟踪评价工作，共同努力将中德畜牧业合作项目做大做强。

1.5.4 进一步拓展合作

目前，中德牛业合作项目已经取得了显著的成效，项目单位起到了应有的示范作用，猪业合作项目也在有条不紊地展开。中德双方在畜牧业领域的合作基础良好，双方资源、技术互补性强，未来的合作前景广阔。希望先期在养牛、养猪领域开展技术合作与交流的基础上，逐步扩大到畜牧业其他领域，提高中国畜牧业综合生产能力和畜产品质量安全。同时，希望以此为契机，进一步增强中德两国之间的传统友谊，把中德农业合作共同推向一个新的高度。

2 牛品种简介

2.1 德国荷斯坦牛

2.1.1 外貌描述及品种历史简述

德国荷斯坦牛包括荷斯坦牛和红荷斯坦牛。除黑白花和红白花花片外，一般乳房、尾梢和腿部飞节以下为白色。偶尔也有除几个花点外，几乎为纯白色或纯黑色、红色个体出现。有角，但也培育了无角品系。两种毛色的荷斯坦牛都起源于德国在北海和波罗的海海岸的部分。1876年，德国建立了第一个正式的荷斯坦牛育种联合体，位于Saxony-Anhalt州Altmark地区的Fischbek村。目的是用本地公牛展开育种培育高产且性能稳定的种群。在过去约150年内，很多地区性育种协会、育种联合体逐步建立，在最近几十年中这些小的育种组织不断融合并成为较大规模的育种组织。

同时，由于具有世界上最大的荷斯坦牛育种群体，德国发展成为最具实力的奶业发达国家。有育种者的热情参与、积极推广，提供由良好的泌乳性能和登记记录组成的数据库，德国荷斯坦牛80%个体参与品种登记和生产性能测定。系谱信息能追溯到19世纪德国的良种登记簿。许多具有重要影响的母牛家系一直保留至今。

2.1.2 世界上最大的荷斯坦牛群体

在20世纪60年代中期，品种协会和AI公牛站紧密合作，在牛产业中获得了更重要的地位。以信息公开、共同遵守的协议以及对于育种环节存在的问题保持高度和谐等为原则，德国地区级的育种公司建立了德国荷斯坦协会(DHV Deutscher Holsteinverband e. V.)，作为各区域性组织的顶层核心。正是由于这个原因，协会所有活动都严格遵守协会章程，包括育种目标、品种登记、遗传评估和颁布生产记录及相关文件等。目前共有17 500个农场的180万头登记荷斯坦牛。这些规模显示，德国拥有世界上最大的荷斯坦牛登记群体。共有240万头荷斯坦牛具有官方测定成绩。这个完整、独立的数据收集体系确保遗传进展最大化和颁布结果高度可靠。利用科学的育种工具，例如基因组选择和其他现代化生物技术，育种组织和 AI 中心负责测定几千头候选个体，获得具有最高遗传水平的荷斯坦公牛。

2.1.3 使用最现代化的育种工具

在过去的几十年中，德国育种工作都始终跟随科技前沿。他们取得的成绩确立了德国荷斯坦牛高生产潜力和功能型体型的里程碑。除此之外，长寿或生产寿命、繁殖力和乳房健康也是最重视的性状。德国以总价值指数 RZG 为单位公布遗传进展和育种值。这个育种体系确保育种目标的平衡性，囊括了泌乳性能、功能型生产寿命、体型、繁殖、乳房健康和产犊性状的经济重要性。综合考虑这些具有经济重要性的性状确保德国荷斯坦牛成为高效益群体，深受世界各国育种者和奶农的喜爱。每年近 10 万头荷斯坦登记牛出口到世界上其他国家。德国顶级公牛冻精以及经验证明德国母牛家系产生的胚胎是世界上各荷斯坦牛育种行业高度需求的。

2.1.4 育种计划

德国目前有 11 个育种组织进行荷斯坦牛的育种工作，不断持续在荷斯坦牛已经建立的良好育种体系中发展。在这些多样化的育种团体中，有时实施合作育种，在所辖牛群以及全世界选择最佳的公牛父亲和公牛母亲，并在荷斯坦牛群内取得了不断的进展。在荷斯坦牛的总体育种目标之内，各地区的育种计划又有各自的特色、针对本地独特的结构，例如牛群结构、管理和地理信息差别。正因为如此，不仅确保了不同类型的遗传物质可供选择，而且使用到了很宽泛的母牛家系。德国荷斯坦牛的育种目标为：高效益、高产的乳用类型牛群；产奶性能好、生长速度快；采食量大、健康水平高、繁殖力强，早熟且易产；遗传潜力为 10 t，乳脂率 4.0%、乳蛋白率 3.5%；终生产奶量为 40 t；体高 145～156 cm；体重 650～750 kg；肢蹄健康、强壮；乳房健康-容易挤奶，高产且生产寿命长，适合现代奶业的挤奶需求。

2.2 新疆褐牛

新疆褐牛（Xinjiang Brown）属乳肉兼用型品种。1983 年经自治区畜牧厅组织品种审定。新疆褐牛中心产区在天山北坡西部的伊犁河谷、塔额盆地。它适应性、抗病力强，体型外貌好，泌乳、产肉和役用性能优良。在草场放牧可耐受严寒和酷暑环境。新疆褐牛在畜牧业产业化以及农村经济发展中都具有举足轻重的作用。目前新疆褐牛存栏 150 万头，其中符合品种标准的新疆褐牛约 60 万头。主要分布在伊犁河谷、塔额盆地，以及乌昌周边、哈密、巴州等地。新疆褐牛的良种繁育基地包括：塔城地区种牛场、伊犁州新褐种牛场、乌鲁木齐种牛场褐牛繁育中心、阿勒泰市散德克库木种畜场等。见图 2-1。

图 2-1　新疆褐牛母牛、公牛照片

新疆褐牛成年公牛体重可达 970 kg，成年母牛体重可达 450 kg 以上，但依饲养条件有变化。见表 2-1。

表 2-1 新疆褐牛成年公牛和母牛的体尺体重

性别	头数	体高/cm	体斜长/cm	胸围/cm	管围/cm	体重/kg
公*	30	152.6±5.5	196.2±10.6	236.5±6.1	25.3±1.1	970.5±87.4
母**	172	127.1±3.4	159.5±8.8	178.7±7.8	18.9±1.0	512.8±55.5
母***	42	121.7±5.7	158.1±9.1	182.0±14.3	19.7±1.1	451.9±85.9

注：* 数据来自新疆自治区畜禽改良总站成年公牛 2008 年测定结果；

** 数据来自新疆自治区伊犁州河谷 2004 年测定结果（全灵等，2005）；

*** 数据来自塔城地区 2008 年成年母牛的调查结果。

新疆褐牛在终年放牧饲养条件下，夏秋季体况恢复能力强。肉质好，具大理石花纹结构，肉质细嫩，风味极佳，眼肌面积可达 89.7 cm^2 左右。伊犁河谷地区褐牛放牧育肥日增重平均为 0.65 kg，强度育肥日增重一般为 0.85～1.25 kg；育肥条件下 1.5 岁阉牛屠宰率为 47.55%，净肉率为 36.64%；2.5 岁阉牛屠宰率为 52.46%，净肉率为 41.80%。

新疆褐牛在伊犁、塔城牧区草原终年放牧饲养，放牧条件下泌乳期约 150 天、产奶量 1 600 kg 左右；舍饲加放牧条件下平均泌乳 280 天左右，产奶量 2 800～4 500 kg。据新疆农业大学测定，牧区新疆褐牛乳脂率 3.54%，乳蛋白率 3.32%。舍饲新疆褐牛乳脂率 3.94%，乳蛋白率 3.41%。新疆褐牛的最佳繁殖季节为 5—9 月份。发情周期平均 21.4 天，妊娠期 285 天。犊牛成活率为 95%以上。

新疆褐牛以耐粗饲、抗寒、抗逆性强、适宜山地草原放牧、适应性强等特点深受农牧民喜爱，新疆褐牛及其杂交牛在全新疆牛总数中已占到 40%，但与国外其他褐牛品种相比还存在一定差距。

2.3 德国瑞士褐牛

德国瑞士褐牛原产于德国南部。由于德国瑞士褐牛具有独特的优势，近年来也引起了德国北部养殖者的关注。瑞士褐牛的特点是具有高生产性能潜力且乳蛋白率高、乳蛋白质量优于其他牛品种（酪蛋白 B）。瑞士褐牛在集中养殖模式下可达到其产奶量的定点，例如有记录显示在饲料条件优异的规模化养殖中群体平均 13 000 kg 产奶量的记录。见图 2-2。

2.3.1 育种目标

功能性及长寿。在现代奶业中，奶牛需要长寿。牛群中最不显著的牛，就是最健

图 2-2 瑞士褐牛群体

康、成本最低的个体。瑞士褐牛本身具备理想的功能性状，能满足未来奶业对于奶牛的各项要求。

2.3.2 瑞士褐牛具备以下优势特点

理想的体高为 142～145 cm，适合于目前奶业普遍使用的卧床规格；蹄部深色、坚硬、适应性强、健康，蹄角度适合；尻角度适中，无难产问题；乳房健康度高、体细胞数低；代谢稳定性高，避免健康维护或兽医费用，健康成本低。

基于以上各方面优势，瑞士褐牛在德国是高产群体中功能性长寿最优秀的品种，因此其终生产奶量也是最高的。与其他品种相比，瑞士褐牛寿命多一个胎次；据最新研究证明(DLG Arbeitskreis Futter und Fütterung 2006-German Agricultural Society-Feed and Feeding，2006)，瑞士褐牛是德国所有品种中基础代谢最低的品种，也就是每千克奶的精饲料需求量最低；性情温和、牛群和平相处，适应性最强；耐热能力非常强。

2.3.3 高效的育种计划

德国瑞士褐牛的育种计划是世界上最大的。在德国参加生产性能测定瑞士褐牛达到 17 万头。公牛母亲经过严格选择。青年母牛中具有最佳遗传潜力的有机会成为公牛母亲，同时当然也包括已经证实了具有优秀生产性能的成年母牛。全世界范围内最优秀的遗传物质都集中到这个育种计划中实现生产性能、体型和功能性状的平衡。

2.4 西门塔尔牛

西门塔尔牛早在20世纪初就开始引入我国，而后在50年代，特别是70年代以来从苏联、德国、奥地利和瑞士等国陆续引入了乳肉兼用、肉乳兼用西门塔尔牛，1987年又从法国引入蒙贝利亚牛，引入的西门塔尔牛除在一些国营农牧场纯繁外，主要用于改良我国黄牛，其杂交改良后代大约占我国各类杂交改良牛的50%。至20世纪80年代，我国存栏各代杂交改良牛600多万头。鉴于中国西门塔尔牛的优良种质及在我国良好的适应性，导致在中国农区、牧区和半农半牧区养牛业发展上的主导作用。

1981年由农业部组织成立了中国西门塔尔牛育种委员会，并在1986年农业部发布的全国牛的品种区域规划中，确定了西门塔尔牛为改良农区、半农半牧区黄牛主要品种。鉴于大规模的杂交群体和该品种在我国的优良表现，自20世纪80年代开始，对引进和杂交群体进行登记和开展新品种培育工作。采用开放式核心群育种体系进行选育，旨在结合各国西门塔尔牛优良基因和我国地方品种的优良特性，开展了良种登记、遗传评估、公牛后裔测定等工作，建立了一个比较完善的兼用牛育种体系。通过近30年的系统选育，于2002年经国家畜禽品种资源管理委员会审定为中国西门塔尔牛新品种。当时，该品种由育种核心群和3个地方类群组成截止到1999年，育种核心群基础母牛数5 710头，育种群登记2万头，杂交改良群规模600万头左右。育种核心群主要由7个国营种畜场组成，即新疆呼图壁种牛场、四川阳平种牛场、内蒙古高林屯种畜场、内蒙古嘎达苏种畜场、辽宁阜新种牛场、吉林查干花种畜场、齐齐哈尔种畜场。地方类群包括草原、平原、山地类群。由于系统的选育程序的实施，中国西门塔尔牛取得了可观的遗传进展，在乳肉生产性能上有了大幅度提高。核心群出现了平均产奶量达6 000 kg的群体，乳脂率4.0%。在杂交改良上，西门塔尔牛地方类群登记个体平均产奶量见表2-2，最高个体产奶量达6 400 kg，乳脂率4.2%；育肥公牛屠宰率达到61.4%，净肉率达到50.01%。育肥期日增重1 100～1 200 g。在内蒙古东部形成科尔沁种群，在山西、新疆形成改良区；在华北、东北、中原和西北正发展形成生产基地。在内蒙古关于西门塔尔牛的乳、肉生产和加工已经进入产业化阶段。见表2-2。

表2-2 中国西门塔尔牛三个地方类群产奶量 kg

项　目	平　原	草　原	山　地
产奶量	4 354.1	3 907.6	3 401.3
标准差	910.49	709.51	842.40

随着我国市场经济的发展，中国西门塔尔牛的核心场有所变化，如高林屯种畜场、

齐齐哈尔种畜场已不再进行产奶性能测定，辽宁阜新种牛场不再从事西门塔尔牛的生产，但也出现了一些新的兼用西门塔尔牛生产群体，如张北华田牧业有限公司等。由于我国目前奶业生产还未很好地建立以质论价制度，所以兼用西门塔尔牛的群体规模受到一定影响。尽管如此，时至今日，中国兼用西门塔尔牛群体的生产性能还是有所提高，如新疆呼图壁种牛场和四川阳平种牛场的群体平均产奶量分别达到了 6 800 kg 和 5 280 kg。

目前除少部分地区还在应用西门塔尔牛进行乳品生产外，大部分实际上是利用兼用西门塔尔牛的泌乳性能来生产肉牛，于是近年来形成了肉用西门塔尔牛、兼用西门塔尔都在大面积推广的局面。国家肉牛牦牛产业技术体系“十二五”期间的调研表明目前我国黄牛杂交牛群体 3 534.3 万头，杂交牛群体以西门塔尔牛杂交牛为主，存栏量为 2 788 万头，占杂交牛群的 79%，其他杂交牛占 21%。

2.5 德系西门塔尔牛

德系西门塔尔牛——产奶、产肉和功能性状优秀的兼用品种。德系西门塔尔牛是世界上最重要的兼用型牛品种。在 18—19 世纪，西门塔尔牛从瑞士进入德国南部和奥地利。之后西门塔尔牛成为该地区最重要的牛品种，过去的 150 年中几乎本地素有其他品种都融入到西门塔尔牛品种之内。最初西门塔尔牛也用于耕种。1925 年由德国农业协会设定了该品种的育种目标，并终止了从瑞士的进口。1950 年后，西门塔尔牛的育种计划在功能性状之外，尤其重视产奶和产肉性能。20 世纪 90 年代初，将功能性状也列入公牛遗传评估性状之列，建立了如繁殖力、易产性、死产和体细胞数等性状的评估体系并用于选择人工授精公牛。

在前期基础之上，目前德系西门塔尔牛已经不断选育成为具有中等体型大小且乳、肉和功能性状俱佳的平衡品种。在过去 10 年中德系西门塔尔牛育种更重视数据收集和性能测定，尤其是对于健康和功能性状方面的新信息。虽然功能性状在过去的 20 年中重视程度越来越高，但在产奶和产肉方面的依然取得了不断的进展。从 1970—2015 年德系西门塔尔牛的年单产从 4 000 kg 提高到 7 500 kg 且保持了产奶、产肉和功能性状的平衡。

为了保持乳、肉和功能性状的平衡，不仅需要复杂的性能测定和公牛评估，而且需要制定适合的选择指数选择最佳的种畜。评定和评估体型性状也是其中重要的技术手段，且成功选育了很多家系。

现在，德系西门塔尔牛被誉为最重要的兼用品种，最主要的育种目标就是继续保持平衡，不仅保持高水平的产奶和产肉性能，同时为养殖者带来高效率和高效益。

3　示范单位总结及发展目标

3.1　北京三元绿荷奶牛养殖中心中国牛业发展合作项目工作总结

3.1.1　金银岛牧场简介

金银岛牧场始建于 2000 年，总占地面积 490 余亩（1 亩＝666.67 m^2），建筑面积近 5 万 m^2，固定资产总投资 5 400 万元。为配合北京城市规划，亦庄牛场在圆满完成了 46 周年的养牛历史后，于 2002 年 3 月 1 日整体搬迁到金银岛。目前奶牛总存栏 2 800 头，其中成母牛 1 400 头，日产优质原料奶 40 余 t。

主要建筑包括 10 个饲养大棚、东西两个挤奶厅，同时牧场还建有现代化大型饲料制作中心 1 个。饲养大棚采用钢架彩钢建筑结构，均为开放式和半开放式牛舍；东西挤奶厅为钢架砖混结构，均采用利拉伐奶厅挤奶系统（东区为并列式 2×24，西区为鱼骨式 2×13）。每日采用牵引式 TMR 搅拌车进行三次饲料投喂，确保奶牛 24 小时自由采食到新鲜的 TMR 日粮；粪污处理采用固液分离，牛粪进行沼气池发酵、堆积发酵和生产有机肥料，沼液回灌农田，污水经中水处理进行回收利用。

金银岛牧场采用散栏饲养，集中挤奶的现代奶牛饲养工艺，创造并实践了三元绿荷以 EDTM 为核心的奶牛饲养新理念，几年来，牛场管理日趋规范，生产水平不断攀升。奶牛头日产 31 kg 以上，位居国内同行业领先地位，牛奶体细胞（scc）始终控制在 25 万/mL 以下，牛奶细菌数（TBC）在 5 万/mL 以下，牛奶质量达到欧盟标准。

3.1.2　金银岛建场以来的生产情况

金银岛牧场 2002—2016 年单产见图 3-1。

3.1.3　金银岛建场以来牛奶体细胞情况

金银岛牧场 2002—2016 年体细胞见图 3-2。

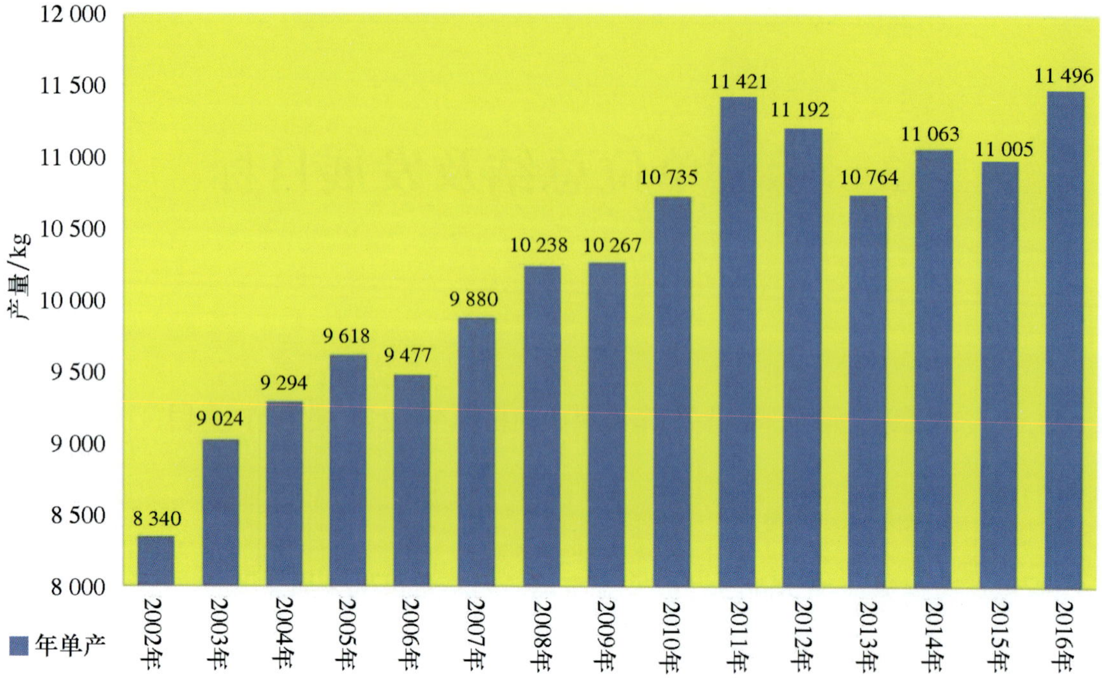

图 3-1　金银岛牧场 2002—2016 年单产情况

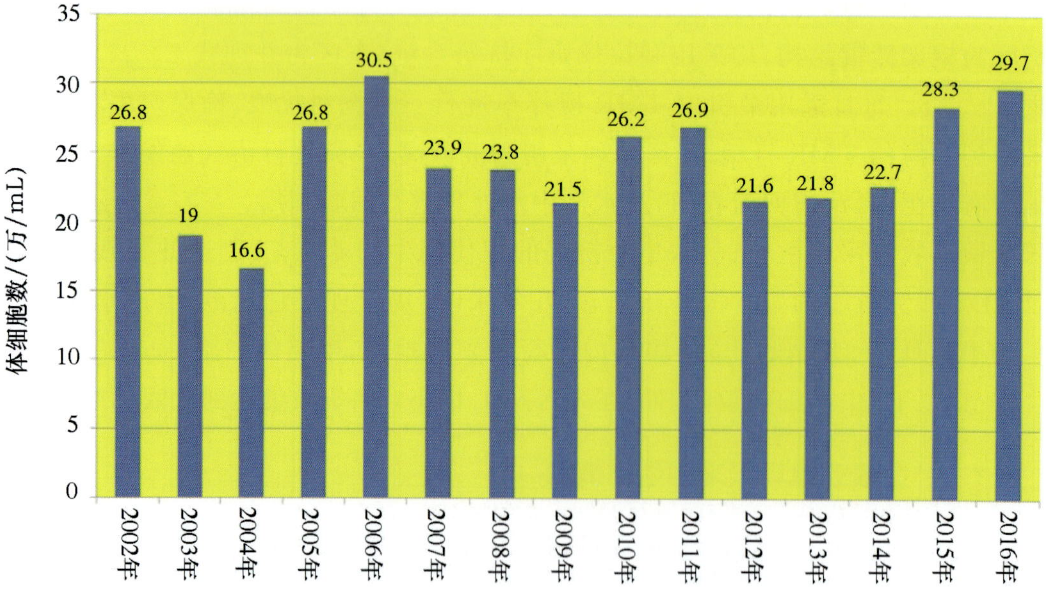

图 3-2　金银岛牧场 2002—2016 年体细胞

3.1.4 中德项目冻精使用情况统计表

2013 年 6 月开始用德国冻精 433 头见表 3-1,图 3-3。

表 3-1 中德项目冻精使用情况

公牛号	冻精数/支	配种头次/头	配种妊娠率/%	出生后代数/头	现在群头数/头
674940	170	167	20.96	28	6
802670	82	82	26.83	18	2
331041	181	176	19.89	24	6
合计	433	425	21.6	70	14

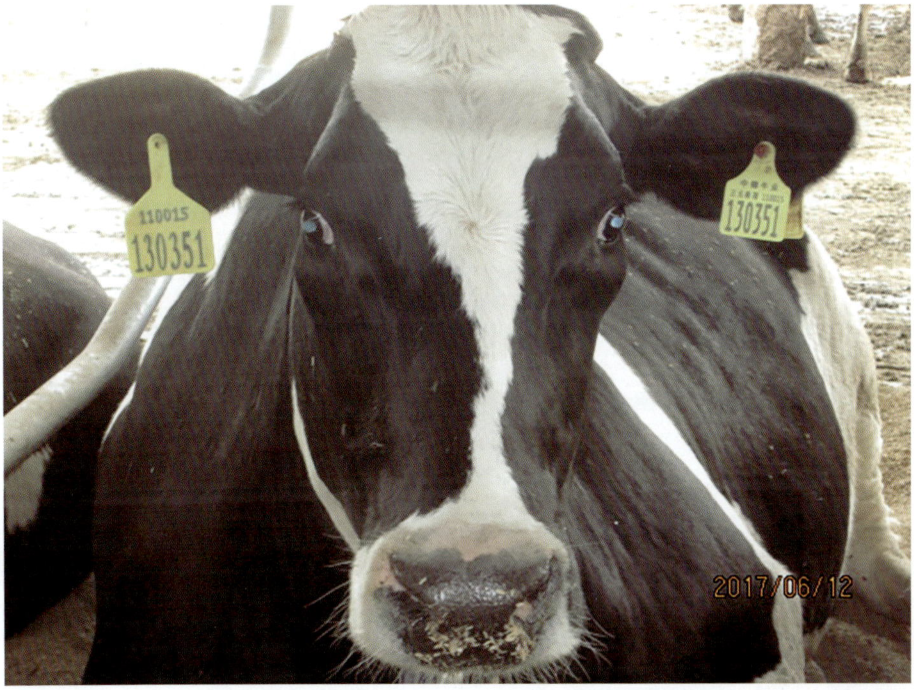

图 3-3 金银岛奶牛

3.1.5 中德项目学习收获

(1)现场的工作技术指导,多次来场进行交流,对专家提出的问题我们也很重视,并进行了改进,对我场改进问题有一定帮助。如:在改进奶牛舒适度的问题上,我们加大投入,上床率明显提高。见图 3-4。

(2)修蹄培训的收获较大,对这种培训比较感兴趣,希望多些这样的培训,特别是专家实操的这种形式,对我们的帮助非常大。这次培训我们有 6 个牧场都派了兽医参加了,大家反应非常好,感觉以后多采取这种形式大家更愿意接受。见图 3-5,图 3-6。

图 3-4　牛场设施

图 3-5　兽医参加修蹄培训

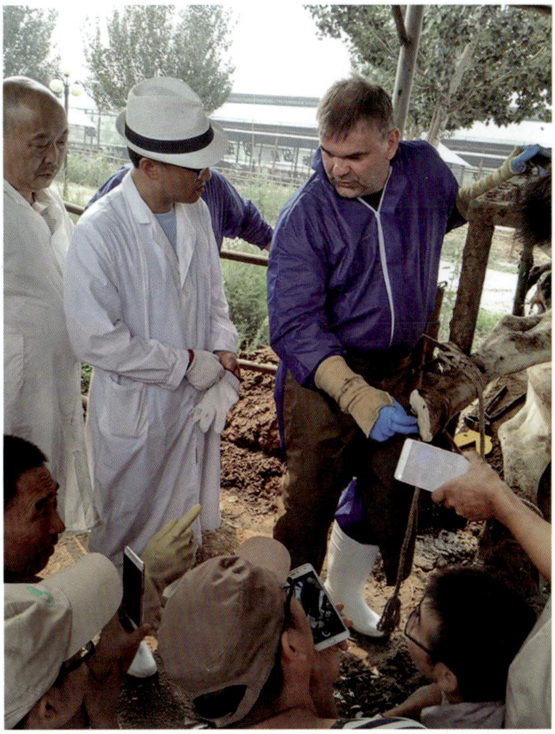

图 3-6 2017 年 7 月中德项目修蹄培训

(3)德国优质的冻精具有较好的遗传表现,表 3-2 为在群牛胎次产奶表现:

表 3-2 群牛胎次产奶情况

牛号	出生日期	公牛号	胎次	当前产奶量/kg	泌乳天数/天	胎次产奶/kg	305 天产奶/kg
140136	2014-3-24	331041	1	24.2			8 898
140138	2014-3-26	331041	1	20.6			9 180
140141	2014-3-31	331041	1	36.4			11 962
140143	2014-4-1	331041	1	37.3			11 315
140145	2014-4-2	331041	1	干奶	343	12 526	11 387
140146	2014-4-3	331041	2	27	389	14 156	11 600
140140	2014-3-29	674940	1	28.5			9 748
140150	2014-4-8	674940	2	32	362	13.54	11 299
140153	2014-4-9	674940	2	42.1	288	8 209	
140155	2014-4-15	674940	2	50.9	354	11 016	9 721
140157	2014-4-15	674940	1	52.8	280	11 451	
140159	2014-4-19	674940	1	32.2			11 187
140161	2014-4-21	802670	1	45.2	285	8 406	
140244	2014-6-9	802670	1	33	319	11 197	10 802

(4)项目合作期间,我们牧场管理人员同中德专家一起去张北技术培训,通过技术交流了解行业需求,增加了技术水平。

3.2 北京三元绿荷奶牛养殖中心金银岛牛场与中国牛业发展合作项目共同制定的示范场发展目标

3.2.1 2015年示范场概况

总存栏约2 850头,其中泌乳牛1 300头、干奶牛193头。其他为青年牛和犊牛。中德牛业发展项目专家计划每年到访金银岛牛场2次。

3.2.2 牛场发展目标

牛场存栏增加到2 900头,其中繁殖母牛头数应该改变。平均日产奶量提高到40 kg。头均年产奶量达12 500 kg。选育重点在于体型和产奶量,但应更重视长寿性。

3.2.3 长寿性目标

终生产奶量>45 000 kg,终生日产奶量>20 kg/天。

3.2.4 繁殖效率目标

配妊次数1.9次,产犊间隔400天,淘汰率20%。

3.2.5 乳房健康

改善干奶牛乳房健康方面的管理并建立细菌数测定工作程序,将细菌检测与DHI测定结果结合起来用于管理。目标:群体平均体细胞数低于18万,降低兽医处置比例,乳房炎发病率<20%,由于乳房炎导致淘汰比例<10%。

3.2.6 犊牛健康管理目标

难产率<1.5%,死产率<3%,后备牛饲养全期日增重达850 g,进而达到头胎产犊月龄25月。

3.2.7 养殖效率

使用计算机软件对于牛群进行管理,场内各种管理软件(阿波罗、Delpro与阿菲牧)应该相互链接。数据及时分析,对于每头牛的选淘是基于这头牛的所有信息做决定;建立全场的工作计划,确保各项工作的成功实施。后续应加强奶牛场精准管理体系建设。饲料、饲喂管理程序应相互链接。三元集团应该使用云技术将各场信息连接在一起分析。目标：饲料成本利润率(ICOF)＞100 元/天。

3.2.8 环境与动物福利

改进牛粪的使用并施用于耕地。从 2017 年起实现养分循环。粪污利用和堆肥，建立一个粪污管理模式，为本地其他场做示范。粪污处理信息需要详细记录。建议新建牛床进一步改善牛的福利，确保牛群在不同季节能享受新鲜空气和适宜温度，免受季节影响降低产量。

3.2.9 需求中德牛业项目的支持

1. 技术支持

对于畜舍设计和舍内工艺提供咨询和技术服务，对于粗饲料生产和加工、产奶量分析提供服务。提供有利于本场管理的技术决策、分析，协助牛群管理软件的安装以及与场内原有其他软件的联接。为本示范场的进一步发展推荐各专业方向的合作伙伴。实施修蹄培训。

2. 遗传物质

提供选配服务。

3. 咨询和培训

现场咨询生产环节相关问题，粗饲料和精饲料生产和管理相关问题。由相应合作伙伴提供选配服务。对于群体健康，包括代谢疾病、犊牛疾病和乳房相关疾病提供技术咨询和改进措施。

参与中德牛业项目举办的各种技术培训。一般将针对三元集团实施整体培训。

3.2.10 本示范场向本省区其他奶牛场或小区推广示范管理经验

从 2016 年起，示范场指导每年 2 次，并就共同关注的主题每年组织一次为期一天的技术培训。另外，邀请其他本区域牧场参与指导和培训过程。

3.3 石家庄润通牧业有限公司中国牛业发展合作项目工作总结

3.3.1 河北润通牧场简介

河北润通牧场始建于 2011 年 4 月，总占地面积 100 余亩，建筑面积近 1 万 m^2，固定资产总投资 1 400 万元。润通牧场位于石家庄市行唐县秦台村，场区距离国道

2 000 m，距离村庄 1 500 m。场内布局合理，设计为生产区与办公区分离，净道与污道分开，进入场区有车辆消毒池，进入生产区有人员喷雾消毒通道。目前奶牛总存栏 500 头，其中成母牛 200 头，日产优质原料奶 4.5 t。

主要建筑包括 3 个饲养牛舍、1 个挤奶厅，同时牧场还建有 TMR 搅拌加工车间 1 个。饲养牛舍采用钢架彩钢建筑结构，均为开放式牛舍；挤奶厅为钢架砖混结构，采用韦斯法利亚挤奶系统（为中置式 2×8）。每日用 TMR 搅拌车进行两次搅拌饲料并投喂，确保奶牛 10～16 h 自由采食 TMR 日粮；粪污处理采用固液分离，牛粪进行堆积发酵，污水处理后进行回田利用。

润通牧场采用散栏饲养，集中挤奶的现代奶牛饲养工艺。几年来，牛场管理日趋规范，生产水平不断攀升，由建场之初的奶牛头日产 22 kg 逐渐提升到现在的 27 kg（图 3-7），牛奶体细胞（SCC）逐渐下降到 25 万/mL 以下（图 3-8），牛奶细菌数（TBC）在 10 万/mL 以下，牛奶质量达到乳企收购标准。

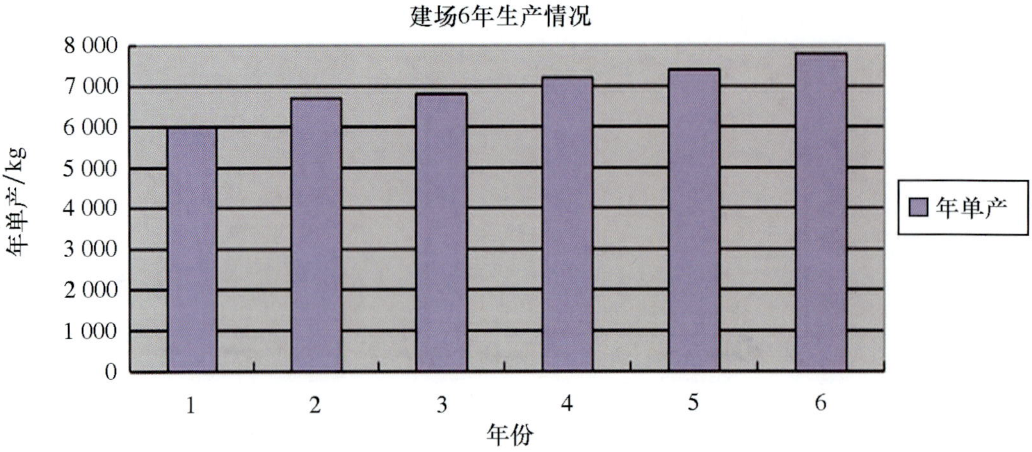

图 3-7 润通牧场奶牛产奶量变化情况

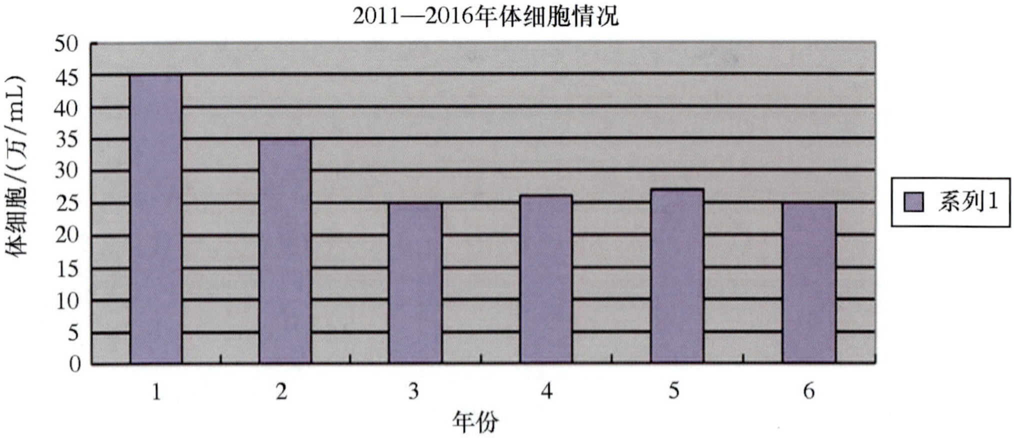

图 3-8 润通牧场牛奶体细胞变化情况

3.3.2 中德肉牛项目执行情况

1. 奶牛冻精使用与后代情况

本奶牛场从 2014 年 7 月开始用德国提供的荷斯坦牛冻精配种，总计使用 6 头公牛 720 剂冷冻精液，配种 703 头次，获得后代 109 头，目前在群母牛 53 头。见表 3-3，表 3-4。

表 3-3 德国荷斯坦公牛冻精配种与产犊统计表

公牛号	冻精数	配种头/次	配种妊娠率/%	出生后代数/头	现在群母牛头数/头
DEU10473565	280	276	39	54	20
DEU10468294	70	70	31	5	4
DEU10468815	60	58	27.5	9	6
DEU10473463	190	185	41.6	30	15
DEU10832144	60	56	40	6	6
DEU10831082	60	58	35.6	5	2
小计	720	703		109	53

表 3-4 德国荷斯坦公牛冷冻精液配种母犊牛统计表

序号	标准耳号	父号	母号	初生体重/kg	出生日期
1	140120	10468294	105040	35	2014/5/16
2	140140	10832144	115420	38	2014/6/24
3	141146	10832144	113187	32	2014/8/23
4	140178	10832144	113257	36	2014/10/21
5	150030	10832144	110019	35	2015/1/11
6	150004	10468815	113161	39	2015/1/24
7	150007	10473565	130175	37	2015/1/25
8	150021	10468294	113185	40	2015/4/9
9	150022	10832144	E130076	39	2015/4/13
10	150028	10468294	080026	35	2015/4/25
11	150027	10832144	113456	40	2015/5/3
12	150603	10473565	131336	40	2015/6/3
13	150067	10468294	120062	37	2015/8/13
14	150105	10473565	090401	40	2015/10/20
15	150108	10473565	131169	37	2015/10/23
16	150084	10473565	070010	35	2015/12/25
17	160101	10473565	080039	38	2016/1/10

续表 3-4

序号	标准耳号	父号	母号	初生体重/kg	出生日期
18	160203	DEU10468815	131196	36	2016/2/8
19	160301	DEU10831082	E130009	39	2016/3/1
20	160303	DEU10831082	110014	41	2016/3/7
21	160304	DEU10468815	145000	37	2016/3/19
22	160306	DEU10468815	110013	32	2016/3/25
23	160309	DEU10468815	113267	35	2016/3/31
24	160403	DEU10468815	110007	38	2016/4/18
25	160603	DEU10473463	141245	35	2016/6/4
26	160605	DEU10473463	140106	38	2016/6/5
27	160604	DEU10473463	140096	35	2016/6/8
28	160606	DEU10473463	140134	35	2016/6/10
29	160610	DEU10473463	140164	40	2016/6/18
30	160612	DEU10473463	141068	39	2016/6/19
31	160613	DEU10473463	140020	35	2016/6/19
32	160616	DEU10473463	141011	45	2016/6/30
33	160803	DEU10473463	140140	38	2016/8/29
34	160904	DEU10473463	140178	37	2016/9/16
35	160905	DEU10473463	141157	38	2016/9/19
36	160907	DEU10473463	140128	38	2016/9/23
37	160908	DEU10473565	140918	39	2016/9/27
38	161002	DEU10473463	130076	34	2016/10/3
39	161005	DEU10473463	141166	32	2016/10/20
40	161008	DEU10473463	141243	35	2016/10/25
41	170310	10473565	141065	30	2017/3/15
42	170314	10473565	141139	30	2017/3/21
43	170315	10473565	150002	30	2017/3/24
44	170316	10473565	141094	30	2017/3/24
45	170401	10473565	140105	30	2017/3/25
46	170402	10473565	100036	30	2017/3/25
47	170403	10473565	121065	40	2017/3/27
48	170404	10473565	141069	35	2017/3/28
49	170313	10473565	130009	35	2017/3/31
50	170405	10473565	150010	30	2017/4/2
51	170406	10473565	131074	30	2017/4/5
52	170407	10473565	141179	30	2017/4/6
53	170408	10473565	050003	30	2017/4/14

德国优质荷斯坦公牛冻精配种出生的后代母牛产奶性能较好见表3-5。

表3-5 部分德国荷斯坦公牛后代母牛泌乳性能统计表

牛号	出生日期	公牛号	胎次	当前产奶量/kg	泌乳天数	胎次产奶/kg	305天产奶/kg
140120	2014-5-16	10468294	1	22.4	232		
140140	2014-6-24	10832144	1	27.8	202		
140146	2014-8-23	10832144	1	24.2	232		
140178	2014-10-21	10832144	1	18	264		

2. 中德项目学习收获

（1）专家现场指导，管理上台阶　通过中德肉牛项目组专家，如德方专家格鲁伯博士，以及邀请的德方专家到牧场进行现场工作技术指导和交流，牧场高度重视专家提出的问题和建议，并积极进行了改进，使本牧场在管理等各个方面都有了极大的提高。如：在改进奶牛舒适度的问题上，我们加大投入，使用稻壳做垫料，上床率明显提高（图3-9）。在专家的指导下，母牛产后护理方面得到极大改进，加强了体温检查、体细胞检测、酮病监测工作，并对产后牛及时灌服营养包，有效地预防了产后疾病的发生。

图3-9　稻壳垫床母牛上床率

(2)理论与实践结合培训,技术上水平　自 2014 年本牧场参加中德肉牛以来,多次邀请德国专家到本单位开展技术培训,特别是奶牛修蹄技术和肢蹄病防治技术专项培训,德方项目专家 3 次到本单位牛场,手把手传授牛场技术人员修蹄技术,为我场培训出 2 名技术骨干。在蹄病防控方面,德方专家给出了一套完整的消毒、浴蹄方案,有效地控制蹄病的发生与传染扩散。修蹄培训的收获很大,希望多些这样的培训,特别是专家来场实际操做的这种形式,手把手传授。大家反应非常好,感觉以后多采取这种形式大家更愿意接受。

同时,在项目执行期间,本牧场管理人员还多次参加了中德专家举行的各种技术培训,通过技术交流了解行业需求,提高了本单位技术人员的水平。见图 3-10,图 3-11。

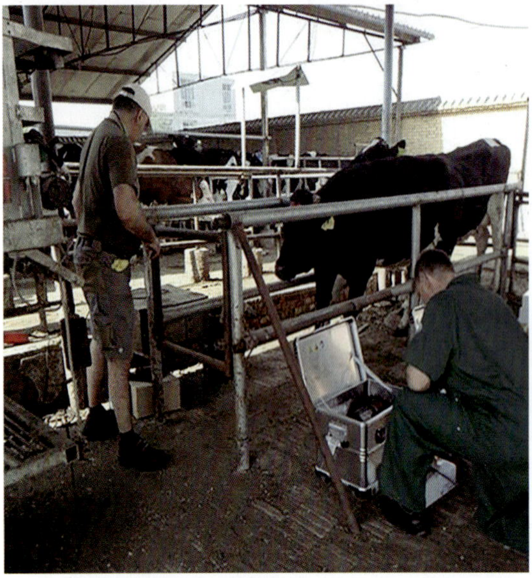

图 3-10　中德专家技术培训(一)

图 3-11　中德专家技术培训(二)

(3)赠送管理软件,管理信息化　项目合作期间,应用德方提供软件管理牛群,指导软件应用,特别是在奶牛日粮营养供给分析,完善基础数据后,依据分群制定不同阶段的日粮配方。其次是繁殖育种,在指定时间段完成发情、配种、定胎等工作,提高了工作效率。

(4)赠送牛耳标　项目合作浅见,德方为我场提供了 600 付耳标。德国牛耳标质地柔软,数字清晰,不退色,掉号率小于 3%。见图 3-12。

图 3-12 2015 年河北培训现场

3.4 石家庄润通牧业有限公司与中国牛业发展合作项目共同制定示范场发展目标

3.4.1 2015 年示范场概况

总存栏约 450 头，其中泌乳牛 70 头、干奶牛 130 头。大部分牛为胚胎移植受体。荷斯坦牛占绝大多数、少数西门塔尔牛，头均日产奶量约为 17 kg。能完全全期泌乳的母牛非常少。牛群健康方面主要问题是乳房健康、体细胞评分较高，蹄病较严重但可以通过频率更高的有效蹄浴缓解。犊牛管理中腹泻和肺炎较严重。牛群管理规程正在制定和试用。牛场建舍投资很大，重建了很多设施，为牛群提供更好条件。

中德牛业发展项目专家计划每年到访乌鲁木齐种牛场 2 次。

3.4.2 牛场发展目标

牛场存栏增加到 600 头，其中繁殖母牛达到 400 头。牛群分为繁育母牛和受体牛。繁育牛群荷斯坦牛平均日产奶量提高到 33 kg，平均年产奶量达 10 000 kg。

3.4.3 长寿性目标

终生产奶量>30.000 kg，终生日产奶量 >15 kg/天。

3.4.4 繁殖效率

群体健康管理包括实施定期修蹄计划、产圈定期消毒计划、建立牛群的繁殖管理和饲养管理规程。目标：配妊次数 2.8 次，产犊间隔荷斯坦牛 420 天，淘汰率 25%。

3.4.5 乳房健康

乳房健康的改善计划从挤奶员和技术人员的培训开始，建立不同工作岗位的标准工作流程，尤其是挤奶程序和乳房炎治疗程序。改善干奶牛乳房健康方面的管理并建立细菌数测定工作程序，将细菌检测与 DHI 测定结果结合起来用于管理。目标：群体平均体细胞数低于 30 万，降低兽医处置比例，乳房炎发病率<30%，由于乳房炎导致淘汰比例<15%。

3.4.6 犊牛健康管理

改善犊牛养殖区域的设施。保持犊牛饲养区域的清洁卫生，重视围产期管理和干奶牛管理，强调初乳质量和卫生管理，建设新的犊牛舍。建议设置犊牛可以自由采食酸化奶的装置，犊牛饲喂干 TMR，对于犊牛哺乳过程中的各事件详细记录。目标：难产率<5%，死产率<5%，后备牛饲养全期日增重达 700 g，进而达到荷斯坦牛头胎产犊月龄 26 月。

3.4.7 养殖效率

使用计算机软件对于牛群进行管理，例如中德项目提供软件或其他牛群管理软件。数据及时录入并及时分析，对于每头牛的选淘是基于这头牛的所有信息做决定；建立全场的工作计划，确保各项工作的成功实施。目标：饲料成本利润率(ICOF)>70 元/天。

3.4.8 环境与动物福利

改进牛粪的使用并施用于总场自有耕地。从 2017 年起实现养分循环。新建牛床进一步改善牛的福利，确保牛群在冬季能享受新鲜空气和适宜温度，免受季节影响降低产量。

3.4.9 需求中德牛业项目的支持

1. 技术支持

对于畜舍设计和舍内工艺提供咨询和技术服务，对于粗饲料生产和加工、产奶量分析提供服务。提供有利于本场管理的技术决策、分析，协助牛群管理软件的安装以及与场内原有其他软件的联接。为本示范场的进一步发展推荐各专业方向的合作伙伴。

2. 遗传物质

以冻精和胚胎形式提供从德国出口的遗传物质。提供选配服务。

3. 咨询和培训

现场咨询生产环节相关问题，粗饲料和精饲料生产和管理相关问题。由相应合作伙伴提供选配服务。对于群体健康，包括代谢疾病、犊牛疾病和乳房相关疾病提供技术咨询和改进措施。

参与中德牛业项目举办的各种技术培训。

3.4.10　本示范场向本省区其他奶牛场或小区推广示范管理经验

从2016年起，示范场指导每年2次，并就共同关注的主题每年组织一次为期一天的技术培训。另外，邀请其他本区域牧场参与指导和培训过程。本地畜牧推广部门应参与相关指导和培训过程。

3.5　新疆呼图壁种牛场有限公司中国牛业发展合作项目工作总结

3.5.1　2017年示范场概况

总存栏约2 243头，其中泌乳牛700头(品种包括荷斯坦牛、德系西门塔尔牛和法系蒙贝利亚牛，340头挤奶西门塔尔牛，1/3为德系+2/3法系)、两个品种干奶牛188头。自产公牛做种公牛或育肥。头均日产奶量约为25 kg。牛群管理应使用项目提供管理软件、阿菲金软件或者GEA软件。我场于2016年末对后备牛舍的采食通道及道路进行合理维修改造，为后备力量的良好涨势奠定了基础。牧场诸多设施滞后于生产，祈盼项目部投入资金改建牛场设施，希望为牛群提供更好的条件。最需要改建区域包括围产期、干奶后期、产犊舍以及犊牛舍。

自2007年新疆自治区畜牧厅启动了德系优质牛冻精推广项目以来，呼图壁种牛场严格按照项目方案实施工作，严格选取以中国西门塔尔为德系西门塔尔杂交母牛，实施配种对象，并按照项目实施方案收集、整理、汇总出了项目实施以来的数据及工作方法，现将工作汇报如下：

呼图壁种牛场于2008年3月开始实施德系西门塔尔与中国西门塔尔杂交项目，2012年1月开始实施德系西门塔尔杂交中国荷斯坦牛项目。

(1)为了切实做好该项目实施工作，我场制定了项目实施方案，使其发挥最大效益。做到对于每一头牛，制定每一胎次的选种选配计划及冻精的选择，奶牛档案实行"专人专管"负责制，建立"一牛一卡"档案，严格按照奶牛档案管理要求实施。做好牛只系谱、配种记录、产犊记录、牛只疾病治疗记录及死淘记录等基础资料。

（2）加强组织管理，明确岗位职责。成立专门负责的办公机构，负责组织生产、填写记录、建立相关档案等组织管理工作。选配计划由畜牧公司专人制定，精液由药房保管统一管理，育种员通过写处方领取精液。

（3）强化日常监督管理。育种员每日及时填写配种记录（包括牛号、班组、与配公牛号、配次、母牛子宫情况等），配种后 2 个月内妊娠检查，预产前 2 个月再做一次妊娠检查，之后填写《奶牛干奶、预产通知单》发放给技术员、产房、牛舍班组长。技术员接到《奶牛干奶、预产通知单》后对所有进入干奶期的牛转入干奶牛舍进行快速干奶（检查奶牛乳区、挤尽牛奶、注入干奶药、并加以记录）。所有干奶牛在预产前 20 天转入产房，产犊后及时做好记录（包括日期、母牛号、犊牛性别、出生重、育犊员等）。出生后 2 小时内饲喂 2～2.5 kg 初乳，之后由育犊员转到犊牛舍，确保犊牛的成活率，使其健康成长。

（4）推广项目分析结果。根据测定结果分析：德系西门塔尔（弗莱维赫）牛在呼图壁种牛场试验示范效果是明显的。其主要特点是：杂交后代毛色纯正、花片均匀、体格粗壮，品种特征明显，初生重和体型方面要比使用美加系纯肉用型作父本时稍小一些，但这也是一个优势，因为初生个体偏小而易产，母牛难产率明显下降，且犊牛出生以后各个阶段的生长速度比较快；从市场行情来看，德系西门塔尔牛因其毛色好，群众俗称"花口好，卖相好"，体型匀称，而备受外地客商的青睐，向自治区内外提供优质西门塔尔种公牛 300 多头，市场上出现供不应求的局面。见图 3-13。

图 3-13　改进犊牛饲喂管理，增加优质苜蓿和充足颗粒料

此项目的实施对我场西门塔尔奶牛的生产性能及遗传特性发挥了重要作用，改变了原先犊牛生长发育迟缓、奶牛生产效益差的局面，提高了奶牛的单产水平和养殖效益。

今后，我们还要加强与德方学习，提升饲养管理水平，积极推进中国西门塔尔牛向乳肉兼用型方向转化，以推动呼图壁种牛场在德系西门塔尔牛养殖发挥更大的综合经济效益。

3.5.2 冻精推广项目

自实施了德系优质牛冻精推广项目以来，我们把冻精使用情况仔细的做一总结，现对推广项目的工作总结如下。

1. 项目任务完成情况

(1) 项目冻精到位及使用情况(2017 年 1 月至今) 我场 2017 年初至今使用西门塔尔项目冻精 386 支。我场严格按照项目有关要求，将畜牧三场作为项目实施地点。共用于西门塔尔输精冻精 294 支，用于 F1 代输精冻精 92 支，库存剩余 861 支。

(2) 配种产犊情况 2017 年 1 月至 2017 年 5 月西门塔尔奶牛配种 281 头，F1 代西杂奶牛配种 73 头，累计产犊 184 头，其中西门塔尔公犊 81 头，母犊 103 头，成活公犊 66 头，母犊 86 头，犊牛成活率为 82.61%；西杂荷斯坦公犊 28 头，母犊 31 头，成活公犊 24 头，母犊 26 头，犊牛成活率为 84.7%。

(3)档案建立情况 牛场实现计算机管理，购买了 GEA 管理软件，每头牛的所有信息都记录在案，查询管理非常方便。同时实行奶牛纸质档案“专人专管”负责制，建立“一牛一卡”档案，严格按照奶牛档案管理要求实施。做好牛只系谱、配种记录、产犊记录、牛只免疫、疾病治疗记录及死淘记录等基础资料。

2. 主要做法与经验

为了切实用好该批冻精，我场成立了项目实施管理小组，畜牧公司负责制定项目实施方案，各分场技术室、育种室负责技术资料收集整理、配种数据收集工作。畜牧公司育种部针对每一头制定每一胎次的选种选配计划。选配计划由畜牧公司专人制定，精液由药房保管统一管理。育种员写处方领取精液。育种员每日及时填写配种记录(包括牛号、班组、与配公牛号、配次、母牛子宫情况等)，配种后 2 个月内妊娠检查，预产前 2 个月再做一次妊娠检查，之后填写《奶牛干奶、预产通知单》发放给技术员、产房、牛舍班组长。

技术员接到《奶牛干奶、预产通知单》后对所有进入干奶期的牛转入干奶牛舍进行快速干奶(检查奶牛乳区、挤尽牛奶、注入干奶药、并加以记录)。

所有干奶牛在预产前 20 天转入产房，产犊后及时做好记录（包括日期、母牛号、犊牛性别、出生重、育犊员等）。出生后 4 小时内饲喂 1.5～2 kg 初乳，之后由育犊员转到犊牛舍。0～6 月龄在犊牛舍饲喂，具体饲喂情况详见附件 2《饲养管理》。7～12 月龄转入小育成牛舍，具体饲喂情况详见附件 2《饲养管理》。13～18 月龄转入大育成牛舍，具体饲喂情况详见附件 2《饲养管理》。19 月龄至产犊前 20 天转入产房，具体饲喂情况详见附件 2《饲养管理》。产后 7 天转入挤奶牛舍 TMR 饲喂，奶厅集中挤奶，全场挤奶牛均为 TMR 饲喂，奶厅集中挤奶。见图 3-14。

图 3-14　新增泌乳母牛舍舒适卧床

3. 项目实施产生的影响与效益

此项目的实施对我场西门塔尔奶牛的生产性能及遗传特性发挥了重要作用，奶牛的泌乳结构发生了明显变化，肉乳房减少，乳头由粗变细，乳用性状得到明显改善。臀部浑圆肉用性状得到了提高。2016 年末我场西门塔尔牛成母牛年单产平均 6 300 kg，核心群达到 6 900 kg。2016 年至今出售西门塔尔种公牛 24 头，全国各地种牛站求购络绎不绝，平均售价 5 万元，创造了很好的经济价值。

4. 问题与建议

（1）由于我场西门塔尔母牛群分为德系和法系两部分，全场处于扩群阶段淘汰率低使得参配母牛年龄偏大，总体受胎率不高，影响冻精使用效率。西门塔尔犊牛发病率较荷斯坦犊牛高，可能原因犊牛舍设施还不完备，冬季饲养密度过大，育犊员素质还有待提高等诸多因素导致犊牛的发病率高，极大地制约了奶牛生产性能的发挥。

(2)我场存在着集约化、标准化、程度低；育种体系不健全，育种方向不明确；技术水平低，经营管理粗放；此际肉品行业基于波底，其产业由"数量型"向"质量型"转变缓慢，环保和质量安全技术没有得到有效应用等问题。今后我场肉牛产业要有新突破，就要有新思路、新办法、新措施。结合我场实际，在稳定数量增长的前提下，应以建立优质肉牛生产技术支撑体系、生产优质高档牛肉为切入点和突破口，走集约化、规模化、产业化发展之路，尽快提高肉牛产业整体生产水平和经济效益，推动肉牛产业持续、健康、协调、快速发展。西门塔尔牛繁殖力强，但随着产量的上升及其他原因，特别是淘汰率降低，使我场西门塔尔牛的繁殖力呈下降趋势。

(3)牧场管理人员还需不断提高管理水平，落实各项规章制度和技术指标；技术人员还需不断提高理论水平和实践能力；所有员工还需加强培训，如此才能切实用好德国优质冻精，使其发挥最大效益。

5. 本场进一步发展方向

(1)尽快制定我场肉牛产业发展意见。为了加快我场肉牛产业发展，应尽快制定国家肉牛产业发展指导意见，确定肉牛产业中长期发展规划，分区域明确发展重点和方向，出台优惠政策，创新管理机制，在品种培育、土地、资金和基础设施建设等方面给予支持。加大肉牛创新性技术研究力度，形成一批原创性科技成果，解决关键技术瓶颈，加快现代肉牛产业发展，为传统肉牛产业发展注入新的活力。

(2)建立健全肉牛生产繁育体系。我场品种资源丰富，应根据肉牛产业发展现状，集中力量做好一些地方优良肉用种牛的本选育工作，提高地方品种综合生产水平。进一步建立健全肉牛良种繁育体系，提高自主培育和选育优秀种公牛的能力。在一些西门塔尔改良牛群较集中的地区，开展德系西门塔牛引种试验和示范，充分利用其肉乳生产性能优势，提高我场西门塔杂交改良牛群体生产性能和养殖者经济效益。

(3)加快肉牛育种联合体系和数据库建立。根据我场不同肉牛产区自然条件、饲草料资源和牛群整体特点，以现有品种改良工作为基础，以产业发展定位和市场需求为出发点，分区域制定育种目标和技术路线，组建基础母牛核心群，培育具有产地特色和自主知识产权肉牛新品种。同时，完善后裔测定体系，开展生产性能测定，建立起全国统一的肉牛生产性能数据库，为全国开展肉牛联合育种创造有利条件。见图 3-15，图 3-16，图 3-17。

图 3-15 2014 年 5 月中德专家到呼图壁种牛场与技术人员讨论产房设计

图 3-16 2015 年 9 月中德专家到呼图壁指导饲喂管理

图 3-17 2016 年 6 月中德项目专家指导通过粪便评分改善牛群管理

附表 1 2017 年《德系优质牛冻精推广项目》进展情况统计表

品种	2016 年末存栏数/头	其中能繁母牛数/头	领取冻精数/剂	累计已使用冻精数/剂	剩余冻精数/剂	实际配种牛数/头	总受胎率/%	项目产犊数/头		成活犊牛数/头		犊牛成活率/%
								公	母	公	母	
西门塔尔牛	1 105	564	2 000	1 139	861	712	93	221	254	181	221	84.63
备注	成立了项目组织机构，建立了奶牛档案。项目西门塔尔公牛选育一部分做为种公牛培育，其他的公牛做为育肥培育。											

附表 2 项目冻精使用情况统计表

	冻精数	配种头次	配种妊娠率	出生后代数	现所处的地方
645781	500	416	76.9%	237	牧三场
179256	500	435	65.6%	210	牧三场
178714	19	19	60%	0	牧三场
178434	72	64	34%	0	牧三场

续附表 2

	冻精数	配种头次	配种妊娠率	出生后代数	现所处的地方
165810	38	36	43%	0	牧三场
160854	68	54	25%	0	牧三场
160885	46	40	46.2%	0	牧三场

3.6 呼图壁种牛场与中国牛业发展合作项目共同制定示范场发展目标

3.6.1 2015 年示范场概况

总存栏约 2 500 头，其中泌乳牛 1 200 头（品种包括荷斯坦牛、德系西门塔尔牛和法系蒙贝利亚牛，434 头挤奶西门塔尔牛，1/3 为德系+2/3 法系）、两个品种干奶牛 153 头。自产公牛做种公牛或育肥。头均日产奶量约为 22 kg，德系西门塔尔牛日产奶量平均 14 kg。能完成全期泌乳的母牛很少。牛群健康方面主要问题是肢蹄问题。需要实施定期修蹄。这导致牛群代谢问题严重（例如酮病、能量负平衡和采食量下降）。犊牛管理中腹泻和肺炎严重。牛群管理规程正在制定。应使用项目提供管理软件、阿菲金软件或者 GEA 软件。投入巨大资金重建牛场设施，希望为牛群提供更好的条件。最需要重建区域包括围产期、干奶后期、产犊舍以及犊牛舍。

中德牛业发展项目专家计划每年到访乌鲁木齐种牛场 2 次。

3.6.2 牛场发展目标

牛场存栏增加到 2 400 头，其中繁殖母牛不应超过 1 300 头。前述重点需要重建区域应该重视，为牛群中的关键个体提供良好条件。头均日产奶量提高到 34 kg。头均年产奶量达 10 000 kg，其中德系西门塔尔牛年产奶量应该达到 9 000 kg。

3.6.3 长寿性目标

终生产奶量>30.000 kg，终生日产奶量 >15 kg/天。

3.6.4 繁殖效率

群体健康管理包括实施定期修蹄计划、产圈定期消毒计划、建立牛群的繁殖管理和饲养管理规程。目标：配妊次数 2.8 次，产犊间隔荷斯坦牛 420 天、西门塔尔牛 380 天，淘汰率 25%。

3.6.5 乳房健康

乳房健康的改善计划从挤奶员和技术人员的培训开始，建立不同工作岗位的标准工作流程，尤其是挤奶程序和乳房炎治疗程序。改善干奶牛乳房健康方面的管理并建立细菌数测定工作程序，将细菌检测与 DHI 测定结果结合起来用于管理。目标：群体平均体细胞数低于 25 万，降低兽医处置比例，乳房炎发病率＜30%，由于乳房炎导致淘汰比例＜15%。

3.6.6 犊牛健康管理

改善犊牛养殖区域的设施。保持犊牛饲养区域的清洁卫生，重视围产期管理和干奶牛管理，强调初乳质量和卫生管理，建设新的犊牛舍。建议设置犊牛可以自由采食酸化奶的装置，犊牛饲喂干 TMR，对于犊牛哺乳过程中的各事件详细记录。目标：难产率＜5%，死产率＜5%，后备牛饲养全期日增重达 750 g，进而达到头胎产犊月龄 24 月，公牛日增重达 1 300 g。

3.6.7 养殖效率

使用计算机软件对于牛群进行管理，例如中德项目提供软件或其他牛群管理软件。数据及时录入并及时分析，对于每头牛的选淘是基于这头牛的所有信息做决定；建立全场的工作计划，确保各项工作的成功实施。目标：饲料成本利润率（ICOF）＞90 元/天。

3.6.8 环境与动物福利

改进牛粪的使用并施用于总场自有耕地。从 2017 年起实现养分循环。新建牛床进一步改善牛的福利，确保牛群在冬季能享受新鲜空气和适宜温度，免受季节影响降低产量。

3.6.9 粗饲料生产

应该为母牛提供更优质的苜蓿青贮，青贮管理亟待提升。

3.6.10 需求中德牛业项目的支持

1. 技术支持

对于畜舍设计和舍内工艺提供咨询和技术服务，对于粗饲料生产和加工、产奶量分析提供服务。提供有利于本场管理的技术决策、分析,协助牛群管理软件的安装以及与场内原有其他软件的联接。为本示范场的进一步发展推荐各专业方向的合作伙伴。

2. 遗传物质

以冻精和胚胎形式提供从德国出口的遗传物质。提供选配服务。

3. 咨询和培训

现场咨询生产环节相关问题,粗饲料和精饲料生产和管理相关问题。由相应合作伙伴提供选配服务。对于群体健康,包括代谢疾病、犊牛疾病和乳房相关疾病提供技术咨询和改进措施。

参与中德牛业项目举办的各种技术培训。应该选派更多技术人员参与在德国和中国举办的短期和长期培训,包括荷斯坦其他牧场的技术人员充分参与。

3.6.11 本示范场向本省区其他奶牛场或小区推广示范管理经验

从 2016 年起,示范场指导每年 2 次,并就共同关注的主题每年组织一次为期一天的技术培训。另外,邀请其他本区域牧场参与指导和培训过程。本地畜牧推广部门应参与相关指导和培训过程。

3.7 黑龙江省九三红枫种植有限公司中国牛业发展合作项目工作总结

黑龙江垦区从 2009 年正式开展乳肉兼用牛改良,已经有 8 年的时间,黑龙江省九三农垦红枫种植有限公司肉牛场是参加中德合作项目的单位之一,随着项目的深入,在黑龙江农垦总局畜牧兽医局的组织下,以黑龙江省农垦科学院畜牧兽医研究所为技术依托单位,以中德合作项目为平台,黑龙江垦区已经建立了以黑龙江省农垦科学院畜牧兽医研究所实验牧场为代表的 4 个德系西门塔尔牛改良的乳肉兼用牛核心育种场,通过项目实施,带动了垦区肉牛场和奶牛场应用德系西门塔尔乳肉兼用牛的积极性,并收到了显著成效。

3.7.1 黑龙江垦区引进德国冻精情况

从 2009 年以来的近 8 年中,垦区共投入约 1 000 万元购买德系乳肉兼用牛冻精 30 余万剂,另投入补助资金,用于核心育种场良种核心群的建立,由黑龙江省农垦科学院畜牧兽医研究所负责核心育种场冻精的使用和选配工作。2009—2016 年度黑龙江农垦总局引进和采购的德系西门塔尔牛冻精见表 3-6。

表 3-6 黑龙江农垦总局引进乳肉兼用牛冻精情况表

家系	牛名		牛号	已购冻精数/年度				合计
	德文	中文		2009	2010	2014	2016	
V	Vanstein	旺财	191658	1 500	5 000	200		6 700
	Venkor	旺可	160885	11 000	8 000	3 000		22 000
	VALERIAN	瓦伦瑞安	176974			3 000		3 000
H	Hulock	虎洛克	178434	15 000	8 000	4 000		27 000
	Hirmer	黑默	169387	11 000				11 000
W	Weinold	※ 威猛	169367	500	6 000			6 500
	WAGREIN	瓦格	645623			5 000		5 000
	WIDERHALL	文豪	162010			4 000		4 000
	Watnox	瓦诺	169808			2 400		2 400
M	Mandy	曼迪	166010		15 000			15 000
	Maistein	※ 迈腾	178714	16 000	6 000			22 000
	Manling	马林	192705			3 000		3 000
	Maikan	马尔坎	169540	7 000	1 000			8 000
	Mangostin	莽古斯汀	179541			3 000		3 000
I	Imdach	英达赫	178801	7 000				7 000
	Import	英珀特	183066	11 000	15 000	1 800		27 800
R	Romtell	洛姆塔尔	165810		10 000			10 000
V	Semal	赛门	188632		5 000			5 000
	Samtal	萨姆塔	172486		1 000			1 000
	Sampano	桑帕诺	161690			1 000		1 000
	SPONTAX	斯珀塔	161705			6 000		6 000
	SAMPRO	萨姆珀	161666			5 000		5 000
V	ZILLERTAL	自乐塔	188979			5 000		5 000
	Zuender	尊者	192556			300		300
B	BUSSERL	布赛尔	166395			300		300
E	EILMON	艾利蒙	166000			5 000		5 000
D	DISKANT	迪斯肯	166180			3 000		3 000
			179398				2 897	
			426861				3 916	
			426860				3 539	
			426514				2 000	
			189058				866	

续表 3-6

家系	牛名		牛号	已购冻精数/年度				合计
	德文	中文		2009	2010	2014	2016	
			426869				7 524	
			426864				1 741	
			426871				2 765	
			426873				5 646	
			426880				11 106	
			162507				6 000	
			191761				2 000	
			162440				2 000	
			850443				7 000	
			169989				6 000	
			162266				2 500	
			177142				2 500	
			166000				2 000	
			176953				10 000	
			192922				10 355	
家系合计	11 个		数量合计	80 000	80 000	55 000	92 355	307 355 支

3.7.2 黑龙江垦区 4 个核心育种场(西门塔尔乳肉兼用牛)基本情况

见表 3-7 和图 3-18。

表 3-7 黑龙江垦区 4 个核心育种场概况

黑龙江省农垦科学院畜牧兽医研究所实验牧场	基本情况简介
	实验牛场一期工程，于 2012 年 7 月开工，2015 年 12 月竣工，总投资 1 033 万元，建设占地 31 884 m^2。共建设房舍 8 栋，其中牛舍 3 栋，合计建筑面积 4 290 m^2。其中有育肥舍 1 栋 1 560 m^2。母牛舍 2 栋共 1 950 m^2。办公室及宿舍面积为 370.84 m^2；门卫消毒室 30 m^2；草料库一栋 1 022.56 m^2；地上式、永久性砖混青贮窖 2 个，共 1 620 m^3；设备有地量衡 60 t 位；青贮取料机 1 台；铡草机 1 台，TMR 饲料搅拌车 5 m^3 和 7 m^3 各 1 台，牵引车 2 辆，大小铲车 2 台。
	牛群规模
	牛场现存栏 208 头，其中可繁母牛 133 头，小育成母牛 10 头，育肥公牛 43 头，17 年产犊牛 22 头(母犊牛 15 头，公犊牛 7 头)。
	饲养管理及生产水平
	牛场采用 TMR 全舍饲饲喂技术，每日饲喂 2 次。粗饲料主要包括：玉米青贮、羊草、燕麦草。精饲料主要包括：玉米、豆粕、DDGS、小麦麸、预混料。2016 年可繁母牛参配 149 头，妊娠 137 头，配妊率 92%。育肥牛日增重 1.2 kg，育成牛日增重 0.8 kg。

续表 3-7

黑龙江九三农垦红枫种植有限公司	基本情况简介
	该公司为中德合作项目的示范场。2002 年投入使用，基础建设投资约 800 万元，建设占地 10 万 m^2。共建设房舍 6 栋，其中牛舍 2 栋，母牛舍 1 栋 2 592 m^2（230 头牛位），综合舍 1 栋 1 536 m^2（150 头牛位）。挤奶厅 1 栋 410 m^2，机械库 1 栋 220 m^2，草料库 1 栋 500 m^2，办公室及宿舍 1 栋 400 m^2，青贮窖 3 个 3 300 m^3）。设备投资约 170 万元，有铲车 2 台，14 m^3 的牵引式 TMR 车 2 台，铡草机 1 台，粉料机 1 台，青贮收割机 2 台。
	牛群规模
	牛场现存栏 229 头，其中可繁母牛 173 头，小育成母牛 47 头，17 年产犊牛 9 头（母犊牛 8 头，公犊牛 1 头）。
	饲养管理及生产水平
	牛场采用半舍饲半放牧的饲养模式，冬季 11 月至第二个春天 4 月份舍饲饲养，夏季至秋季有 6 个月放牧时间。2017 年预计产犊 80 头，妊娠率达 46%。早晚各补饲 1 次。粗饲料主要包括：玉米青贮、羊草、豆皮、玉米秸。精饲料主要包括：浓缩料、玉米面。
黑龙江省双鸭山农场双新养殖专业合作社	基本情况简介
	双新乳肉兼用牛养殖农民专业合作社，养殖场总占地面积 102 000 m^2，新增基础建设投资 3 700 万元（不包括原 3 栋老牛舍），饲养牛舍 6 栋。其中有 2 栋 10 800 m^2，每栋可养 460 头；1 栋 3 240 m^2，可饲养 260 头；有 3 栋 1 650 m^2，可饲养 120 头。总设计饲养量为 1 200 头。青贮窖 10 个，共 23 625 m^3，精料库 1 栋 600 m^2，草料库 1 栋 1 200 m^2，机械库 1 栋 150 m^2，办公楼 1 栋。有 2 m×10 m 挤奶厅 1 座。设备总投资约 260 万元，其中18 m^3 的斯诺金自走式 TMR 搅拌机 1 台，7.5 m^3 牵引式 TMR 搅拌机 1 台，铡草机 1 台，铲车 2 台。合作社有入股社员 198 人，入股资金 600 万元，农场借贷 310 万元用于饲草饲料。
	牛群规模
	合作社现存栏西门塔尔牛 560 头，其中可繁母牛 338 头，（妊娠 159 头，空怀 179 头（包括 22 头未做妊检）），配种率 47%，小育成牛 191 头（公牛 88 头，母牛 103 头），17 年产犊牛 31 头（公牛 13 头，母牛 18 头）。
	饲养管理、生产水平及经营情况
	合作社采用 TMR 饲喂技术，分群饲养，分为犊牛、断奶犊牛、小育成牛、大育成牛、后备母牛和怀孕母牛前中期、妊娠后期、带犊母牛等。粗饲料有草、玉米秸秆；精饲料为采购希杰饲料的各阶段精料补充料和犊牛颗粒料。繁殖情况 338 头可繁母牛妊娠 159 头，空怀 179 头（包括 22 头未做妊检），妊娠率为 50.3%。2017 年 4 月份肉改的泌乳牛增加到 23 头，每日产奶约 237 kg，除饲喂犊牛外，约有 120 kg 牛奶出售给奶吧和个人鲜奶加工商，出售价格 4.6 元/kg，每日可收入 500～600 元。

续表 3-7

黑龙江八五一〇农场方圆乳肉兼用牛养殖专业合作社	基本情况简介
	该合作社入股社员 198 人，入股资金 1 130 万元，养殖场总占地面积 70 000 m^2，饲养牛舍 10 栋，其中：1 200 m^2 牛舍 1 栋（100 头牛位/栋），700 m^2 牛舍 9 栋，可饲养 504 头，干草棚 1 栋 2 500 m^2，青贮窖 4 500 m^3，挤奶厅 300 m^2，精料间 50 m^2，办公室 700 m^2，机械库 150 m^2。设备投资约 300 万元，其中 9 m^3 牵引式 TMR 搅拌机 1 台，12 m^3 固定式 TMR 搅拌机 1 台，青贮取料机 1 台，约翰迪尔 904 车 2 台，雷沃 M554-B 车 3 台，铲车 2 台，面包车 1 台，纽荷兰打捆机 2 台，清粪 3 轮车 3 台，铡草机 3 台，粪污处理设备一组。
	牛群规模
	合作社现存栏西门塔尔牛 584 头，其中可繁母牛 277 头，妊娠 130 头，空怀 23 头，配妊率 91.7%，小育成牛 183 头（公牛 80 头，母牛 103 头），2017 年已产犊牛 124 头（公牛 64 头，母牛 60 头）。
	饲养管理及生产水平
	采用全舍饲养管理方式，粗饲料有青贮、羊草、苜蓿草、玉米秸秆，精饲料采购买肉牛各阶段精料补充料。实行分群饲养，带犊哺乳犊牛，实行 4 个月断奶。

注：截止到 2017 年 5 月 20 日。

图 3-18 牛群情况

3.8 黑龙江九三农垦红枫种植有限公司改良的犊牛群

3.8.1 中德合作项目在黑龙江垦区的实施和进展

1. 建立育种组织

2009年启动了北大荒乳肉兼用牛项目，2010年总局畜牧部门主导成立“北大荒牛”领导小组;2011年10月26日印发黑垦局文〔2011〕286号文件,成立“黑龙江省农垦总局‘北大荒牛’育种委员会”,确定了改良育种方案,提出了选育目标和各杂交代次的产奶量目标和产肉目标。利用德系乳肉兼用牛的冻精改良本地牛和中低产奶牛,用级进杂交的方式建立核心群,育种专家组办公室设在农垦科学院畜牧兽医研究所,对4个核心育种场开始挂牌,开展了以黑龙江省农垦科学院畜牧兽医研究为技术依托单位的北大荒乳肉兼用牛的选种选配、饲养管理、疫病监测的技术指导和服务工作。

2. 加强培训和宣传

中德项目开展以来,黑龙江垦区平均每年举行乳肉兼用西门塔尔牛的养殖技术培训班,格鲁伯博士、米勒博士和奥曼先生都先后多次来到垦区指导和培训,提出了黑龙江垦区培育北大荒乳肉兼用牛的技术路线及建议。

黑龙江垦区先后派6人赴德国参加短期的技术培训和考察,学习了德系西门塔尔牛和德国荷斯坦牛的选种选配、草青贮和麦秸秆的科学利用、犊牛和育成牛的培育、产奶牛的饲养管理及修蹄技术等。

对德国养殖业的清洁能源利用、种养结合模式及精细化管理和专业化服务都有了深刻的了解,为进一步促进中德项目在垦区的开展奠定了基础。

3. 政府资金的大力支持

黑龙江农垦总局为了发展和扶持德系西门塔尔乳肉兼用牛的改良及“北大荒”乳肉兼用牛的培育,从2013年起农垦总局平均年出资200万元,拨付给垦区的4个核心育种场,从资金上解决了核心场育种过程周期长的问题,使垦区核心育种场在当前我国奶价较低和肉牛产业受到国外市场冲击的形势下,能坚持改良不动摇。

4. 项目进展

(1)项目示范场的牛群情况。在垦区4个乳肉兼用牛核心场中,由原来的本地杂交牛,改良成以德系西门塔尔杂交后代为主的群体,牛群质量随着级进杂交后代的增加,遗传素质也有了明显提高。

(2)项目示范场的基础设施和设施设备的改善。从垦区4个西门塔尔乳肉兼用牛核心育种场的基础设施情况看，从 2012 年后，农垦科学院畜牧兽医研究所实验牧场、双鸭山农场双新养殖专业合作社、九三农垦红枫种植有限公司 3 个示范场都增加了基础设施新牛舍的建设，平均每个牛场新增加了挤奶厅，基础设施和设备投入资金约5 800 余万元，合作社成员入股资金约 1 700 余万元，用于西门塔尔乳肉兼用牛的养殖。

(3)项目示范场饲养管理水平逐步提升。黑龙江垦区 4 个示范场和 10 余个奶牛场在德国专家克鲁伯的指导下，依托黑龙江省农垦科学院畜牧兽医研究所的技术力量，粗饲料数量充足，青贮和羊草质量提高，保证了牛群的粗饲料的供给。在实现分群饲养的基础上，尽量做到精准化饲养，有 2 个牛场采用了 TMR 饲喂技术；每个牛场都建立了牛群档案，通过选种选配，提高牛群质量。利用约 8 年的时间，将原始的基础本地母牛群全部更新淘汰，4 个示范场现有的牛群 90％以上都为德系西门塔尔改良的 F1、F2、F3 的后代。

3.8.2 黑龙江垦区 4 个核心育种场种公牛改良后代存栏情况

1. 黑龙江垦区四个核心育种场杂交各代次存栏情况

见表 3-8。

表 3-8 黑龙江垦区核心育种场截止到 2016 年 12 月的改良各杂交后代情况表

垦区核心育种场		♀			♂			纯种(澳系)
		F1	F2	F3	F1	F2	F3	
农垦科学院畜牧兽医研究所牛场	肉改	30			45			109
	奶改				14			
双鸭山农场双新合作社	肉改	129	80	21	43	21	11	
八五一农场方园合作社	肉改	100	3		86			
	奶改	31	24	8	15		3	
红枫种植公司牛场	肉改	128	84	9	14	63	7	
小计		418	191	38	217	84	21	
合计		647			322			109

从表 3-8 可以看出，改良共得到了 19 头公牛的改良后代母牛 647 头，其中♀F1 有 418 头占 64.6％，F2 有 191 头占 29.5％，F3 有 38 头占 5.9％。

在群的 322 头公牛中，其中 F1 有 217 头占 64.6％，F2 有 84 头占 29.5％，F3 有 21 头占 5.9％。

2. 黑龙江垦区4个核心育种场各家系公牛的存栏情况

见表3-9。

表3-9 垦区4个核心育种场各家系公牛存栏情况表

牛号排名	牛号	种公牛名	各公牛总存栏/头	存母牛数	存栏公牛数
1	178434	虎洛克	421	243	178
2	166010	曼迪	185	94	91
3	191658	旺财	155	115	40
4	188979	自乐塔	94	47	47
5	192705	马林	45	21	24
6	169367	威猛	38	37	1
8	161705	斯珀塔	35	16	19
9	176974	瓦伦瑞安	35	12	23
10	169387	黑默	19	19	
11	178714	迈腾	18	18	
12	178801	英达赫	16	16	
12	188632	赛门	5	2	3
13	605421		5	5	
13	605322		3	3	
14	183066	英珀特2	2	2	
15	160954		1	1	
16	169434		1	1	
16	165919		1	1	
16	169540	马尔坎	1	1	
合计			1 080	654	426

注：该表中，也有售出的不在群后代。

从表3-9看出，杂交后代母牛虎洛克为243头，占比38%，第二名为旺财115头，占比18%，第三名曼迪为94头，占比15%。杂交后代公牛杂交后代公牛虎洛克为178头，占比43%，第二名为曼迪91头，占比21%，第三名自乐塔为47头，占比11%。

3. 应用种公牛的情况

见表 3-10 和 3-11。

表 3-10 德系西门塔尔乳肉兼用牛改良后代母牛生长发育情况表

项目	体重/kg	体高/cm	十字部高/cm	胸围/cm	斜长/cm	测定头数/头
初生	41.8	74.2	79.4	77.5	66.9	139
断奶	154.7	96.3	104.7	121.2	101.9	139
6 月龄	167.8	96.2	102.6	125.4	107.5	139
12 月龄	288.2	113.2	122.1	149.9	126.8	139

表 3-11 德系西门塔尔乳肉兼用牛改良后代公牛生长发育情况表

项目	体重/kg	体高/cm	十字部高/cm	胸围/cm	斜长/cm	测定头数/头
初生	45.9	76.4	81.6	78.8	68.3	60
断奶	167.9	98.8	108.1	122.3	102	60
6 月龄	177.2	102.4	109.6	127.8	109.4	60
12 月龄	388.1	119.3	126.9	164.2	134.9	60

4. 公牛屠宰情况的测定

见表 3-12 和 3-13。

表 3-12 公牛各屠宰指标测定

类别	1 号育肥公牛	2 号阉牛
饲养天数	600	590
运前活重/kg	679	642
全期平均日增重/kg	1.06	1.04
屠宰率/%	57.02	57.05
净肉率/%	45.78	43.87
剪切力	5.32	3.5

表 3-13 公牛育肥屠宰及销售价格表

屠宰场牌号	单体重量/kg	胴体重量/kg	胴体率/%	单价/(元/kg)	单体总价/元
1751	759	419	55.2	23.5	17 836.5
1752	546	295	54.03	23	12 558
1753	672	371.5	55.28	23.5	15 792
1754	571	332.5	58.23	25	14 275
1755	617	337.5	54.7	23.25	14 345.25

续表 3-13

屠宰场牌号	单体重量/kg	胴体重量/kg	胴体率/%	单价/(元/kg)	单体总价/元
1756	648	369.5	57.02	24.5	15 876
1757	594	320	53.87	22.75	13 513.5
1758	569	319	56.06	24	13 656
1759	736	429	58.29	25	18 400
1760	597	336	56.28	24	14 328
1761	502	279.5	55.68	23.75	11 922.5
	619.18	346.23	55.92		162 502.8
备注：此表黑龙江省农垦科学院畜牧兽医研究所实验牧场出售的公牛情况表 1758、1761 号牛为阉牛各扣 200 元					14 772.98

开展的公牛育肥和屠宰试验，公牛 18 月龄体重平均达 619.18 kg，屠宰达 55.92%，净肉率达 45%。24 月龄出栏体重最高达 719.6 kg，眼肌面积可达 70.81 cm^2，背膘厚度 0.35 cm。每头活牛效益约为 1 000 元。

5. 杂交后代产奶性能测定

(1)肉改杂交产奶的测定

肉改的产奶性能：双鸭山农场的双新牛场测定了部分泌乳月的奶量，有 7 头牛进行挤奶。

表 3-14 为人工记录奶量，还没有完成整个泌乳期。有待今后跟踪记录。

表 3-14 双鸭山农场双新合作社人工测定的产奶记录情况表 kg

改良代数	挤奶头数	第一泌乳月	第二泌乳月	第三泌乳月	第四泌乳月	第五泌乳月	第六泌乳月	第七泌乳月	总产奶量
F1		403.5	614.7	472.5	504.8	525.8			2 521.3
F2		392.6	545.8	552.3	507.6	441.2	362.7	472.7	3 274.9
F3		467.4	511.5	542.7	487.8	426.7	468.8	228	3 132.9

(2)宝泉岭农垦管理局军川农场的川南奶牛合作社奶改产奶性能

见表 3-15。

表 3-15 奶改乳肉兼用牛产奶性能测定统计

马尔坎	测定次数	日平均产奶量/kg	高峰奶/kg	乳脂率/%	乳蛋白率/%	体细胞/(千个/mL)	305 天校正奶/kg	最后一次采样日期
11 头	3～9 次	30.43	36.16	3.84	3.32	61.63	8 589	2016-12-18
黑默	测定次数	平均产奶量/kg	高峰奶/kg	乳脂率/%	乳蛋白率/%	体细胞/(千个/mL)	305 天校正奶/kg	最后一次采样日期
12 头	3～9 次	26.62	31.97	4.14	3.31	653	7 720	2016-12-18

从表 3-15 看出，DHI 测定的杂交奶改 F1 代产奶量和乳成分可达荷斯坦牛的水平，2016 年该合作社牧场的奶牛群体平均单产 305 天平均产奶量为 8 600 kg。奶改的西门塔尔杂交牛马尔坎后代平均产奶量可达 8 589 kg，与群体产奶量持平，但黑默的后代产奶量比马尔坎低，并低于群体平均水平。说明不同的种公牛的后代改良效果不一样，也与母亲的产奶水平相关。由于奶改牛的产奶牛数量较少，还有待今后继续通过 DHI 测定杂交后代的数据积累，提出可行的选种选配技术路线。

3.8.3 核心育种场的饲养管理情况

通过 8 年来的饲养管理的实践积累，现已形成德乳肉兼用牛杂交后代在不挤奶的情况下的分群饲养方案及营养需要。

1. 牛群的分群饲养和营养需要

母牛共分为 6 个阶段分群，母牛分为哺乳犊牛、断奶犊牛、育成牛、育成牛配种期、母牛怀孕前中期、母牛怀孕后期。育成牛饲养管理见表 3-16 和表 3-17。

表 3-16 牛场育成牛配种期精料补充料配方

原料	育成牛
玉米	60
豆粕	15
DDGS	5
麦麸	15
氢钙	1.5
石粉	1
盐	1
苏打	0.5
预混料	1

表 3-17 育成牛配种期日饲喂量及营养指标

项目	育成牛(配种期)
日饲喂量	
青贮/kg	10
羊草/kg	1.5
精料补充料/kg	1.5
营养指标	

续表 3-17

项目	育成牛(配种期)
能量/(MJ/天)	26.55
粗蛋白/g	479
钙/g	28
磷/g	18

妊娠母牛各阶段营养需要见表 3-18。

表 3-18　2014 年和 2015 年妊娠母牛精料补充料配方　%

原料	2014 年		2015 年	
	妊娠前、中期	妊娠后期	妊娠前、中期	妊娠后期
玉米	50	40	50	40
豆粕	25	35	25	35
DDGS	5	5		
麦麸	15	15	15	15
氢钙	1.5	1.5	2.5	2.5
石粉	1	1	2	2
盐	1	1	1	1
苏打	0.5	0.5	0.5	0.5
预混料	1	1	4	4

表 3-19　2014 年和 2015 年肉牛场妊娠母牛精料补充料日饲喂量及营养指标　%

项目	2014 年		2015 年	
	妊娠前、中期	妊娠后期	妊娠前、中期	妊娠后期
日饲喂量				
青贮/kg	12	12	15	15
羊草/kg	2	2	2	2
精料补充料/kg	2	2	1	1
营养指标				
RND	4.16	4.15	3.72	3.71
粗蛋白/g	657	726	528	563
钙/g	43	44	35	37
磷/g	23	24	17	18

表 3-19 中各阶段牛群中的精粗料饲喂量，根据牛群体况会加以调控和增减。

2. 繁殖情况

2016 年黑龙江省农垦科学院畜牧兽医研究所实验牧场有可繁母牛 149 头，妊娠 137 头，配妊率达 92%，2017 年按犊牛成活率 98%计算，预计可得到 128 头犊牛，繁殖率可达 90%。

表 3-20 为黑龙江省农垦科学院畜牧兽医研究所实验牧场繁殖情况，表 3-20 可以看出，通过精细化的饲养管理，德系乳肉兼用牛的杂交后代可以达到一年一胎。

表 3-20 2014 年和 2015 年产后母牛的初次发情时间及配妊情况表 %

产后初次发情天数		产后配妊天数		n	
2014 年	2015 年	2014 年	2015 年	2014 年	2015 年
64	68	84	83	24	16
产后 68 天内发情牛/头		产后 68 天内发情的牛只/%		n	
2014 年	2015 年	2014 年	2015 年	2014 年	2015 年
14	10	58.3	62.5	24	16

3.8.4 项目的成效与经验

1. 垦区核心育种场示范场带动作用明显

黑龙江垦区除建立 4 个核心育种场外，还带动了垦区奶牛场利用德系西门塔尔(弗莱维赫)改良的积极性，现黑龙江垦区已有包括 8 个农垦管理局的 10 余个规模化奶牛场，应用了德系西门塔尔牛冻精与奶牛选种选配，通过后代产奶水平在保持不下降的情况下，提高各牛场鲜奶的乳脂和乳蛋白率，以期获得较好的经济效益。改变了垦区奶牛场不用西门塔尔牛的历史。

2. 垦区核心育种场牛群质量提高

育种进展应以育种值的变化为依据。在育种初期，没有全面测量、缺乏大量数据、无法估计育种值的情况下，育种进展也只能看表型和表型值，就是三看：一看体型外貌从肉用矩形向乳用三角形转变；二看乳房增大、乳头由短粗变细长；三看产奶量各代增加 1 t 左右。如果各代能保持这样的增速，F4 达 5 t 是可能的，引进冻精与当地西门塔尔牛的杂交效果如下(图 3-19 至图 3-21)。

第五胎，产犊时间 2015 年 7 月 1 日，62 天平均泌乳量 7 kg/天。推算全期产奶量约为 1 t。

第三胎，产犊时间 2015 年 6 月 2 日，93 天平均泌乳量 11.5 kg/天。推算全期产奶量约 2 t。

图 3-19　F1/100021

图 3-20　F2/120022

第一胎，产犊时间 2015 年 5 月 31 日，95 天平均泌乳量 14.8 kg/天。推算全期产奶量 3 t。

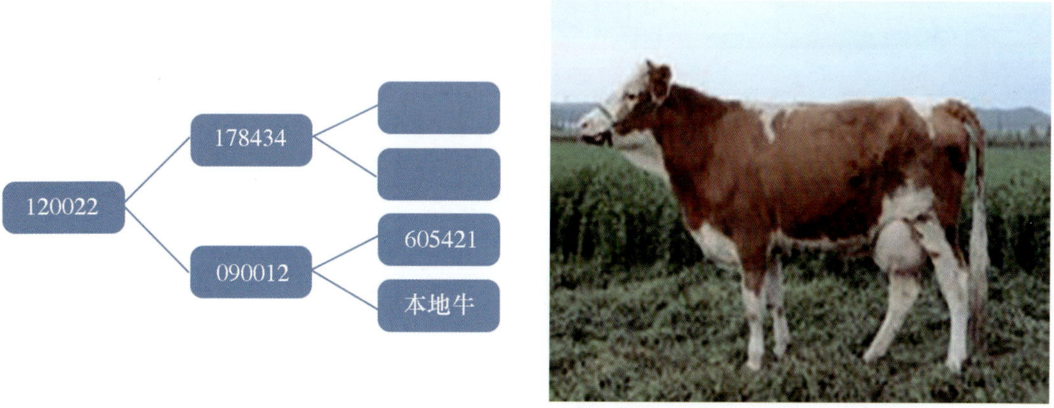

图 3-21　第一胎

3.技术水平的提升

近 8 年中，黑龙江垦区在核心育种场和奶牛场中，开展了同期发情、高水分全穗玉米湿贮及其在肉牛瘤胃内发酵的影响研究、北方寒区散栏牛舍配套工艺、牛粪发酵床应用、玉米不同加工方式对奶公犊牛育肥性能的影响、自配蛋白浓缩料与三种商品蛋白浓缩料对育肥肉牛的饲喂效果、深加工白酒糟对奶公牛生长性能和经济效益的影响、自制犊牛岛环境温湿度测定、对西门塔尔杂交牛小规模育肥经营模式的解析、大豆秸秆替代草羊草饲喂妊娠母牛等多种试验和研究。取得了多项成果和新型专利、形成了同期发情、玉米湿贮、高水分酒糟的贮藏、学习德国的草青贮技术、犊牛的初乳灌服技术及北方寒区散栏牛舍配套工艺多项轻简化技术、2014 年发布了黑龙江省《肉牛标准化养殖场生产技术规范》地方标准，推广到了黑龙江垦区及全省的乳肉兼用牛场和奶牛场共 40 余个，促进乳肉兼用牛产业的发展。

3.8.5 黑龙江垦区的进一步发展方向

1. 加强黑龙江垦区核心场硬件和软件建设

从硬件上，加强黑龙江垦区乳肉兼用牛核心育种场的建设，从现在的 2 个场采用 TMR 饲养技术，达到全部采用 TMR 饲养技术，对双鸭山农场双新合作社挤奶设备不配套的完成升级改造，九三红枫种植业有限公司早日实现改良牛的挤奶。

从软件上，实现信息化管理，加强牛场育种员和技术人员的培训，强化对生长发育、育肥性能、产奶性能、屠宰指标的多项生产性能测定，提高犊牛成活率、受胎率、产奶量和出栏率，争取获得较好的经济效益。见图 3-22 和 3-23。

图 3-22　2016 年 9 月九三新建牛舍改进饲喂

图 3-23 2016 年 9 月九三德系后代公牛

2. 整体工作计划

通过借鉴德国经验，结合黑龙江垦区肉改牛场和奶改奶牛场的实际情况，增加肉改牛场的奶改数量，占比到 2/3，逐渐增加杂交 3 代以上的牛只个体，通过产奶性能测定和产肉性能测定，选留优良个体，到 2025 年完成黑龙江垦区第二阶段西门塔尔牛的改良工作。

附表 1 冻精使用情况

填报单位：黑龙江省农垦科学院畜牧兽医研究所

冻精号	冻精数	配种头次	配种妊娠率	出生后代数	现所处地方
161705	51			34	黑龙江省农垦科学院畜牧兽医研究所实验牧场
176974	51			34	黑龙江省农垦科学院畜牧兽医研究所实验牧场
188632	2			1	黑龙江省农垦科学院畜牧兽医研究所实验牧场
178434	74			49	黑龙江省牡丹江农垦方圆乳肉牛养殖专业合作社
166010	700			353	黑龙江省牡丹江农垦方圆乳肉牛养殖专业合作社
160954				1	黑龙江省红兴隆农垦双新奶牛养殖农民专业合作社

续附表 1

冻精号	冻精数	配种头次	配种妊娠率	出生后代数	现所处地方
605322				3	黑龙江省红兴隆农垦双新奶牛养殖农民专业合作社
169434				1	黑龙江省红兴隆农垦双新奶牛养殖农民专业合作社
605421				5	黑龙江省红兴隆农垦双新奶牛养殖农民专业合作社
165919				1	黑龙江省红兴隆农垦双新奶牛养殖农民专业合作社
169450				1	黑龙江省红兴隆农垦双新奶牛养殖农民专业合作社
183066				3	黑龙江省红兴隆农垦双新奶牛养殖农民专业合作社
178434				90	黑龙江省红兴隆农垦双新奶牛养殖农民专业合作社
166010				30	黑龙江省红兴隆农垦双新奶牛养殖农民专业合作社
191658				58	黑龙江省红兴隆农垦双新奶牛养殖农民专业合作社
169367				20	黑龙江省红兴隆农垦双新奶牛养殖农民专业合作社
178714				17	黑龙江省红兴隆农垦双新奶牛养殖农民专业合作社
166180				4	黑龙江省红兴隆农垦双新奶牛养殖农民专业合作社

附表 2　冻精使用情况

填报单位：黑龙江省九三农垦红枫种植有限公司

冻精号	冻精数	配种头次	配种妊娠率	出生后代数	现所处地方
169367				16	黑龙江省九三农垦红枫种植有限公司
169387				19	黑龙江省九三农垦红枫种植有限公司
178434				19	黑龙江省九三农垦红枫种植有限公司
178801				16	黑龙江省九三农垦红枫种植有限公司

续附表 2

冻精号	冻精数	配种头次	配种妊娠率	出生后代数	现所处地方
188979				55	黑龙江省九三农垦红枫种植有限公司
191658				64	黑龙江省九三农垦红枫种植有限公司
192705				20	黑龙江省九三农垦红枫种植有限公司

附表 3 接收项目冻精和耳标数量

填报单位:黑龙江省九三农垦红枫种植有限公司

年份	冻精	耳标
2013		200
2014		
2015		200

3.9 黑龙江省九三红枫种植有限公司与中国牛业发展合作项目共同制定示范场发展目标

3.9.1 2015 年示范场概况

总存栏约 120 头,没有挤奶牛,带犊母牛 50 头,其他为青年母牛和 40 头公犊牛和母犊牛,20 头育肥公牛。品种为西门塔尔牛,用德系西门塔尔牛级进杂交,代次不等。牛群散养在户外,冬季也没有补料。牛群需要在放牧的区域自己觅食。牛群没有数据记录。2015 年开始建了新的奶牛舍,将于 2016 年竣工。之后,应该开始德系西门塔尔牛的挤奶工作,同时需要提供更好的饲料和牛群管理。

中德牛业发展项目专家计划每年到访红枫牛场 2 次。

3.9.2 牛场发展目标

牛场存栏增加到 500 头,其中繁殖母牛达到 180 头。头均日产奶量提高到 20 kg。德系西门塔尔牛母牛头均年产奶量达 6 000 kg。选育目标重点是体型性状和产奶量。

3.9.3 长寿性目标

终生产奶量>30.000 kg,终生日产奶量>15 kg/天。

3.9.4 繁殖效率

群体健康管理包括实施定期修蹄计划、产圈定期消毒计划、建立牛群的繁殖管理和饲养管理规程。目标:配妊次数 2.1 次,产犊间隔 365 天,淘汰率 22%。

3.9.5 乳房健康

乳房健康的改善计划从挤奶员和技术人员的培训开始,建立不同工作岗位的标准工作流程,尤其是挤奶程序和乳房炎治疗程序。改善干奶牛乳房健康方面的管理并建立细菌数测定工作程序,将细菌检测与 DHI 测定结果结合起来用于管理。目标:群体平均体细胞数低于 15 万,降低兽医处置比例,乳房炎发病率<20%,由于乳房炎导致淘汰比例<5%。

3.9.6 犊牛健康管理

改善分娩区域和犊牛养殖区域的设施,保持饲养区域的清洁卫生,重视围产期管理和干奶牛管理,强调初乳质量和卫生管理,建设新的犊牛舍。建议设置犊牛可以自由采食酸化奶的装置,犊牛饲喂干 TMR,对于犊牛哺乳过程中的各事件详细记录。目标:难产率<5%,死产率<3%,后备牛饲养全期日增重达 750 g,进而达到头胎产犊月龄 27 月。

3.9.7 养殖效率

使用计算机软件对于牛群进行管理,例如中德项目提供软件。数据及时录入并及时分析,对于每头牛的选淘是基于这头牛的所有信息做决定;建立全场的工作计划,确保各项工作的成功实施。目标:饲料成本利润率(ICOF)>70 元/天。

3.9.8 环境与动物福利

改进牛粪的使用并施用于耕地。从 2017 年起实现养分循环。可以综合粪肥发酵和蚯蚓养殖,为当地树立起示范。新建牛床进一步改善牛的福利,确保牛群在冬季能享受新鲜空气和适宜温度,免受季节影响降低产量。

3.9.9 需求中德牛业项目的支持

1. 技术支持

对于畜舍设计和舍内工艺提供咨询和技术服务,对于粗饲料生产和加工、产奶量分析提供服务。提供有利于本场管理的技术决策、分析,协助牛群管理软件的安装以及与场内原有其他软件的联接。为本示范场的进一步发展推荐各专业方向的合作伙伴。

2. 遗传物质

以冻精和胚胎形式提供从德国出口的遗传物质。进口活体。提供选配服务。

3. 咨询和培训

现场咨询生产环节相关问题，粗饲料和精饲料生产和管理相关问题。由相应合作伙伴提供选配服务。对于群体健康，包括代谢疾病、犊牛疾病和乳房相关疾病提供技术咨询和改进措施。

参与中德牛业项目举办的各种技术培训。

3.9.10 本示范场向本省区其他奶牛场或小区推广示范管理经验

从 2016 年起，示范场指导每年 2 次，并就共同关注的主题每年组织一次为期一天的技术培训。另外，邀请其他本区域牧场参与指导和培训过程。农垦畜牧研究所应参与相关指导和培训过程。

3.10 新疆维吾尔自治区国营乌鲁木齐种牛场中国牛业发展合作项目工作总结

乌鲁木齐种牛场是新疆维吾尔自治区重点种牛场，位于乌鲁木齐市南郊 30 km，交通便利，夏季干燥炎热、长年风多，天气较寒冷。自有耕地 8 000 亩，种植青贮玉米 3 500 亩，年产 17 500 t。我场是新疆地方优良品种“新疆褐牛”的原产地和地方品种保护繁育研究基地，是向新疆唯一的国家级种公牛站提供新疆褐牛冻精的种源基地和后备种公牛的培育场。新疆褐牛是自治区特有的乳肉兼用型地方优良品种，经过 30 多年和几代畜牧科技工作者不断的选育而形成的，2012 年被自治区评为《新疆肉牛新品种(系)培育与杂交改良技术研究示范基地》。在新疆褐牛良种繁育和品种改良过程中起着举足轻重的作用。同时 2009 年因我中心培育的新疆褐牛牛奶品质优良，被定为新疆学生奶奶源基地。2011 年定为国家级学生奶奶源基地。2012 年与德国进行畜牧业交流，定为中德示范牛场。2015 年被国家农业部农垦局定位全国标准化奶牛示范牛场。

3.10.1 牛场基本情况

1. 牛群规模及奶产量

褐牛繁育中心现存栏新疆褐牛和荷斯坦牛 1 131 头，其中新疆褐牛 323 头，成母牛 156 头，成母牛占群比例为 48%。荷斯坦牛 808 头，成母牛 428 头。新疆褐牛成母牛单产达 7.5 t，荷斯坦牛成母牛单产达 8 t。牛群规模及结构、总饲养头数、各类成母牛占群比例较合理。

2. 现阶段管理水平

（1）各项管理制度、岗位职责、基础资料以及繁殖、育种、疾病防治和生产情况的记录都比较翔实。

（2）饲养方式为全混合日粮（TMR）。其中一部分牛是拴系式饲养，一部分为自由散栏式饲养。

（3）防疫制度较健全。一年两次“两病”检疫（5 月份和 10 月份各一次），四次注射口蹄疫二价苗和 A 型苗。前后大门都有消毒设施，并有专人负责。对全牛场每星期一次大消毒，对牛舍一星期消毒二次。职工上下班必须进行紫外线消毒，洗手。全体职工每年体检一次。同时，对重大疫情有预警机制，比如，周边地区发生疫情，我们在第一时间对牛场周边主要道路进行封闭。对内进行封闭式管理等。

（4）DHI 测定。从 2007 年开始与新疆农业大学合作进行 DHI 测定（新疆褐牛）至 2010 年 5 月份，从 2010 年 6 月份开始与其合作对全群泌乳牛（包括荷斯坦牛）进行 DHI 测定。见图 3-24。

图 3-24　2015 年 9 月中德专家指导乌鲁木齐种牛场小犊牛舍设计

3.10.2　中德项目实施的成果

我场自 2012 年中德牛业合作项目实施以来，通过中德双方专家来场现场多次指导，取得了一些成绩。现就近三年项目实施情况汇报如下。

1. 冻精及耳标使用情况

冻精使用情况：自 2013 年以来，从德国引进褐牛冻精一次，共计 1 000 枚。截至目前，已使用 920 枚，剩余 80 枚。三年以来，共计产犊 505 头，其中母犊 218 头，占 44%，公犊 287 头，占 56%。其后代生长情况良好，体型适中，泌乳性能有所提高。见图 3-25。

褐公牛

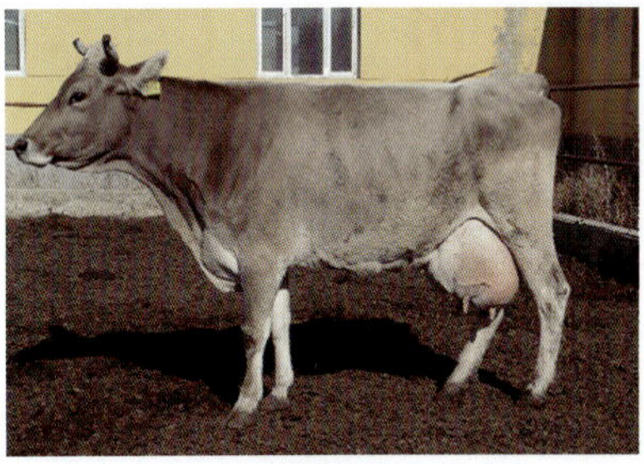
褐母牛

褐牛泌乳牛

图 3-25　牛品种举例

耳标号使用情况：项目实施 4 年来我场共收到德国凯思乐耳标两批，共计 1 000 付。2015 年发放 500 付，全部用完。2016 年发放 500 付，截至目前荷斯坦全部用完，褐牛剩余 10 付。2017 年发放 550 付，已使用 291 付。通过建议，凯思乐耳标不断更新，目前使用效果较好，没有发现脱落现象。

2. 项目实施以来我场发生的变化

结合德方专家格鲁伯博士多次来访的指导意见，我们加强饲养管理，多次调整了饲料配方，降低了饲养成本，提高奶牛单产，奶牛单产由原来 6.5 t 多提高到 7.5 t 多。见图 3-26。通过加强饲养管理和规范操作流程，乳房炎发病率降低，牛奶体细胞数降低从项目实施前的 120 多万降到 60 多万，使我中心生产指标上了一个新台阶。

3. 基础设施的改变

我场是国营性质的老牛场，圈舍及基础设施条件落后。在听取中德专家关于设施设备的改扩建意见后，总场领导高度重视，多方筹集资金，先后投入 800 多万元完善基础设施。2015 年新建 TMR 搅拌站一座，改善牛饮水系统 16 套。见图 3-27 和图 3-28。

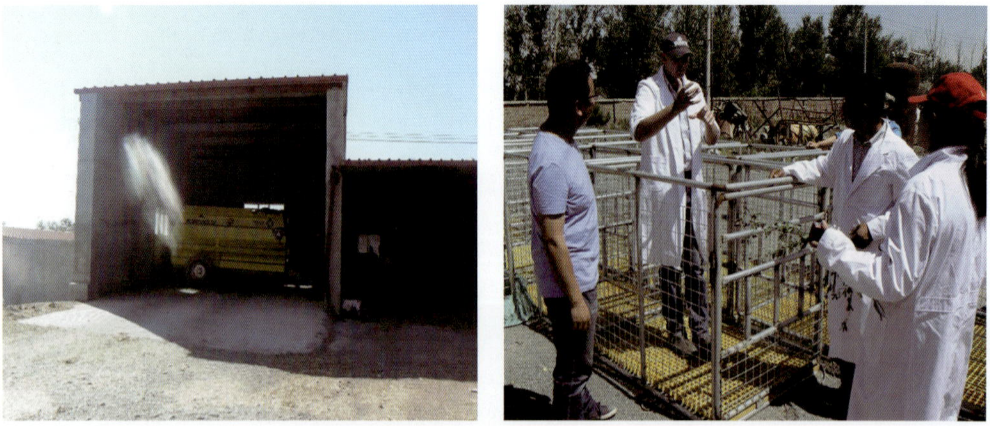

图 3-26　德方专家德鲁伯博士采访

图 3-27　新建 TMR 全混合日粮搅拌站

图 3-28　新建保温箱式饮水系统

2016 年场投资新建利拉伐 40 位并列式挤奶厅一座，并结合中心根据实际生产需要，修建了赶牛通道、室外待挤区，完善了室内的配套设施安装。改善了牛群挤奶环境。见图 3-29。

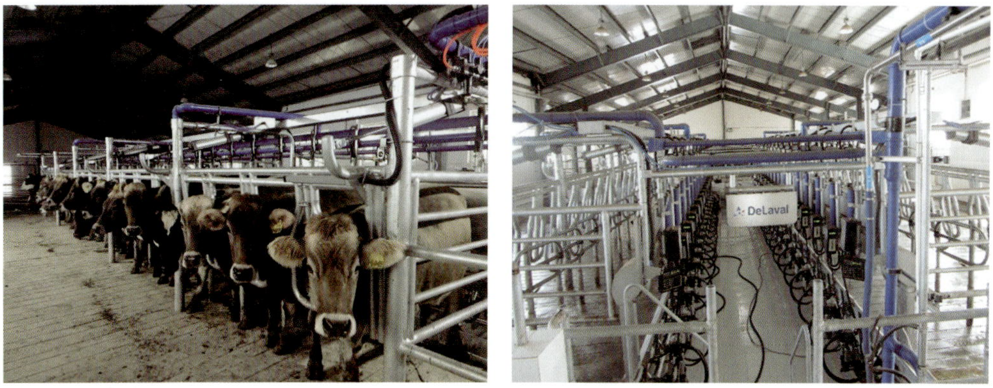

图 3-29 新建挤奶厅

为改善我中心以前老旧的犊牛饲养模式，在场投资建设新犊牛舍完工后，组织管理人员到周边标准化牛场学习交流，借鉴其先进养殖经验，并结合我场实际，自行设计了犊牛饲喂笼、实现了犊牛饲养区域式管理、同时为保证舍内温度达到饲养标准安装了暖风炉、电加热牛奶等配套设施，有效的降低了犊牛疾病的交叉感染，改善了犊牛的饲养环境，提高了犊牛的成活率。见图 3-30。

图 3-30 新建犊牛圈

3.10.3 项目后期我场期待的帮助和支持

(1)由于我场的基础条件差,牛舍的老化,在牛场改扩建方面希望中德合作项目上能够给予帮助,以适应现代畜牧业的发展和需求。

(2)根据近两年以来褐牛产犊情况,产公犊较多,母犊较少此现象,中德项目是否有性控冻精的提供。

(3)我场希望继续保持现有交流合作平台,学习德方先进的管理经验,及时完善我场管理的技术决策。

(4)目前我场使用中德牛业项目提供牛群管理软件无法长期使用,我场希望中德牛业合作项目能够提供长期使用的牛群管理软件,以便及时录入并做出技术分析。见图 3-31,图 3-32,图 3-33。

我们在今后的发展中会更加向现代化牛场靠近,不断更新管理经验,生产出更加优秀的种公牛以及优质的原料奶,经济效益更加显著,真正体现我场支柱产业的优势地位。

图 3-31 2016 年 9 月乌鲁木齐种牛场新增挤奶台

图 3-32 2016 年 9 月乌鲁木齐种牛场新增犊牛栏高床饲喂

图 3-33 2015 年新疆培训合影

3.11 新疆维吾尔自治区国营乌鲁木齐种牛场与中国牛业发展合作项目共同制定示范场发展目标

3.11.1 2015年示范场概况

总存栏约950头，其中泌乳牛520头、干奶牛130头。荷斯坦牛占70%、新疆褐牛占30%、头均日产奶量约为23 kg。牛群健康方面主要问题是乳房健康、体细胞评分较高，蹄病较严重但可以通过频率更高的有效蹄浴缓解。犊牛管理中腹泻和肺炎较严重。牛群管理规程正在制定和试用。2015年秋天开始新建挤奶厅和犊牛舍。计划重建泌乳牛卧床。

中德牛业发展项目专家计划每年到访乌鲁木齐种牛场2次。

3.11.2 牛场发展目标

牛场存栏增加到1 000头，其中繁殖母牛达到550头。两个品种都在产量和体型方面获得进展。荷斯坦与褐牛的比例调整到60∶40。头均日产奶量提高到28 kg。头均年产奶量达8 800 kg。

3.11.3 长寿性目标

终生产奶量＞30.000 kg，终生日产奶量＞15 kg/天。

3.11.4 繁殖效率

群体健康管理包括实施定期修蹄计划、产圈定期消毒计划、建立牛群的繁殖管理和饲养管理规程。目标：配妊次数2.8次，产犊间隔荷斯坦牛420天、褐牛380天，淘汰率25%。

3.11.5 乳房健康

乳房健康的改善计划从挤奶员和技术人员的培训开始，建立不同工作岗位的标准工作流程，尤其是挤奶程序和乳房炎治疗程序。改善干奶牛乳房健康方面的管理并建立细菌数测定工作程序，将细菌检测与DHI测定结果结合起来用于管理。目标：群体平均体细胞数低于30万，降低兽医处置比例，乳房炎发病率＜30%，由于乳房炎导致淘汰比例＜15%。

3.11.6 犊牛健康管理

改善犊牛养殖区域的设施。保持犊牛饲养区域的清洁卫生，重视围产期管理和干奶牛管理，强调初乳质量和卫生管理，建设新的犊牛舍。建议设置犊牛可以自由采食酸化奶的装置，犊牛饲喂干 TMR，对于犊牛哺乳过程中的各事件详细记录。目标：难产率<5%，死产率<5%，后备牛饲养全期日增重达 700 g，进而达到头胎产犊月龄 26 月（荷斯坦牛及褐牛）。

3.11.7 养殖效率

使用计算机软件对于牛群进行管理，例如中德项目提供软件或其他牛群管理软件。数据及时录入并及时分析，对于每头牛的选淘是基于这头牛的所有信息做决定；建立全场的工作计划，确保各项工作的成功实施。目标：饲料成本利润率（ICOF）>70 元/天。

3.11.8 环境与动物福利

改进牛粪的使用并施用于总场自有耕地。从 2017 年起实现养分循环。新建牛床进一步改善牛的福利，确保牛群在冬季能享受新鲜空气和适宜温度，免受季节影响降低产量。

3.11.9 需求中德牛业项目的支持

1. 技术支持

对于畜舍设计和舍内工艺提供咨询和技术服务，对于粗饲料生产和加工、产奶量分析提供服务。提供有利于本场管理的技术决策、分析，协助牛群管理软件的安装以及与场内原有其他软件的联接。为本示范场的进一步发展推荐各专业方向的合作伙伴。

2. 遗传物质

以冻精和胚胎形式提供从德国出口的遗传物质。

3. 咨询和培训

现场咨询生产环节相关问题，粗饲料和精饲料生产和管理相关问题。由相应合作伙伴提供选配服务。对于群体健康，包括代谢疾病、犊牛疾病和乳房相关疾病提供技术咨询和改进措施。

参与中德牛业项目举办的各种技术培训。

3.11.10 本示范场向本省区其他奶牛场或小区推广示范管理经验

从 2016 年起，示范场指导每年 2 次，并就共同关注的主题每年组织一次为期一天的技术培训。另外，邀请其他本区域牧场参与指导和培训过程。本地畜牧推广部门应参与相关指导和培训过程。

3.12 伊犁新褐种牛场中国牛业发展合作项目工作总结

3.12.1 基本情况

伊犁新褐种牛场位于新疆新源县阿勒玛勒乡，距新源县城 28 km，牛场占地 150 亩；有水浇饲料地 450 亩，打草放牧场 800 亩，围栏夏草场 5 000 亩，实行划区轮牧，60%饲草料可实现自给。牛场现有牛舍 5 栋，计 5 700 m^2；产房 210 m^2，配套运动场 10 500 m^2，挤奶厅 300 m^2，13 m^2 固定式 TMR 一台，饲草料加工间 280 m^2，青贮窖 4 座，计 5 000 m^2；饲草料库房 500 m^2，钢架堆草棚 900 m^2；有铡草机、粉碎机、绞拌机、铲车、大小货车、大小拖拉机各 1 台。

目前，伊犁新褐种牛场新疆褐牛存栏 623 头，其中：成年母牛 284 头，青年母牛 82 头，育成母牛 122 头，犊牛 135 头(母犊 65 头、公犊 70)；育成种公牛 41 头。自 2007 年国家、自治区活畜良种补贴项目实施以来，本场共培育种公牛 861 头，为新疆褐牛的发展提供了优良种公畜，并取得了良好的社会效益。为了保持新疆褐牛耐粗饲、抗寒、抗逆性强、适宜草原放牧等特性，伊犁新褐种牛场主要采取了暖季放牧、冷季舍饲的饲养模式，每年 6 月初至 9 月底在夏牧场以放牧为主，适当补饲，划区轮牧；每年 9 月底至次年 6 月初，冷季以舍饲为主，按不同年龄段牛的营养需求，配制日粮，进行科学合理的全舍饲饲养管理，充分挖掘出新疆褐牛的生产性能。2014 年开始，泌乳母牛实行挤奶厅集中挤奶，犊牛根据不同日龄进行人工哺乳和补饲，4 月龄进行断奶，保证犊牛良好生长发育。见图 3-34。

图 3-34 新褐种牛场新建牛卧床，舒适感增加

伊犁新褐种牛场由伊犁州畜禽改良站管理并作为技术支撑单位，负责日常生产经营、管理和技术服务。牛场以培育新疆褐牛种畜为目的，针对现有新疆褐牛存在的尖尻、斜尻，背腰结合不良，体型结构不匀称，乳房结构差，生产性能低等缺点和不足，利用国外引进冻精有计划地导入美系、德系褐牛血液，进行导入杂交，为今后培育新疆褐牛新类型，做了些基础性工作。伊犁州畜禽改良站负责制定牛场的育种计划方案，年度选种选配计划，各龄牛的饲养管理技术方案，饲草料生产计划等工作。并派出专业技术人员，长期蹲点负责牛场的生产经营和各项技术工作，开展了新疆褐牛良种牛登记、生产性能测定、犊牛和育成牛生长发育测定、各龄牛的日粮标准制定、牛群的鉴定整群、育种档案资料建档等技术工作，加强了种畜培育工作，提高了牛群饲养管理水平，牛群品质和生产水平较建场初期有了很大提高。

伊犁新褐种牛场 2008 年被列为国家肉牛产业技术体系岗位科学家和综合试验站示范场，2010 年列入国家农业部第一批畜禽标准化奶牛养殖示范场，2011 年被评选为中德畜牧业创新中心示范牛场。见图 3-35。

图 3-35 2011 年 7 月中德双方专家到候选示范场——伊犁新褐种牛场调研

3.12.2 项目执行情况

1. 德国褐牛冻精使用情况

牛场于 2013 年 5 月 23 日收到项目提供的德国瑞士褐牛冻精 995 剂，2013—2017 年伊犁新褐种牛场累计使用项目冻精 520 支，配种母牛 260 头，现有德系褐牛冻精后代生产母牛 62 头。

2. 德方奶牛日粮配方和牛场管理软件使用情况

现本场使用的牛场管理软件为国家肉牛核心育种场指定管理软件(南京丰顿科技有限公司)。

3. 技术指导和技术培训情况

2012—2017 年通过项目实施，以中德牛业合作项目为平台，先后在伊犁新褐种牛场成功举办了四期“伊犁州养牛技术培训班”，培训技术人员 382 人次。全国畜牧总站牧业发展处领导和中德双方专家 10 余次到牛场针对目前牛场布局、牛舍建设、饲草料种植、牛群饲养管理、日粮配方、防疫、粪污处理等方面工作进行了现场技术指导。中德双方专家热情的指导、广博的知识、精湛的技能、快捷的工作效率，使我们增加了理论知识和实践经验，提升牛场整体经营管理水平。同时根据全国畜牧总站组织安排，伊犁新褐种牛场有 5 位技术人员和管理人员先后赴德国进行了为期 10～21 天的“牛场管理、育种、饲养”短期技术培训及考察学习。通过技术培训和考察学习、相互交流，使牛场技术人员和管理人员对德国的奶牛养殖有了很好的了解，对德国精细的牛业研究、普遍的现代化技术及设备应用、比较完备的社会化服务体系、科学的牧场的设计等方面有了深刻的体会。

3.12.3 项目冻精使用情况

1. 2013—2017 年伊犁新褐种牛场使用项目冻精情况

见表 3-21 和表 3-22。

表 3-21 项目提供冻精和耳标数量统计表 剂、个

年度	冻精	耳标
2013	995	
2014		100
2015		200
2016		200
2017		100

表 3-22 项目冻精使用情况统计表 头

年度	冻精号	配种头数	怀胎母牛数	怀胎率/%	产犊数/头			现所处地方
					公	母	合计	
2013	435031	46	42	91.30	27	12	39	本场
2014	435031	50	36	72.00	21	9	30	本场

续表 3-22

年度	冻精号	配种头数	怀胎母牛数	怀胎率/%	产犊数/头			现所处地方
					公	母	合计	
2015	435031 352950	38	31	81.58	11	18	29	本场
2016	352950 352800	60	53	88.33	15	23	38	本场
2017	352950 352800	66						本场
合计		260	162	83.30	74	62	136	本场

2. 项目冻精后代牛体尺、体重及生长发育指标分析

在牛场饲养管理水平一致的条件下，德系冻精后代杂交一代（DXHF1）和美系冻精后代杂交一代（MXHF1）成长发育测定体尺数据由表 3-23 可知，DXHF1 在 12 月龄体高极显著高于 MXHF1（$P<0.01$）；DXHF1 在 24 月龄胸围显著高于 MXHF1（$P<0.05$）；12 月龄和 24 月龄其他体尺以及 6 月龄、18 月龄和 3 岁母牛的体斜长之间差异不显著（$P>0.05$）。

表 3-23　DXHF1 和 MXHF1 牛体尺统计分析表　头、cm

年龄	体尺	DXHF1			MXHF1		
		n	$X \pm S$	$CV\%$	n	$X \pm S$	$CV\%$
6 月龄	体高	72	99.14±4.54	5.11	16	99.57±4.96	4.98
	体斜长	72	114.00±6.04	5.60	16	112.43±4.94	4.39
	胸围	72	118.04±6.50	6.46	16	119.71±6.60	5.51
	官围	72	13.75±0.65	45.51	16	13.43±0.65	4.84
12 月龄	体高	72	117.07±2.96A	3.34	16	113.54±5.51B	4.85
	体斜长	72	135.57±5.07	4.37	16	133.25±10.27	7.71
	胸围	72	147.96±7.08	5.27	16	143.83±9.03	6.28
	官围	72	16.11±1.03	6.88	16	15.75±0.75	4.76
18 月龄	体高	19	121.68±4.08	3.35	9	121.67±4.53	3.72
	体斜长	19	141.26±6.17	4.37	9	142.00±4.85	3.42
	胸围	19	154.12±9.08	5.89	9	158.11±8.02	5.07
	官围	19	16.89±0.94	5.57	9	16.78±0.83	4.95

续表 3-23

年龄	体尺	DXHF1			MXHF1		
		n	$X \pm S$	$CV\%$	n	$X \pm S$	$CV\%$
24 月龄	体高	18	130.11±5.11	3.93	6	128.5±3.08	2.40
	体斜长	18	149.94±7.69	5.13	6	147.83±3.82	2.58
	胸围	18	172.50±7.74a	4.49	6	166.83±4.17b	2.50
	官围	18	18.72±0.96	5.13	6	18.17±1.17	6.44
3 岁母牛	体高	10	135.45±3.11	2.30	3	136.33±2.52	1.85
	体斜长	10	156.64±7.06	4.51	3	152±2.65	1.74
	胸围	10	175.82±7.18	4.08	3	176±5.57	3.16
	官围	10	19.27±0.79	4.10	3	19.33±1.15	5.95

注:①同行背标无字幕差异不显著,小字母不同者差异显著,大字母不同者差异极显著;②6～12 月龄体尺为公母平均体尺,18 月龄以上为母牛体尺。

由表 3-24 可知,初生重 DXHF1 极显著高于 MXHF1($P<0.01$);24 月龄体重两者之间差异显著($P<0.05$),其他月龄体重之间差异不显著($P>0.05$);日增重 DXHF118～24月龄显著高于 MXHF1($P<0.05$),其他月龄的日增重差异均不显著($P>0.05$)。

表 3-24 DXHF1 和 MXHF1 牛体重统计分析表 kg、kg/d

年龄	日增重			
	DXHF1	MXHF1	DXHF1	MXHF1
出生	37.18±3.92A	32.34±4.19B	—	—
6 月龄	138.41±20.64	140.13±18.88	0.56±0.12	0.60±0.09
12 月龄	260.24±27.71	255.34±37.30	0.67±0.17	0.61±0.14
18 月龄	303.99±42.39	303.05±40.17	0.27±0.27	0.29±0.33
24 月龄	380.56±37.53a	362.33±23.91b	0.5±0.15a	0.39±0.22b
3 岁母牛	424.03±30.36	412.83±32.66	0.34±0.23	0.27±0.15

注:①同行背标相同或无字幕者差异不显著,小字母不同者差异显著,大字母不同者差异极显著;②出生至 12 月龄体重为公母平均体重,18 月龄以上为母牛体重。

3.12.4 项目的成效和经验

1.牛群繁殖效率明显提升

项目实施以来,在中德双方专家的帮助和技术指导下,推广实施了犊牛初乳灌服,“犊牛岛”分栏饲养管理,饲喂犊牛颗粒饲料、酸化奶饲喂犊牛、犊牛早期断奶等技术,大大提高了犊牛饲喂管理水平，犊牛的成活率和生长发育性能显著提高，2016年怀胎率达到94%，情期怀胎率68%，繁殖成活率达82%，提高了6%～8%；胎间距在402.6天，比2012年减少12天；初配母牛的平均月龄为20～22月龄，初配母牛的体重为350 kg以上，详见表3-25。

表3-25　2012—2016年牛场繁殖效率统计表　%

年份	情期怀胎率	总怀胎率	繁殖成活率
2012	65	90	74
2013	64	91	77
2014	65.5	90.5	72
2015	66	92	79
2016	68	94	82

2. 牛只生长性能显著提高

项目以来，通过中德双方专家技术指导，通过改善犊牛、育成牛饲养环境和条件，提高营养水平，犊牛日增重个别达到了800 g，促进了育成牛生长发育。详见图3-36至图3-42。

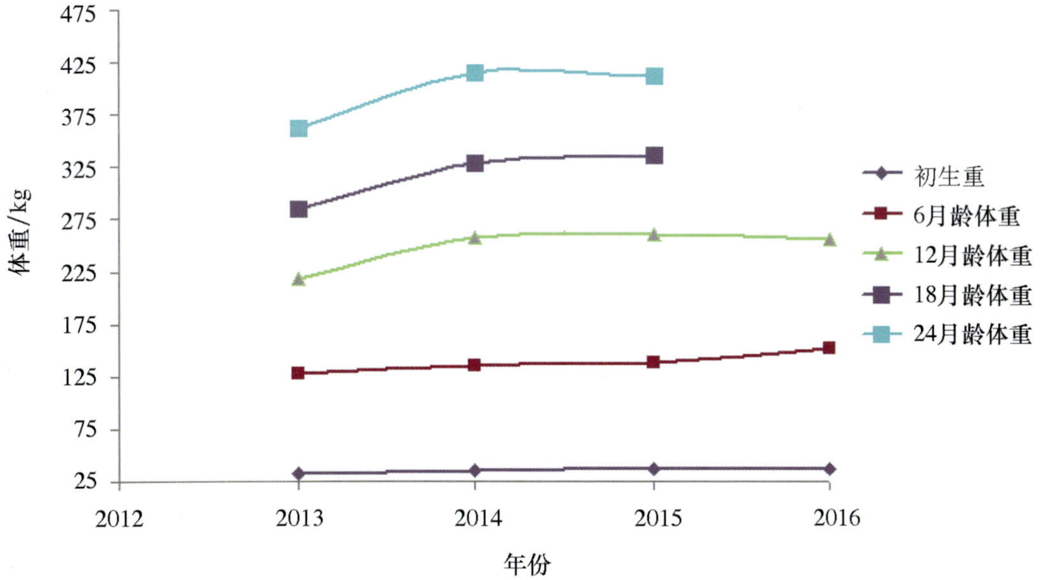

图3-36　2013—2016年牛群母牛体重变化曲线

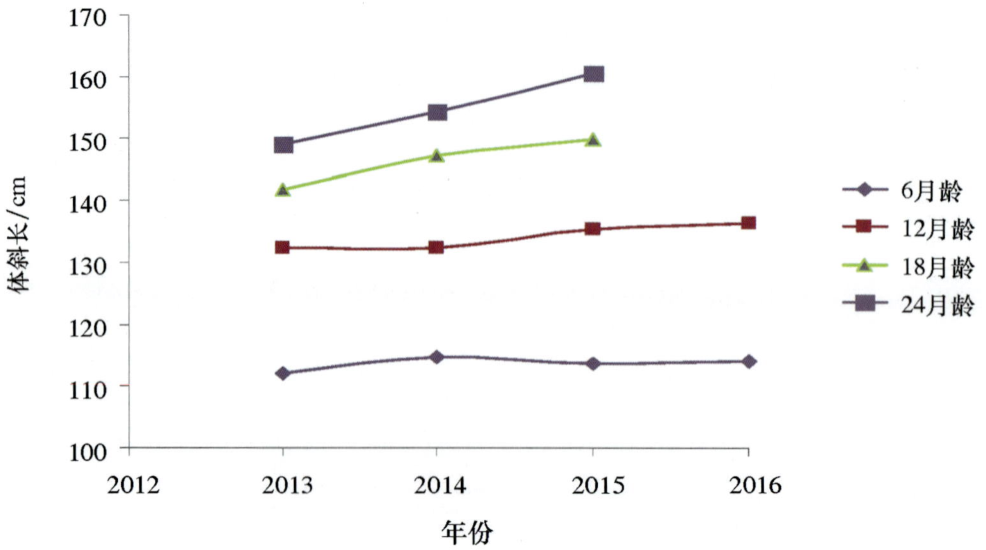

图 3-37　2013—2016 年牛群母牛体斜长变化曲线

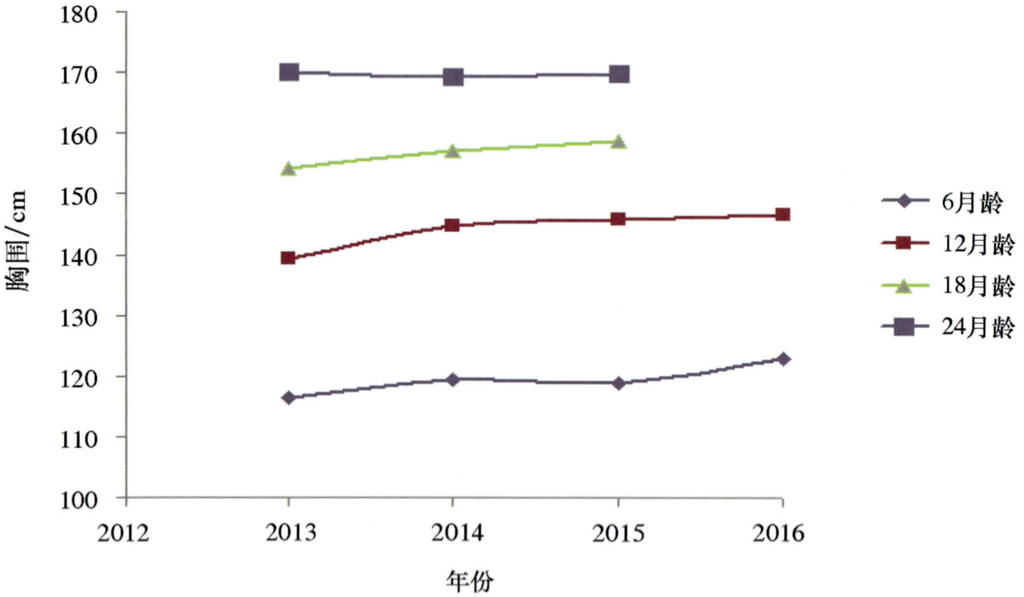

图 3-38　2013—2016 年牛群母牛胸围变化曲线

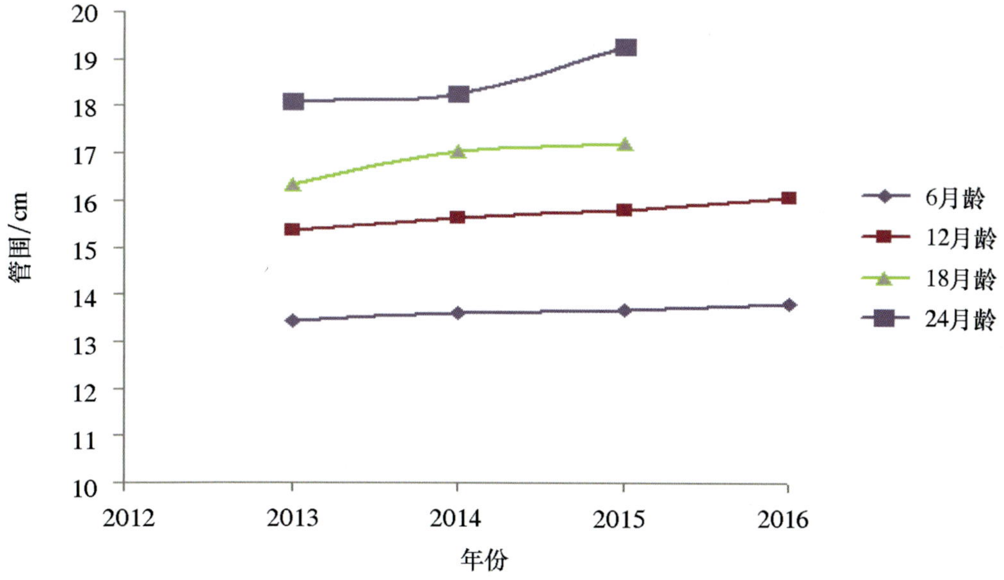

图 3-39　2013—2016 年牛群母牛管围变化曲线

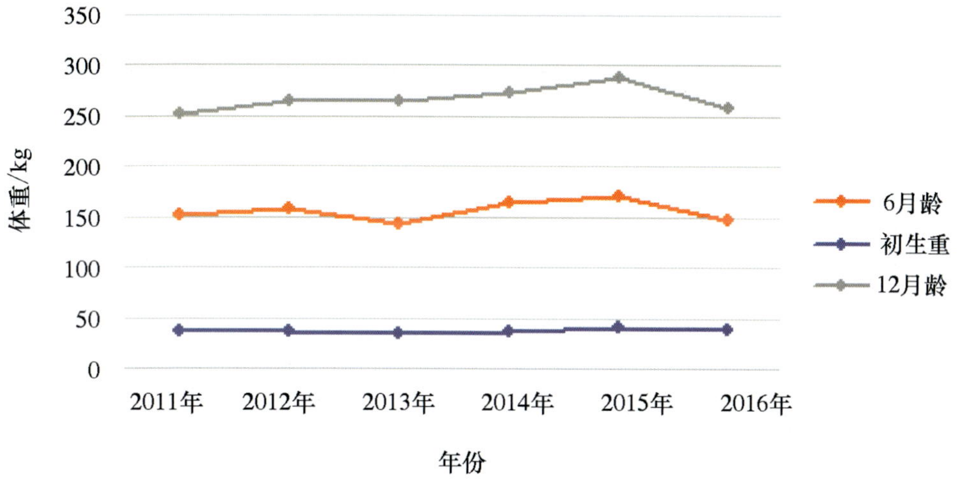

图 3-40　2011—2016 年牛群公牛体重变化曲线

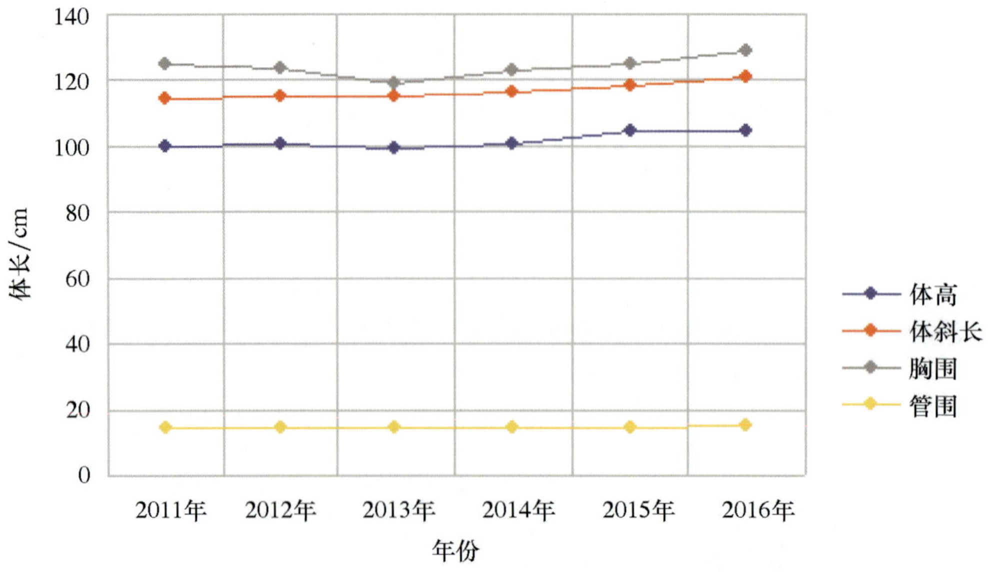

图 3-41　2011—2016 年公牛牛群 6 月龄体尺指标变化曲线

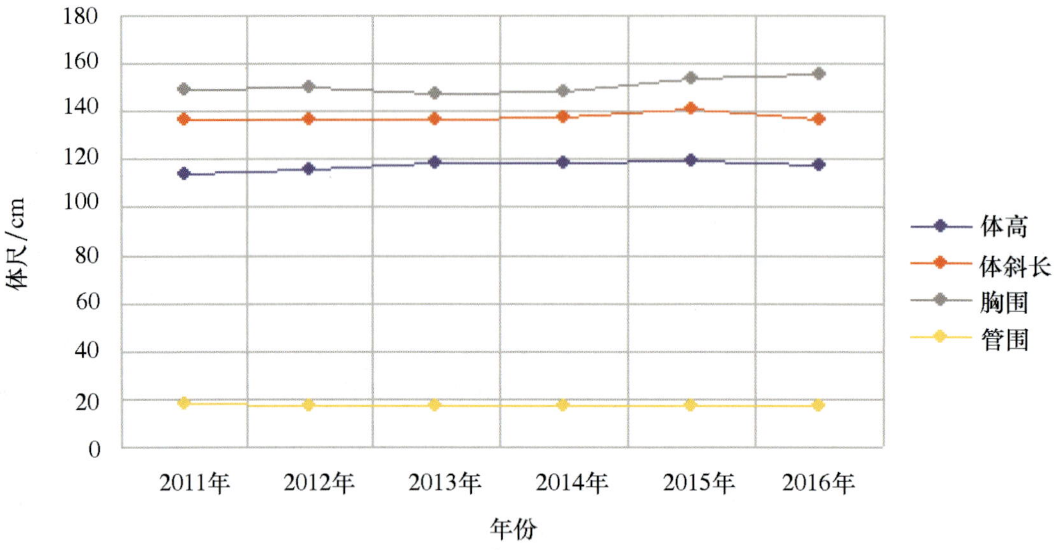

图 3-42　2011—2017 年公牛牛群 12 月龄体尺指标变化曲线

3. 牛群个体产奶量明显提高

在中德牛业项目双方专家老师的帮助和技术指导下，近几年伊犁新褐种牛场牛群饲养管理水平不断提高，实施牛群分群管理，使用 TMR 饲喂技术，牛群个体产奶量，乳品质得到了明显提高。在半放牧饲养条件下，260～280 天的产奶量的测定统计（详见表 3-26），头均产奶量达到了 3 300 kg，最高个体达到 4 500 kg，平均乳脂率达到 4.5%～6%，乳蛋白 2.8%～3.5%。牛群外貌、体型结构、乳房结构都得到了明显改善，头均产奶量比过去提高了15%。

表3-26 2016年度牛场不同胎次牛产奶量统计表

胎次	头数	泌乳天数/天	产奶量/g
美系一胎	55	262±11	3 152.57±236.43
美系二胎	31	275±14	3 221.33±492.67
美系三胎及以上	108	281±17	3 419.40±588.12
德系一胎	9	262	3 080

4. 通过技术培训提高了牛场经营管理水平和伊犁州基层专业人员的技能

2013—2017年，在全国畜牧总站的关心和大力支持下，通过中德牛业技术合作项目平台，中德双方专家10余次到伊犁新褐种牛场进行现场技术指导工作，帮助牛场解决了犊牛、育成牛、成母牛饲养管理方面存在的问题，引进了国内外先进养牛技术，使牛场的管理和生产水平得到了明显提高。同时，中德牛业项目办公室与伊犁州畜牧兽医局合作，派德方专家、中国农业大学、北京奶牛中心的教授和专家来伊，在伊犁新褐种牛场为伊犁州畜牧科技人员和养殖场场长讲课，并在牛场进行了现场技术指导和培训，使伊犁州养牛技术人员和牛场经营管理人员水平得到提高，也得到基层的认可，并取得了非常好效果。先后在伊犁州成功举办了四期“养牛技术培训班”，培训技术人员382人。培训班上中德双方专家围绕规模化牛场的日常管理、新疆褐牛及奶牛的饲养及各泌乳阶段的日粮配合、奶牛的体况评分、犊牛育成牛的饲养管理、规模化牛场的棚圈及内部设施的设计、青贮玉米的制作、牛场日常疾病防治与治疗、奶牛繁殖和德方牛场管理软件的使用等方面技术进行了理论授课，同时在伊犁新褐种牛场和尼勒克县强牧公司进行现场实际操作示范讲解，并与伊犁州基层技术人员进行面对面的沟通，现场解答问题，通过培训学习使伊犁州专业技术人员学习到了国内外发达地区的养牛技术，取得很好的效果。

5. 德国牛遗传物质在我州的利用情况

近年来，我州通过德国宝牛公司北京办事处、新疆新诺生物科技公司、新疆畜牧总站等单位，先后引进了德系西门塔尔牛冻精和德国褐牛冻精，在伊犁州重点养牛场和养牛合作社开展杂交改良工作，取得了较好的效果，尤其是德系西门塔尔牛杂交后代难产率低，生长发育好，适应性好，6～10月龄育肥增重1.4～1.6 kg，10～18月龄育肥增重1.6～1.8 kg，育肥增重快，经济效益好，特别受到农牧民的欢迎，2010—2016年引进德系冻精改良情况见表3-27和表3-28。

2010—2017年伊犁州引进德系西门塔尔牛冻精17.35万剂，冷配母牛9.21万头，获得德系冻精后代牛7.87万头，6～8月龄育成牛公牛市场价格在1万～1.2万元，参加了养牛增收，为今后中德畜牧业发展项目合作奠定了基础。

表 3-27　伊犁州引进德系西门塔尔牛冻精统计表

序号	引进单位	年度	引进数量/剂	使用数量/剂	配种头数/头	怀胎率/%	产犊数/头	备注
1	察布查尔县	2013—2017	86 000	77 000	51 869	86	44 607	宝牛
2	伊宁县	2013—2016	25 000	23 975	14 586	81	11 814	
3	霍城县	2013—2016	8 000	8 000	4 579	92	4 193	
4	巩留县	2013—2016	18 035	18 035	9 479	87	8 247	
5	伊宁市	2013—2015	600	600	300	90	270	
6	特克斯县	2015—2016	2 600	1 849	1 042	86	896	宝牛新诺
7	霍尔果斯市	2016	1 000	743	310	75	232	
8	巴口香公司	2010—2016	25 046	24 746	8 921	84	7 512	
9	昭苏森源公司	2013—2015	2 200	2 200	998	90	898	
10	州直养牛合作社	2017	5 000					
	合计		173 481	157 148	92 084	85.43	78 667	

表 3-28　伊犁州引进德国褐牛冻精统计表

序号	引进单位	年度	引进数量/剂	使用数量/剂	配种头数/头	怀胎率/%	产犊数/头	备注
1	尼勒克县合作社	2016	1 125	850	332	88	292	新诺
2	州直养牛合作社	2017	7 583					
3	合计		8 708					

3.12.5　今后工作的想法

（1）加强中德牛业项目合作与技术培训，提升饲养管理水平。在现有的基础上，进一步加强与中德牛业项目办的合作，引进德国先进的牛场管理理念，进一步提高牛场牛群繁殖和饲养管理水平。

（2）伊犁州畜禽改良站与德国瑞士褐牛、德系西门塔尔牛冻精的优质遗传物质公司进行广泛经济技术合作，加强德系优质遗传物质引进和推广实施，提升伊犁州牛群品质和生产管理水平。积极引进德国优质褐牛冻精和胚胎，提高伊犁新褐种牛场牛场牛群品质和生产性能。牛群育种方向上，在保持和发扬新疆褐牛已有的体质结实、耐粗饲、适应性强、抗病力强、适宜草原放牧同时，导入德国瑞士褐牛血液，以人工授精冷配为主进行导入杂交，针对现有新疆褐牛存在的尖尻、斜尻，背腰结合不良，体型结构不匀称，乳房结构差，尤其是产奶量偏低等缺点进行异质选配，从而选育出体型结构良好、产奶量多、乳脂率高的乳肉兼用型优秀个体，着重提高新疆褐牛个体生产性能，提升整体品质。在现有的牛群基础上，到2025年本场一级以上新疆褐牛成年母牛存栏达到400头，年培育出场新疆褐牛育成种公牛150头，为全疆褐牛发展提供优质种源；生产母牛在冷季舍饲暖季放牧补饲条件下，305天头均产奶量达4 000 kg以上，乳脂率4%以上。同时加强德系西门塔尔牛冻精的引进力度，按照伊犁州畜禽品种区域规划要求，重点在城郊、农区开展引进德系西门塔尔牛杂交改良工作。

(3)希望得到中德项目办支持，依托伊犁州畜牧科学研究所和伊犁新褐种牛场，在新疆伊犁州建设一个养牛技术培训和实验基地。以教学、科研、实践示范为目的，重点突出实践工作，每年定期培训畜牧技术人员、牧场管理和技术人员、养殖大户等，提高规模化养殖企业、养殖户的管理和技术水平，为全州乃至全疆养牛技术培训提供平台。

(4)以伊犁新褐种牛场为示范场中心，推广辐射州直其他重点种牛场。充分带动尼勒克县牧强新疆褐牛繁育基地、昭苏马场森源新疆褐牛繁育基地、巴口香德系西门塔尔牛繁育基地等开展引进德系褐牛、德系西门塔尔牛杂交改良工作，推广德国养牛先进管理技术。

(5)以中德畜牧业合作中心示范场模式，在伊犁州开展马产业示范场方面的技术指导，德国有着先进的马匹育种、饲养等技术，伊犁州作为国家礼宾马培育基地，马产业发展基础较好，希望能够得到中德畜牧合作中心支持，借助平台，加快伊犁州马产业发展步伐。见图3-43至图3-45。

图 3-43　2017年2月中德项目伊犁培训班

图 3-44　2017 年 2 月新褐种牛场现场培训

图 3-45　2017 年 2 月新褐种牛场现场培训合影

3.13 伊犁新褐种牛场与中国牛业发展合作项目共同制定示范场发展目标

3.13.1 2015年示范场概况

总存栏约650头，其中泌乳牛160头、干奶牛105头。夏季母牛在高山牧场放牧。养殖青年公牛和约120头公犊牛，将出售给本地农民用作自然交配公牛。品种为瑞士褐牛，但有很多不同血缘，包括美国瑞士褐牛、加拿大肉用型瑞士褐牛、新疆褐牛和德国褐牛。牛群健康方面问题较少，主要是代谢问题，例如酮病和能量负平衡。犊牛管理中腹泻和肺炎较严重。牛群管理规程正在制定。应该安装使用中德项目提供的软件进行管理。2015年秋天新建成挤奶厅。在过去的两年中，粗饲料有很大改进。

中德牛业发展项目专家计划每年到访新褐褐牛繁育中心2次。

3.13.2 牛场发展目标

牛场存栏增加到700头，其中繁殖母牛达到300头。泌乳母牛应该在河谷地区找到更好的草地放牧，青年母牛夏天可以到高山草地放牧。平均日产奶量提高到22 kg。平均年产奶量达6 500 kg。应该采用自营的方式销售牛奶。

3.13.3 长寿性目标

终生产奶量＞30.000 kg，终生日产奶量＞15 kg/天。

3.13.4 繁殖效率

群体健康管理包括实施定期修蹄计划、产圈定期消毒计划、建立牛群的繁殖管理和饲养管理规程。目标：配妊次数2.8次，产犊间隔380天，淘汰率25％。

3.13.5 乳房健康

乳房健康的改善计划从挤奶员和技术人员的培训开始，建立不同工作岗位的标准工作流程，尤其是挤奶程序和乳房炎治疗程序。改善干奶牛乳房健康方面的管理并建立细菌数测定工作程序，将细菌检测与DHI测定结果结合起来用于管理。目标：群体平均体细胞数低于25万，降低兽医处置比例，乳房炎发病率＜30％，由于乳房炎导致淘汰比例＜15％。

3.13.6 犊牛健康管理

改善犊牛养殖区域的设施。保持犊牛饲养区域的清洁卫生，重视围产期管理和干奶牛管理，强调初乳质量和卫生管理，建设新的犊牛舍。建议设置犊牛可以自由采食酸化奶的装置，犊牛饲喂干 TMR，对于犊牛哺乳过程中的各事件详细记录。目标：难产率<5%，死产率<5%，后备牛饲养全期日增重达 700 g，进而达到头胎产犊月龄 26 月，公牛日增重达到 1 100 g。

3.13.7 养殖效率

使用计算机软件对于牛群进行管理，例如中德项目提供软件或其他牛群管理软件。数据及时录入并及时分析，对于每头牛的选淘是基于这头牛的所有信息做决定；建立全场的工作计划，确保各项工作的成功实施。目标：饲料成本利润率(ICOF)>70 元/天。

3.13.8 环境与动物福利

改进牛粪的使用并施用于总场自有耕地。从 2017 年起实现养分循环。建立没有自有土地的粪污处理方式，为本地提供示范。新建牛床进一步改善牛的福利，确保牛群在冬季能享受新鲜空气和适宜温度，免受季节影响降低产量。

3.13.9 粗饲料生产

为泌乳母牛提供更好的草场，使用更多苜蓿草和从河谷地获得的优质干草。

3.13.10 需求中德牛业项目的支持

1. 技术支持

对于畜舍设计和舍内工艺提供咨询和技术服务，对于粗饲料生产和加工、产奶量分析提供服务。提供有利于本场管理的技术决策、分析，协助牛群管理软件的安装以及与场内原有其他软件的联接。为本示范场的进一步发展推荐各专业方向的合作伙伴。

2. 遗传物质

以冻精和胚胎形式提供从德国出口的遗传物质。

3. 咨询和培训

现场咨询生产环节相关问题，粗饲料和精饲料生产和管理相关问题。由相应合作伙伴提供选配服务。对于群体健康，包括代谢疾病、犊牛疾病和乳房相关疾病提供技术咨询和改进措施。

参与中德牛业项目举办的各种技术培训。应该选派更多技术人员参加在德国和中国举办的短期和长期培训，培训还应涉及肉牛、羊和马。

3.13.11 本示范场向本省区其他奶牛场或小区推广示范管理经验

从2016年起，示范场指导每年2次，并就共同关注的主题每年组织一次为期一天的技术培训。另外，邀请其他本区域牧场参与指导和培训过程。本地畜牧推广部门应参与相关指导和培训过程。

3.14 张北华田牧业科技有限公司中国牛业发展合作项目工作总结

3.14.1 张北华田牧业科技有限公司基本情况

张北华田牧业科技有限公司(简称张北华田牧业)成立于2004年6月，注册资金1 000万元。公司的宗旨主要是引进、繁育和推广德系西门塔尔(弗莱维赫)牛，建立德系西门塔尔牛繁育中心，利用优质进口冷冻精液配种和胚胎移植等生物技术开展良种牛纯种繁育及推广工作，促进国内肉(乳)兼用牛产业向优质、高产、高效目标发展。

截止到2017年5月22日本单位共计存栏牛699头，其中：德系西门塔尔牛411头(母牛335头，公牛76头)。其他各类受体牛及高代和杂交犊牛共288头。

按照年龄、品种分群饲养，育成牛、青年牛及成年牛采用TMR全日粮混合饲喂方式。按照德国专家建议，犊牛2月龄开始断奶，日增重与原先6月龄断奶相比差异不大，但降低成本约1 000余元。泌乳牛按高低产和品种分群饲养，目前泌乳牛存栏210头，日单产26 kg以上。公司每年平均为国内部分种公牛站提供良种公牛40余头。

3.14.2 中德肉牛项目执行情况

1. 牛场发生根本性变化

经过中德双方专家和畜牧总站领导的多次考察和评估，张北华田牧业科技有限公司于2014年11月正式确定为中德畜牧业技术创新中心项目示范单位。项目实施以来，中德双方专家多次亲临现场进行工作指导。尤其是德方专家格鲁伯博士每年至少四次到公司现场进行指导和培训，从牛场养殖，包括营养、饲喂、繁育、挤奶及奶牛福利等各个方面进行了详细的分析、改进和后期跟踪。项目实施以来，牛场各个环节发生了根本性的变化。见图3-46和图3-47。

图 3-46　改进的犊牛管理

图 3-47　改进的分群管理

2. 西门塔尔公牛冻精使用情况

2014 年以来，共从河北省良种服务中心获得中德肉牛合作项目西门塔尔优秀公牛冻精 800 支，公牛号分别：161666、198733、172474、170320、160225、160220、169808、645781，每头公牛各 100 支(表 3-29)。其中 161666、198733、172474、170320 号已基本用完。目前 161666 号后代 29 头(公 17 头，母 12 头)；198733 号后代 21 头(公 11 头，母 10 头)；172474 后代 18 头(公 6 头，母 12 头)；170320 后代 13 头(公 5 头，母 8 头)(表 3-30)，还有部分未出生后代不计。其余四种冻精配种母牛还在妊娠中。

根据犊牛生长性能测定，后代初生重较高，在 40～54 kg 之间。1～6 月龄生长日增重在 0.9～1.2 kg 之间。目前项目冻精后代还未产犊，所以后代的繁殖和泌乳性能未能体现。冻精后代纯种繁育 1～6 月龄优势不明显，杂交繁育效果显著。

表 3-29 项目冻精和耳标统计表

年份	冻精/剂	耳标/个
2014	200	
2015	200	300
2016	200	300
2017	200	500
合计	800	1 100

表 3-30 项目冻精使用情况统计表

项目	冻精数	配种头数	配种妊娠率	出生后代数	现所处地方
161666	100	90	82%	29	
198733	100	80	75%	21	
172474	100	78	75%	18	本场
170320	100	70	76%	13	本场
160220	100	63	78%	2	本场
160225	100	55	78%	3	本场
169808	100	60	75%	5	本场
645781	100	42		0	
合计	800			91	

3. 项目实施成效与经验

项目实施以来，在中德肉牛合作项目专家组专家的指导下，特别是德国专家格鲁伯博士以及其他专家的精心指导下，本单位牛场从经营思路、饲养方式、饲养管理等各个生产细节都做了很大改变，效果显著。

饲养环境和生产管理环节得到极大改善。根据专家建议，利用牛场现有条件在不增加资金投入或少投入资金的前提下，改善饲养环境。包括：卧床改造：泌乳牛舍原先的水泥胶垫卧床改为垫料卧床，提高了泌乳牛的舒适度和减少了乳房炎（图 3-48）。

图 3-48 改造后的牛卧床

(1)TMR 的使用　原先饲喂是精料、干草、青贮分开饲喂。专家过来后将一直闲置的 TMR 搅拌车充分利用,大大提高了生产效率,而且大幅度的降低了个人的劳动强度。同时也减少了人员开支。见图 3-49。

图 3-49　改进的 TMR 管理

(2)清粪改造　原先人工清粪,需要的工人要多而且工作量大。专家亲自设计了刮粪板,拖拉机带上收集粪污,提高了工作效率,减少了人员投入,降低了劳动强度(图 3-50)。

图 3-50　改进的清粪管理

(3)奶厅改造　根据专家建议,奶厅原先的水泥地面涂上了一次环氧树脂,既防滑又起到了保护地面的作用。奶厅设置了待挤区和两边交替挤奶,大大缩短了挤奶时间,提高了生产效率。见图 3-51。

图 3-51 挤奶厅一瞥

(4)增加饮水槽　为了保证泌乳牛饮水量,每个泌乳牛舍增加了一个饮水槽,保证了奶牛及时饮水的问题,为提高单产做到了保障。见图 3-52。

(5)分群饲养　根据泌乳牛高低产和品种情况,将泌乳牛分为高产红白花、高产黑白花、低产三个组,根据牛群的营养需要、膘情、采食量单独设计饲料配方,合理饲养并提高了产奶量。见图 3-53。

图 3-52 饮水槽

图 3-53 不同泌乳性能牛群

(6)繁育 牛场发展的最关键的一环就是牛群的繁育，专家到场后对牛群结构进行了详细的分析并制定了详细的繁育计划，由原来的产犊间隔 400 多天缩短到 370 多天，降低了生产成本，提高了繁殖力，增加了效益。见图 3-54。

(7)保健 牛场修蹄工作至关重要，奶牛蹄病是造成牛只淘汰率高的重要因素。

图 3-54 人工授精

我场原来对牛蹄病关注较少，项目合作以来，参加“中德畜牧业技术创新中心”举办的修蹄培训会两次，受益匪浅，并在实际生产中起到了很好的效果。见图 3-55。

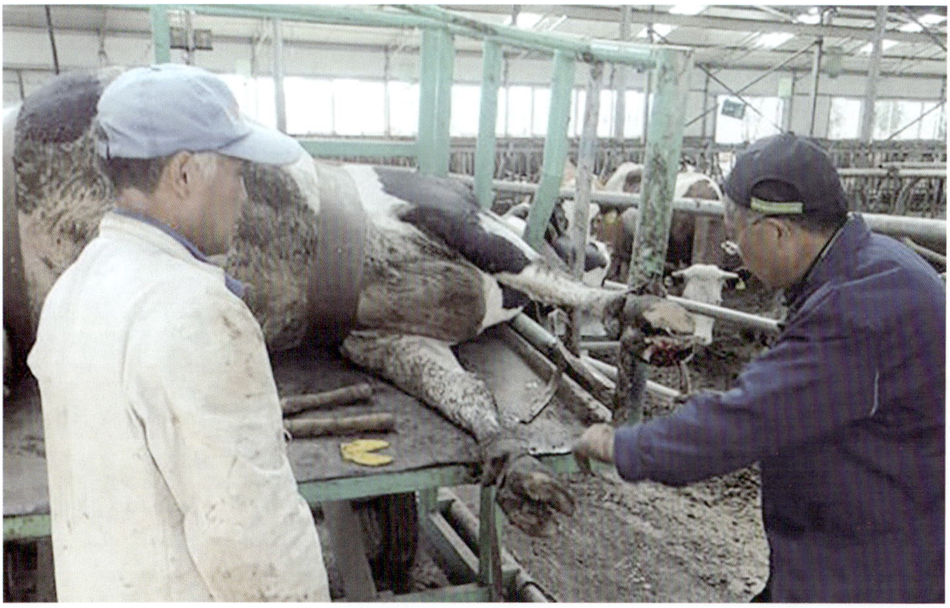

图 3-55 修蹄

(8)软件管理　德国专家提供了“牛群管理软件”和“饲料配方软件”，快捷方便为实际生产起到了关键性的作用。

4. 体况评分

专家多次到牛舍进行牛群体况评分并现场教授评分标准和细节，对以后实际生产，包括合理分群、配方调整等方面起到了关键性的作用。

中德双方专家定期到现场培训和指导，特别是德国专家格鲁伯博士为张北华田牧业的发展功不可没。每次专家到场后亲临现场，不怕脏、不怕累对牛场的每一个环节和细节都会认真观察和指点，细致入微。总之，中德牛业合作项目开展以来，在中德双方专家的认真指导和关怀下，我公司在生产经营和畜牧生产等各个方面都发生了质的提升，效果显著，成绩斐然。见图 3-56，图 3-57。

图 3-56　德方专家

图 3-57　2015 年张北乳房炎培训

3.15 张北华田牧业与中国牛业发展合作项目共同制定示范场发展目标

3.15.1 2015年示范场概况

总存栏约650头，其中泌乳牛140头、干奶牛203头，少数母牛作为带犊母牛。另外有110头青年母牛和100头公犊牛和母犊牛，种用公牛50头。品种为德系西门塔尔牛。牛舍条件好，2016年计划建一个新舍和一个分娩圈。该农场是中国养殖德系西门塔尔牛水平较高的场。仍有荷斯坦牛泌乳，用于与德系西门塔尔牛杂交。

中德牛业发展项目专家计划每年到访张北华田牧业牛场4次。

3.15.2 粗饲料生产

较好，将进一步改进。

3.15.3 牛场发展目标

牛场存栏增加到900头，其中繁殖母牛达到330头。头均日产奶量提高到26 kg。德系西门塔尔牛头均年产奶量达8 000 kg。选育目标应为体型和产奶量。

3.15.4 长寿性目标

终生产奶量＞35.000 kg，终生日产奶量 ＞15 kg/天。

3.15.5 繁殖效率

群体健康管理包括实施定期修蹄计划、产圈定期消毒计划、建立牛群的繁殖管理和饲养管理规程。目标：配妊次数1.5次，产犊间隔385天，淘汰率20％。

3.15.6 乳房健康

乳房健康非常好。改善干奶牛乳房健康方面的管理并建立细菌数测定工作程序，将细菌检测与DHI测定结果结合起来用于管理。目标：群体平均体细胞数低于10万，降低兽医处置比例，乳房炎发病率＜12％，由于乳房炎导致淘汰比例＜5％。

3.15.7 犊牛健康管理

改善犊牛养殖区域的设施。保持犊牛饲养区域的清洁卫生，重视围产期管理和干奶牛管理，强调初乳质量和卫生管理，建设新的犊牛舍。建议设置犊牛可以自由采食酸化奶的装置，犊牛饲喂干TMR，对于犊牛哺乳过程中的各事件详细记录。目标：难产率<3%，死产率<1%，后备牛饲养全期日增重达950 g，进而达到头胎产犊月龄25月。

3.15.8 养殖效率

使用计算机软件对于牛群进行管理，例如中德项目提供软件或其他牛群管理软件。数据及时录入并及时分析，对于每头牛的选淘是基于这头牛的所有信息做决定；建立全场的工作计划，确保各项工作的成功实施。目标：饲料成本利润率（ICOF）>100元/天。

3.15.9 环境与动物福利

改进牛粪的使用并施用于耕地。从2017年起实现养分循环。应建立粪污堆肥和蚯蚓养殖结合的模式，并为本地提供示范。新建牛床进一步改善牛的福利，确保牛群在冬季能享受新鲜空气和适宜温度，免受季节影响降低产量。

3.15.10 需求中德牛业项目的支持

1. 技术支持

对于畜舍设计和舍内工艺提供咨询和技术服务，对于粗饲料生产和加工、产奶量分析提供服务。提供有利于本场管理的技术决策、分析，协助牛群管理软件的安装以及与场内原有其他软件的联接。为本示范场的进一步发展推荐各专业方向的合作伙伴。

2. 遗传物质

以冻精和胚胎形式提供从德国出口的遗传物质。进口活牛，提供选配服务。

3. 咨询和培训

现场咨询生产环节相关问题，粗饲料和精饲料生产和管理相关问题。由相应合作伙伴提供选配服务。对于群体健康，包括代谢疾病、犊牛疾病和乳房相关疾病提供技术咨询和改进措施。

参与中德牛业项目在中国和德国举办的各种技术培训。

3.15.11 本示范场向本省区其他奶牛场或小区推广示范管理经验

从2016年起，示范场指导每年2次，并就共同关注的主题每年组织一次为期一天的技术培训。另外，邀请其他本区域牧场参与指导和培训过程。本地畜牧推广部门应参与相关指导和培训过程。

3.16 四川省阳平种牛场中国牛业发展合作项目工作总结

3.16.1 项目场基本情况

四川省阳平种牛场建场于1979年，是四川省农业厅的直属事业单位，主要承担西门塔尔种牛品种资源保护、养牛技术研究和种牛推广工作。我场先后于1980年、1987年分别从德国、法国进口了西门塔尔和蒙贝利亚原种牛，累计进口数量为107头。通过近40年的不断繁育和发展壮大，到2016年底，已累计繁殖西门塔尔牛和蒙贝利亚牛6 500头，先后为全国20多个省、市提供优质种牛2 118头，在全国西门塔尔牛纯繁和黄牛杂交改良中发挥了重要作用，先后获得《国家级奶牛标准化示范场》、《国家肉牛核心育种场》、《国家级重点种畜场》、《动物疫病净化创建场》等荣誉称号。目前，牛场建设布局合理，各类设施设备齐全，能满足种牛生产需要。全场现有职工75人，技术人员涵盖畜牧兽医、饲料营养、繁殖育种、草业科学、财会等各个专业领域，人员队伍结构基本合理，并具有较强的技术力量，能保证我场各项工作的顺利开展。

随着养牛技术的不断进步，我场在持续的发展过程中，也存在很多问题：一是机械化、自动化、智能化水平还有待提高；二是科学化养牛水平不高，经济效益偏低；三是品种退化严重。

3.16.2 项目在本场的实施情况

自加入中德牛业合作项目以来，中、德双方专家对我场给予了高度的重视，多次到场现场指导，同时提供了很多实用的物资。作为项目示范场之一，我场积极按照项目的要求和专家建议，大力推进牛场标准化建设工作。现将项目实施情况总结如下：

1. 中德专家到场现场指导

自2014年加入中德牛业合作项目以来，中德专家先后6次来场进行技术指导。专家们通过参观牛场、听取介绍、查阅数据资料、开展座谈等方式，充分了解我场的发展目标及牛场面临的问题，并且提出了很多宝贵的意见和切实可行的建议。针对我场奶牛常见的犊牛腹泻、肢蹄病、乳房炎、产后疾病，德方专家格鲁伯博士为我场技术人员开展了专题讲座，对以上疾病的防治做了深入而细致的讲解；针对我场存在的饲料营养不全面、不平衡的现象，德国宝牛育种公司的米勒女士来我场对技术人员开展了饲料配方设计的培训，并亲自指导我场饲料配方员学会使用饲料配方软件；针对我场繁育率低下的问题，德国宝牛育种公司的奥曼博士来我场进行了专门指导，他以宝牛育种公司的成功典范为例，并结合自身丰富的从业经验，为全场技术人员对德系西门塔尔牛的育种过程进行了详细讲解，让我们充分吸取了世界先进的育种经验。此外，针对我场当时正在进行的牛场改造项目，德方专家对我场新建牛舍的构造、牛卧床的设计和卧床垫料的选择都为我们提出了很好的指导意见。

2.参加项目举办的各类培训及研讨会

自加入项目三年以来，我场先后多次派员参加了中德牛业合作项目举办的“奶牛肢蹄病防治”、“奶牛乳房健康”、“犊牛饲养管理”等培训。在培训会上，中德双方的专家为参加培训的人员带来了牛业发展的最新信息、动态、趋势以及各种新技术、新理论、新方法等。同时米勒女士、格鲁伯博士在培训会上的亲身实践操作，使参训人员受益匪浅。在一年一度的中德牛业合作项目研讨会上，我场每年都积极派员参加，并在会上就我场的生产经营、饲养管理等情况，与参会的中德专家、各示范场代表等进行了交流，吸取了他们的先进管理经验。

3.德方赠予实用物资

我场先后获得了德方赠送的耳标 700 件、牛只体重估测尺、修蹄刀、奶牛体况评分彩色图谱以及饲料配方软件和牛场管理软件等。德方赠送的物资都是我场缺乏的，且非常实用，给我们的生产管理带来了很大的帮助。见图 3-58。

图 3-58　2016 年 4 月格鲁伯博士指导饲养管理

3.16.3 项目冻精使用情况

因为2011年欧洲暴发施马伦贝格病毒疫情，德国有关部门禁止出口2011年及以后生产的冻精，而我场2014年才加入中德牛业合作项目，因此还没有从合作项目中得到过冻精。我场对此略表遗憾，但对德方的这一做法表示完全理解。

3.16.4 项目的成效与经验

自加入中德牛业合作项目三年多以来，随着项目的大力实施和不断推进，在中德牛业专家的大力帮助下，我场取得了较为突出的成效和丰富的经验。

1. 项目的成效

（1）防病技术得到提升。通过参加项目举办的集中培训、专家来场指导，在犊牛腹泻、乳房炎、肢蹄病、产后瘫痪、胎衣不下等疾病的防治上，获得了最新的实用防治技术。

（2）管理技术得到改进。根据专家的建议，采取灌服器饲喂犊牛初乳和采用巴氏奶、酸化奶饲喂犊牛的方式，有效地遏制了犊牛腹泻的状况。另外，在青贮制作、牛体况评定、饲料营养配方等方面，我场根据专家们的建议及时做出改进也取得了明显的成效。

（3）生产性能得到提高。加入中德牛业合作项目后，犊牛断奶重从2013年的99.2 kg提高到2016年的105.6 kg，日增重从851 g克提高到914 g，305天产奶量从4 783 kg提高到5 280 kg，同时，产犊间隔和繁殖率等技术指标也得到了提高。

2. 项目的经验

一是在德方专家来场之前，技术人员充分讨论，提出问题清单，让专家有的放矢。二是针对专家提出的建议，积极采纳和努力改进。三是要求技术人员不仅要从德国专家身上学习养牛知识，更要学习他们对工作认真谦逊、一丝不苟的态度以及他们乐于奉献、无私帮助的精神。四是充分利用中德牛业合作项目提供的交流学习平台，向中德专家请教，并与各示范场进行相互交流和学习。

3.16.5 本场的进一步发展方向

（1）扩大牛群规模，增强供种能力。立足于我场在西南地区的种源优势和西门塔尔鲜奶的质量优势，紧紧围绕西门塔尔牛乳肉兼用的性能，充分发挥其在产乳、产肉方面的性能，将牛群规模发展到500头，为市场提供更多的优质种牛和鲜奶。

（2）引入西门塔尔牛优质遗传资源，更新种牛血液，提高种牛生产性能。

（3）按照国家级标准化示范场的建设要求进一步完善牛场硬件设施的建设，满足种牛生产需要。

（4）引入牛场管理软件，实现智能化、科学化、精细化管理。

（5）进一步创造条件，提高技术人员的技术水平和生产管理能力。

3.16.6 中德项目在我场开展情况及取得的成效图片展示

1. 青贮制作

我场根据专家建议，在制作青贮时，在青贮窖壁上贴一层塑料薄膜，使得制作出的青贮腐烂霉变少，大大提高了青贮质量。下图为以前我场制作青贮的方式，在窖壁上没有塑料薄膜，与改进后的情况形成鲜明对比。见图 3-59 和图 3-60。

图 3-59 改进前

图 3-60 改进后

2. 饲养管理

我场的饲养管理较为粗放，在某些方面没有引起足够的重视，经过中德专家在现场指导时，指出了存在的问题，我场及时进行了改进。见图 3-61。

以前的水槽脏，长满青苔

改用不锈钢水槽

以前的犊牛饲喂方式

改进后的犊牛饲喂

饲槽空槽现象严重

改善后的饲槽饲草充足

图 3-61 饲养管理改进

3. 技术提升

通过中德专家对我场进行现场指导、开展专题讲座、技术培训，使我场技术人员的技术水平得到了提高。见图 3-62 至图 3-68。

图 3-62 米勒女士传授修蹄技术

图 3-63 德方专家现场讲解体况评分方法

图 3-64　格鲁伯博士深入牛舍指导

图 3-65　专家指导鉴定 TMR 日粮质量

图 3-66 德方专家对巴氏消毒奶进行指导

图 3-67 德方专家进行专题讲座

图 3-68 格鲁伯博士指导牛舍设计

附表 1 项目冻精使用情况统计表

填报单位:四川省阳平种牛场

	冻精数	配种头次	配种妊娠率	出生后代数	现所处的地方
公牛 1					
公牛 2					
⋮					

注:我场暂时还未获得项目冻精。

附表 2 接收项目冻精和耳标数量

填报单位:四川省阳平种牛场

	冻精	耳标
2013	0	0
2014	0	0
2015	0	350
2016	0	350

3.17 四川省阳平种牛场与中国牛业发展合作项目共同制定示范场发展目标

3.17.1 2015 年示范场概况

总存栏约 650 头，其中泌乳牛 200 头、干奶牛 90 头。青年牛和母犊牛 200 头、150 头公牛种牛或育肥。绝大多数牛是西门塔尔牛，有德系西门塔尔牛血液，少数荷斯坦牛。头均日产奶量约为 14 kg。能够达到全期泌乳的牛很少。牛群健康方面主要问题是乳房健康、体细胞评分较高，蹄病较严重但可以通过频率更高的有效蹄浴缓解。犊牛管理中腹泻和肺炎较严重。牛群管理规程正在制定和项目提供牛群管理软件在试用。在重建牛舍等设施方面增加了很多投资，将可为牛群提供更好的条件。

中德牛业发展项目专家计划每年到访阳平牛场 2 次。

3.17.2 牛场发展目标

牛场存栏增加到 800 头，其中繁殖母牛达到 300 头。头均日产奶量提高到 22 kg。德系西门塔尔牛母牛的头均年产奶量达 7 000 kg。选育重点在于体型性状和产奶量。

3.17.3 长寿性目标

终生产奶量＞30.000 kg，终生日产奶量 ＞15 kg/天。

3.17.4 繁殖效率

群体健康管理包括实施定期修蹄计划、产圈定期消毒计划、建立牛群的繁殖管理和饲养管理规程。目标：配妊次数 2.4 次，产犊间隔 400 天，淘汰率 25%。

3.17.5 乳房健康

乳房健康的改善计划从挤奶员和技术人员的培训开始，建立不同工作岗位的标准工作流程，尤其是挤奶程序和乳房炎治疗程序。改善干奶牛乳房健康方面的管理并建立细菌数测定工作程序，将细菌检测与 DHI 测定结果结合起来用于管理。目标：群体平均体细胞数低于 25 万，降低兽医处置比例，乳房炎发病率＜30%，由于乳房炎导致淘汰比例＜15%。

3.17.6 犊牛健康管理

改善分娩区域的设施。保持犊牛饲养区域的清洁卫生，重视围产期管理和干奶牛管理，强调初乳质量和卫生管理，建设新的犊牛舍。建议设置犊牛可以自由采食酸化奶的装置，犊牛饲喂干 TMR，对于犊牛哺乳过程中的各事件详细记录。目标：难产率＜5％，死产率＜1.5％，后备牛饲养全期日增重达 750 g，进而达到头胎产犊月龄 27 月。

3.17.7 养殖效率

使用计算机软件对于牛群进行管理，例如中德项目提供软件或其他牛群管理软件。数据及时录入并及时分析，对于每头牛的选淘是基于这头牛的所有信息做决定；建立全场的工作计划，确保各项工作的成功实施。目标：饲料成本利润率（ICOF）＞70 元/天。

3.17.8 环境与动物福利

改进牛粪的使用并施用于耕地。从 2017 年起实现养分循环。可建立粪肥发酵与蚯蚓养殖的综合模式，为本地建立示范。进一步改善牛的福利、新建牛床，确保牛群在夏天能享受新鲜空气和适宜温度，免受季节影响降低产量。

3.17.9 需求中德牛业项目的支持

1. 技术支持

对于畜舍设计和舍内工艺提供咨询和技术服务，对于粗饲料生产和加工、产奶量分析提供服务。提供有利于本场管理的技术决策、分析，协助牛群管理软件的安装以及与场内原有其他软件的联接。为本示范场的进一步发展推荐各专业方向的合作伙伴。

2. 遗传物质

以冻精和胚胎形式提供从德国出口的遗传物质。提供选配咨询服务。

3. 咨询和培训

现场咨询生产环节相关问题，粗饲料和精饲料生产和管理相关问题。由相应合作伙伴提供选配服务。对于群体健康，包括代谢疾病、犊牛疾病和乳房相关疾病提供技术咨询和改进措施。

参与中德牛业项目举办的各种技术培训。

3.17.10 本示范场向本省区其他奶牛场或小区推广示范管理经验

从 2016 年起，示范场指导每年 2 次，并就共同关注的主题每年组织一次为期一天的技术培训。另外，邀请其他本区域牧场参与指导和培训过程。本地畜牧推广部门应参与相关指导和培训过程。

3.18 北京首农畜牧奶牛中心良种场中国牛业发展合作项目工作总结

3.18.1 本场基本情况

奶牛中心良种场，是国家级良种奶牛繁育基地。总占地面积 350 亩，目前全群存栏 1500 头，其中成母牛 755 头。采用世界先进的自由散栏饲养、奶厅集中挤奶的现代饲养工艺，可实现全天候自由采食全价混合日粮（TMR）。并建有现代化全封闭式机器人挤奶设备，牛舍里集挤奶机、饲喂区、休息区、待挤区、治疗区、自动分隔系统、中央控制室、设备间、贮奶间于一体，容纳种子母牛 150 头。成母牛平均单产达到 11 200 kg，全年平均乳脂率 4.0%，乳蛋白率 3.2%，体细胞 20 万以下，细菌数 5 万以下。

奶牛中心良种场不同于普通的规模化奶牛养殖场，其功能定位是凭借奶牛良种优势为北京乃至全国培育优秀种公牛。通过开展科学的选种选配、开展进口胚胎移植工作，培育后备种公牛，同时组建种子母牛群；坚持开展种公牛的后裔测定、生产性能测定（DHI）和体型外貌鉴定，为种公牛培育提供准确的基础数据，提高种公牛选择的准确性。

3.18.2 项目在本场实施情况

德国专家多次到场进行培训，2015—2017 年提供电子耳标数 1 900 套。

3.18.3 项目的成效和经验

通过德国专家的培训提高了技术人员的专业技术水平，并对生产管理带来很大提升。见图 3-69。

图 3-69 2016 年 7 月中德项目修蹄培训

通过使用项目提供的耳标大大提升了牛群的一致性，提升了对牛群的管理水平。

附表 1 接受项目冻精和耳标数量

填报单位：奶牛中心良种场

	冻精	耳标
2015		600
2016		600
2017		700

3.19 北京奶牛中心良种场与中国牛业发展合作项目共同制定示范场发展目标

3.19.1 2015年示范场概况

存栏规模约1 750头。泌乳母牛约600头，干奶牛60头，其他是青年母牛，以及260头公犊牛和母犊牛。本场还留有受体牛，为公牛站移植胚胎用。群体主要以进口荷斯坦为主，出口国澳大利亚和新西兰。本场管理水平很高，所有市场上有的高新技术都已实施。

场内的粗饲料生产管理很好，下一年有增产计划。粪污分离后，干粪发酵用做牛床垫料。

中德牛业发展项目专家计划每年到访北京奶牛中心良种场4次。

3.19.2 牛场发展目标

存栏达到2 000头，其中泌乳母牛增值800头。头均日产奶量40 kg。头均年产量增至12 t。选育重点体型性状和产奶量，但更重视长寿性。

3.19.3 长寿性目标

终生产奶量>45.000 kg，终生日产奶量 >20 kg/天。

3.19.4 繁殖效率目标

配妊次数1.9，产犊间隔400天，淘汰率20%。

3.19.5 乳房健康

目前乳房健康状况非常好，进行干奶牛处理和定期细菌数测定，测定结果与DHI

结果一起用于管理。目标:体细胞数<10 万,临床乳房炎处置率低,发病率<12%,乳房炎造成淘汰率<1%。

3.19.6 犊牛健康管理

改善犊牛养殖效率。目标:难产率<1.5%,死产率<3%,后备牛饲养全期日增重达 850 g,进而达到头胎产犊月龄 25 月。

3.19.7 养殖效率

使用计算机软件对于牛群进行管理,与在场内已安装的阿波罗(Alpro and Delpro)等系统链接,信息相互连接。通过数据分析对于一头母牛进行综合分析,任何决定都有该个体的全部信息作为支持。建立全场的工作计划,确保各项工作的成功实施。农场管理中决策系统应该进一步改进。目标:饲料成本利润率(ICOF)>100 元/天。

3.19.8 饲料生产

利用自有土地,在生产饲料原料和更优质粗饲料方面需进一步改进。

3.19.9 环境与动物福利

改进牛粪的使用并施用于农场自有耕地。从 2017 年起实现养分循环。新建牛床进一步改善牛的福利。牛粪发酵后充分利用,在牛粪污管理方面为当地创建模式。建立管理中的养分循环,并实施记录。附加建议建新的牛床,改进牛的福利,使牛群在各种气候环境下(如冬季)都能享受新鲜空气和适宜温度,免受季节影响降低产量。

3.19.10 需求中德牛业项目的支持

1. 技术支持

对于畜舍设计和舍内工艺提供咨询和技术服务,对于粗饲料生产和加工、产奶量和活动量的电子记录分析提供服务。提供有利于本场管理的技术决策、分析,协助牛群管理软件的安装以及与场内原有其他软件的联接。为本示范场的进一步发展推荐各专业方向的合作伙伴。

2. 遗传方面

协助进行选配。

3. 咨询和培训

现场咨询生产环节相关问题,粗饲料和精饲料生产和管理相关问题。由相应合作伙伴提供选配服务。对于群体健康，包括代谢疾病、犊牛疾病等提供技术咨询和改进措施。

参与中德牛业项目举办的各种技术培训。

3.19.11 本示范场向本市其他奶牛场或小区推广示范管理经验

从2016年起，示范场指导每年2次，并就共同关注的主题每年组织一次为期一天的技术培训。另外，邀请其他本区域牧场参与指导和培训过程。

3.20 北京中地畜牧科技有限公司中国牛业发展合作项目工作总结

3.20.1 牧场基本情况

北京中地畜牧科技有限公司位于北京市顺义区大孙各庄镇，占地296亩，总建筑面积55 700 m^2，其中包括成乳牛舍、实验牛舍、犊牛舍、犊牛岛、现代化挤奶厅等，配套有全自动粪污输送处理系统、有机肥加工车间等相关配套设施。现存栏良种奶牛共3 500余头，其中成年泌乳奶牛2 000余头，后备牛1500余头，泌乳牛平均头胎年单产可达9 700 kg。现采用自由散栏式饲养模式，饲喂采用全价混合日粮(TMR)，牛群管理采用美国博美特公司SmartDairy及DC305软件系统，并配套建有奶牛冬季防风御寒、夏季降温消暑等设备。同时建有相关奶牛疾病检测实验室、饲料常规检测实验室，配套仪器有酶标仪、恒温培养箱、紫外分光光度计、马弗炉、电子天平、血清离心机、显微镜、烘箱等。牧场现共有在聘职工89人，其中高级职称1人，中级职称5人，初级职称14人，硕士学历1人，大学本科学历5人，大专学历11人，中专学历23人，技术力量雄厚，为牧场的建立提供坚实的人力基础。

3.20.2 工作实施情况

1. 开展的节水减排工作

主要以节能减排工作为重点，主要建设牛场如何节约用水，如何节约能源使用，如何有效减少污水排出等，同时加大牛场运营效率为主要工作重点。

通过调查牧场内水的使用量，包括生产使用水量及场内生活使用水量，总结牧场内各生产环节水使用情况，寻求合理及节约的用水制度和方法，对牛场主要用水时节，如夏季的用水需求，寻找合理有效的控制手段和方法技术，减少喷淋降温等用水技术造成的水使用和浪费。

2. 提高牛群利用效率，加快牛群改良速度

从饲料营养角度提高饲料转化利用效率，通过提升管理水平等手段等方法，增加奶牛单产，控制牛群数量，加快牛群筛选，减少粪污及有害气体的排放等。

3. 饲料数据库的完善

采集牧场内现用饲料原料，通过牧场内内检测与外送检测结合，完善牧场内饲料数据库，同时努力争取增加饲料检测项目，扩大牧场内饲料数据库内容，并联合高校、科研院所等单位对牧场内饲料数据进行评定。

4. 科学实验任务

与国内高校、科研院所的合作，在已有设备条件基础上，联合国内知名老师及专家在站内开始有关奶牛营养、繁殖、疾病、环境控制、节能减排等方面的科学试验，并积极转化相关试验成果及技术。

5. 围产期奶牛饲养管理研究

努力与各高校科研院士以及企业单位开展站内有关围产期奶牛饲养管理方面的科研研究，涉及方面包括：围产期奶牛营养、产后疾病控制、围产期奶牛舒适度等。

3.20.3 成效与经验

通过制定相关暑期防暑喷淋程序，使暑期总用水量较往年减少了22%左右。通过站内奶牛疾病净化，淘汰生产性能低下牛只，同时为缓解站内污水压力，2016年底牧场内已经将牛群数量控制在4 000头以下，并且牧场内奶牛年平均单产提高到了33.5 kg/头，较去年增长了1 kg/头/天。在育种繁殖方面，站内优化了同期方案，在配种后提前了同期处理月5天左右，同时相应的减少了全群的空怀天数。

围产牛管理取得成效，主要体现在围产期奶牛产后监控管理，牛群健康优化等，使牧场内新产牛的淘汰率降低了约5%，净化牛群BVDV、IBR等疾病，使牧场内牛群健康有了大幅提升。

3.20.4 牧场发展方向

牧场生产转型升级，优化牛群生产性能，把牧场转型升级为更为高效、节能、环保、科学的示范性基地，将从减少站内牛群数量，淘汰低生产效率牛只，提高牛群健康情况，节水节能，环保养殖等方面开展工作，对牧场精细化生产管理进行转型升级。继续相关科学试验，利用与国内外相关各科研院所、高校、以及国内外知名企业的合作关系，结合站内生产需求，设计完成相关科研项目试验。继续开展对新技术、新产品、新

理念的推广的工作，在提高饲料转化率，减少饲料浪费，减少粪污排放，提高奶牛利用效率等方面，选择性的对新产品、新技术、以及新理念进行推广示范。加强组织调研，参观交流等活动工作，了解国内外奶牛养殖情况，学习先进养殖技术，了解产业生产技术前沿，结合站内实际情况，促进站内先进养殖模式的推广，为解决站内实际问题，优化养殖情况提供条件依据。加强对行业相关人员以及站内人员的培训工作，主要培训形式包括组织相关培训，外派参加培训，站内实际生产操作培训，外出参观交流等，努力提高一线操作员工的技术水平及业务素养。

3.21 北京中地畜牧与中国牛业发展合作项目共同制定示范场发展目标

3.21.1 2015年示范场概况

总存栏约3 000头，其中泌乳牛2 150头、干奶牛250头，其他包括青年牛、公犊牛和母犊牛。青年牛养殖在离本次几百米外的另一个区。品种为从澳大利亚和新西兰进口的荷斯坦牛。该场用作其集团的示范场和培训基地。

中德牛业发展项目专家计划每年到访中地牛场2次。

3.21.2 牛场发展目标

头均日产奶量提高到36 kg。头均年产奶量达11 000 kg。选育重点为体型和产奶量，但应该更重视长寿性。

3.21.3 长寿性目标

终生产奶量＞45.000 kg，终生日产奶量＞20 kg/天。

3.21.4 繁殖效率目标

配妊次数1.9次，产犊间隔荷斯坦牛400天，淘汰率20%。

3.21.5 乳房健康

改善干奶牛乳房健康方面的管理并建立细菌数测定工作程序，将细菌检测与DHI测定结果结合起来用于管理。目标：群体平均体细胞数低于18万，降低兽医处置比例，乳房炎发病率＜20%，由于乳房炎导致淘汰比例＜10%。

3.21.6 犊牛健康管理目标

难产率<1.5%,死产率<3%,后备牛饲养全期日增重达 850 g,进而达到头胎产犊月龄 25 月。

3.21.7 养殖效率

使用计算机软件对于牛群进行管理,例如中德项目提供软件或其他牛群管理软件。数据及时录入并及时分析,对于每头牛的选淘是基于这头牛的所有信息做决定;建立全场的工作计划,确保各项工作的成功实施。目标:饲料成本利润率(ICOF)>100 元/天。

3.21.8 饲喂管理

应该根据饲料原料价格及时做出调整。

3.21.9 环境与动物福利

改进牛粪的使用并施用于总场自有耕地。从 2017 年起实现养分循环。采用粪污堆肥的方式,建立一种粪污处理模式,为本地牛场做示范。新建牛床进一步改善牛的福利,确保牛群在不同季节能享受新鲜空气和适宜温度,免受季节影响降低产量。

3.21.10 需求中德牛业项目的支持

1.技术支持

对于畜舍设计和舍内工艺提供咨询和技术服务,对于粗饲料生产和加工、产奶量分析提供服务。提供有利于本场管理的技术决策、分析,协助牛群管理软件的安装以及与场内原有其他软件的联接。为本示范场的进一步发展推荐各专业方向的合作伙伴。

2.遗传物质

提供选配服务。

3.咨询和培训

现场咨询生产环节相关问题,粗饲料和精饲料生产和管理相关问题。由相应合作伙伴提供选配服务。对于群体健康,包括代谢疾病、犊牛疾病和乳房相关疾病提供技术咨询和改进措施。

参与中德牛业项目在中国和德国举办的各种技术培训。举办培训多为针对集团的培训。

3.21.11 本示范场向本省区其他奶牛场或小区推广示范管理经验

从2016年起，示范场指导每年2次，并就共同关注的主题每年组织一次为期一天的技术培训。另外，邀请其他本区域牧场参与指导和培训过程。

4 赴德考察报告

4.1 赴德国“德系西门塔尔牛育种与管理技术培训”团培训情况总结报告

根据农业部国际合作司与德国巴伐利亚州农林部签署的《关于推广应用德系西门塔尔(弗莱维赫)乳肉兼用牛种遗传物质与相关技术的合作协议》,经国家外专局批准,2011年9月15日至26日,全国畜牧总站组织新疆生产建设兵团、甘肃、宁夏、内蒙古、山东、吉林、云南等德系西门塔尔牛项目省区实施单位的11位技术管理人员,赴德国巴伐利亚州宝牛中心(BVN)进行为期12天的培训,培训期间现场考察了10个奶牛养殖场、1所农业技术大学、1个活牛拍卖场、1个种猪采精站、1个乳品加工厂、1个肉类加工厂、1个渔业研究所及渔场,观看了BVN种公牛展示,听取了德国专家“奶牛饲养管理”和“德国牛后裔成绩测定和BVN育种体系”专题讲座,并就业务工作及考察中的问题进行了座谈交流,使我们对德系西门塔尔牛育种、技术服务体系及育种合作组织、牛饲养管理技术、牛人工授精技术与精液质量控制技术、后裔测定的组织实施、农场的技术指导及产业化发展等有了较详细的了解。此次培训虽然时间短,但行程安排紧凑、内容丰富、理论与实际相结合,圆满地完成了培训学习任务。现将有关情况报告如下:

4.1.1 德系西门塔尔牛育种概况

1. 德国德系西门塔尔牛养殖概况

目前,德国德系西门塔尔牛(弗莱维赫)母牛存栏120多万头,主要在巴伐利亚州。巴伐利亚州位于德国东南部,面积70 549 km^2,总人口1 237.7万人,75%的耕地用于畜牧业。饲养德系西门塔尔牛约100万头,占全国的80.3%,另外还有德国褐牛占8.2%、荷斯坦奶牛占6.0%、德国黄牛占0.5%,其他牛占5%。在巴伐利亚州家庭农场是养牛的主要方式,养殖规模不大,每户养殖几十头到二三百头,90%产奶牛在60

头以下，平均40头左右。养牛户均以会员制企业的方式联合建立人工授精站、地方育种协会；授精站和育种协会通过育种推广、信息咨询、活牛市场流通等方式为农户提供服务；政府负责遗传评估和生产性能测定，设立育种评估信息机构，为行业发展提供公开的信息支持。

2. 德系西门塔尔牛品种特征

德系西门塔尔牛是德国从瑞士引进西门塔尔牛与本地牛开展杂交，再与英国爱尔夏和红荷斯坦等进行杂交选育，培育出的优良乳肉兼用型牛品种，具有较高的产奶、产肉性能，同时随着德国经济的发展、饲养状况的变化，还具有耐粗饲、抗病力强的特点。其产奶平均单产6 854 kg，平均乳脂率4.14%，平均乳蛋白率为3.48%。育肥公牛平均日增重1 350 g以上，屠宰率60%，净肉率50%。16～18个月体重可达700～800 kg。按照德国现行的牛奶按质论价，如乳脂率每提高0.5%，每千克增加0.5欧分。同时由于淘汰母牛仍能保持大体型，淘汰时屠宰胴体重达到350～450 kg，在产肉量和肉品质上均明显高于荷斯坦等奶牛。养德系西门塔尔牛具有显著的综合效益，特别是由于世界经济危机和德国目前奶牛养殖过剩，奶价低迷，养德系西门塔尔牛的优势更加凸显。

3. 德国德系西门塔尔牛育种组织体系

德国德系西门塔尔牛的育种组织多是以养牛农户（家庭农场）为基础，由联合会、协会、企业、政府及农户共同参与的联合育种组织体系。巴伐利亚牛培育推广联合会（VFR）是目前德国最大的育种联合组织，由3家人工授精组织和5家育种协会联合组成，主要任务是协调规划联合会内部的育种发展方向，针对会员的要求提供及时、有效的服务。

宝牛育种中心（BVN）是5家育种协会之一，总部设在诺伊施耐德市，拥有110名工作人员、120名育种技术人员、200名人工授精配种员和兼职兽医，年平均销售额达2 000万欧元。有会员企业1.5万家，平均每家会员牛场（农户）存栏规模为40多头产奶母牛，使BVN拥有80万头德系西门塔尔牛育种群体。农户遵照BVN的章程，签订会员协议，成为BVN的会员。所有管理者包括会员代表、监察会、董事会均由会员选举产生。会员代表由150人组成，监察会由17人组成，董事会由5人组成。董事会负责公司重大事务决策和组织，每一个月开一次碰头会，研究进一步工作。监察会负责公司运行情况、财务情况的监督。聘2名高级职员一经理，负责工作的具体实施。主要业务有3项：一是开展牛人工授精和猪人工授精，向农户提供牛冷冻精液和猪精液。公司定期对从事人工授精技术人员进行培训，重点培训授精技术、宝牛种公牛特性和如何做好良种繁育。二是为农户实施胚胎移植，包括冲胚和移植。三是向农户提供技术服务，包括良种推广、牛场管理和技术培训等。

4. 德系西门塔尔牛主要养殖要点

我们考察的 10 个农场，基本上是养殖德系西门塔尔牛，有个别场饲养少量的杂种牛等。根据现场考察、与农场主交流、宝牛中心负责饲养管理技术 Miler 女士的介绍，总结德系西门塔尔牛(弗莱维赫牛)饲养要点主要有：

(1)德系西门塔尔牛与荷斯坦牛的营养需求是没有区别的，但要考虑到维持净能，德系西门塔尔牛体重可达 750 kg，高于荷斯坦牛，所以维持净能要高。

(2)德国也是使用美国 NRC 饲养标准，进行换算。

(3)全年饲喂青贮，主要有苜蓿、草、全株玉米三种青贮；青贮铡揉的很短，必须压实紧。此外，根据需要，添加干草、麦秸、精料、矿物质、维生素等，使之酸碱平衡。青贮的质量越好，牛吃的越多，产奶量就越高。

(4)犊牛出生吃初乳，7 天后转到犊牛舍(有犊牛岛)；公牛犊 6～8 周龄拍卖出售；青年牛和干奶牛大都只喂青贮，有的在人工草场放牧；挤奶牛全部有卧床(垫草或垫料)；无运动场。TMR 技术饲喂、有自动识别补料系统、自动饮水；全部为机器挤奶或智能机器人挤奶。

(5)优质的干草同样可产较多的奶，对于寒冷地区，夏天放牧，冬天喂优质干草一样可高产。

(6)母牛一年修蹄 3～4 次，特别是高产奶牛的修蹄很重要。

(7)犊牛一般育肥到 16～18 月龄出栏，日增重 1 400 g 左右，饲养时要充分考虑能量和蛋白的供给。淘汰母牛一般育肥 3～4 个月出栏。

4.1.2 德国养牛业特点

通过培训和考察，我们认为德国特别在巴伐利亚州，主要以养德系西门塔尔牛(弗莱维赫牛)为主的养牛业具有以下特点：

1. 品种良种化

在巴伐利亚州，农户 80%以上饲养德系西门塔尔牛(弗莱维赫牛)，其余为德国褐牛、德国黄牛、荷斯坦牛、德系西门塔尔牛与荷斯坦牛的杂交牛等，都实现了良种化，品种育种历史长、遗传稳定、生产性能高。在德国，对原产于瑞士的西门塔尔牛运用定向选育和杂交育种手段，坚持乳肉兼用的育种方向，经过近 20 年的选育，最终培育成了目前的乳肉兼用型德系西门塔尔牛品种，表现出遗传稳定、母牛产奶性能好，公牛育肥能力强，耐粗饲，抗病力强的突出的品种特征。产奶量原来的3.5 t提高到7 t，日增重从原来的1 200 g提高到1 400 g。目前，巴伐利亚州农场饲养的德系西门塔尔牛平均产奶为6.8 t，高的可达13 t。乳脂率乳蛋白率分别在4.2%和3.4%以上，体细胞数在20万以下。饲养德系西门塔尔牛取得较好的经济效益，6周龄的公牛犊平均售价在400～500欧元，日产25～30 kg的青年母牛在拍卖市场可售1 400～2 000欧元。母牛个体大，淘汰时体重一般700 kg以上，并且肉质好于荷斯坦牛，屠宰后市场售价每千克2.7欧元（荷斯坦牛为2.2欧元），每头可卖到1 500欧元左右。此外，农户种植的牧草、玉米等农作物也实现了良种化。可以说，品种良种化是德国农户获得好收益的根本。

2.品种选育科学高效化

德系西门塔尔牛品种选育取得今天的成果得益于采取了高效科学的品种选育方案。主要表现为：一是有明确的育种目标。育种目标完全来自会员的要求和需求，追求效益最大化，如目前农户要求产奶量高、容易饲养的牛，市民需要乳脂率低、乳蛋白高的乳品，市场上由于奶价不稳，肉价平稳，需要尽可能降低生产成本。根据这些要求，宝牛公司从提高产奶性能，不断增加产肉性能，延长使用寿命、缩短产犊间隔、提高泌乳速度、降低乳脂率、降低体细胞数等项内容中制定育种指标，目的是最大限度提高养殖效益。二是采取有效的育种评价手段。全面实施性能测定，以判定育种效果。在宝牛公司所属80%的母牛参加性能测定，对产乳性能每年测定11次，包括产奶量、乳脂率、乳蛋白率、干物质、体细胞数、泌乳力、产奶保持力等测定。对产肉性能，要测定日增重、屠宰率、净肉率、肉品质等级等。对繁殖力要测定死胎率、产犊成活率、难产率、繁殖率、使用寿命、淘汰率等。对体型体貌要测定体型、乳房、肢蹄、肌肉等。三是实施严格的种公牛选育程序。在选种时首先根据系谱、父母的育种值和生产性能信息，确定青年公牛。对经二胎后裔测定育种值达到121的母牛或经一胎育种值达到115以上的母牛与验证公牛所产公牛可作为后备种公牛，按严格的程序进行测定。当后备种公牛至18～20个月，采精1 000支，以比较低的或无偿给合作好的会员进行配种，测定繁殖力。至27～30个月，选育公牛的第一代，测定死胎率、产犊成活率、难产率、繁殖率等。45～50个月，选育公牛第一代公牛到了出栏年龄，测定其日增重、屠宰率、净肉率、肉品质等级及外形体貌等。54～60个月，选育公牛第一代母牛产犊产奶，测定产奶量、乳脂率、乳蛋白率、干物质率、体细胞数、泌乳力、产奶保持力及外形体貌等。65～70个月，选育公牛的第一代母牛进入到第二泌乳期，开展第二泌乳期性能测定。在测定过程中，不符合种用要求的一律淘汰，只有符合育种的作为种公牛使用。之后每年都进行后裔测定，根据后测结果更新种公牛信息指数，每年更新3次。四是有严密的组织保障。在品种选育中联合会、协会、企业、农户、政府等共同参与育种体系，分工明确。产乳性能测定由DHI测定，产肉性能测定由屠宰企业开展，繁殖性能由农户提供，体型外貌由协会派人测定，将各方取得的数据提交协会和官方及官方委托的相关机构进行分析发布。良种的科学持续选育提高是农户获得好收益的保证。

3. 养牛业生产和管理现代化

（1）养殖设施化　我们考察的农场均为家庭农场，但养殖设施配套齐全，设计建造合理、实用。有的农场历史较长，畜舍等为改造而成，但配套实用，不追求豪华和华而不实。在畜舍建设上充分考虑通风、光照、保温，在料槽、水槽、牛床设置，最大限度保证牛舒适，发挥最佳生产性能；此外，充分利用土地资源，我们看到的农场、饲养60～100头挤奶母牛，均在一栋牛舍中，包括挤奶间，只是用围栏做了简单区域划分，如高产区、低产区、待产区等；同时，牛场都没有运动场。这就节省了空间和劳力，避免了应激，母牛不出牛舍就完成全部生产过程。相比我们国内目前牛场设计、建设和有关标准，过分强调分区饲养和必须有运动场，造成场区偏大，土地浪费、造价偏高、管理不方便。

（2）饲料配方化　在饲料配备上，普遍采用牧草青贮和全株玉米青贮，根据牛生长发育和产奶量，精细计算各种成分配比，高产奶牛由自动控制补饲精料，既保证营养多样全面，又降低饲料成本。此次考察，给我们一个深刻的感受是，德国至少在巴伐利亚州，农牧业结合相当紧密，农牧业生产结构合理，农业真正实现了“为养而种”。我们看到的农田绝大部分是种植优质牧草和饲用玉米，人工草场一年收割3～4次，有很多就地青贮；特别是青贮饲料的种植、收获、加工制作、检测、饲喂各个环节十分科学，可以说青贮饲料的使用是德国养牛业的一大“法宝”，“没有青贮，就没有成功”，很多农场青年牛、产奶牛仅饲喂青贮就满足了营养需求。优质的饲草料种植和加工确保了农场养牛业的高效发展。我们国内在青贮饲草料种植、加工、饲喂等环节上存在很多问题，尤其是优质牧草的种植十分缺乏，需要加以解决。

（3）生产全部实现机械化　饲草料种植、收获、运输、加工、青贮；奶牛饲养、饮水、补料、挤奶；粪污处理等环节都是机械化，TMR技术、自动补料机、自动清粪机、智能自动挤奶机等广泛使用。我们考察的所有农场，各类农牧机械琳琅满目，配套齐全，一个农场仅自有机械，价值可达几十万欧元甚至上百万欧元。对照我们国内，养殖机械化水平虽在提高，但不配套，部分环节使用，性能质量较差。

（4）适度规模化　由于土地、劳动力资源短缺，机械化、自动化程度高，德国农场的主要劳动力都是夫妻和子女，很少有雇工，3～4个人即可管理一个农场；农场规模都不大，平均养殖40头挤奶母牛，包括其他牛100头左右。适度规模，自家人生产管理，农场主既是管理者又是劳动者，对自己的牛群十分熟悉，如数家珍，保证了饲养管理的精细化，人性化，避免了各种不必要的浪费和管理漏洞，提高了养殖效益。对比我国，近年来大力提倡养殖规模化、集约化发展，但有的牧场发展过千头，甚至上万头，员工的管理就是很大问题，而做到牛的精细化、人性化管理难度很大，养殖效益反而体现不出来；此外，我国土地资源也很紧张，农村人口很多，发展家庭式的适度规模养殖场是重点和方向。

4. 技术服务社会化

巴利伐亚州育种和养殖是采用以农户为基础的协会制和联合会制模式，农户既是优秀种牛冻精的销售市场，又是后裔测定的试验平台，更是育种的基础。协会、联合会既是农户的组织者，又是农户的服务者。各协会、联合会均服务于农户，提高农户技术水平和增加收入列为重要的工作内容。协会设有专门技术服务机构，为会员提供技术咨询、培训等。在牛选种选育上，会员在购买冻精时，BNV 除向农户提供优惠冻精外，还要对农户进行技术培训，指导农户有目的地选择公牛，提高农户牛的生产能力；农场普遍采用了人工授精技术，人工授精达到 95%，其中 80% 由协会的服务队伍完成，其他由农户自己完成。宝牛公司有一个专门部门负责为农户实施胚胎移植服务，他们每次冲胚可产 11 枚能用于移植的胚胎，移植成功率达 55%～60%。在饲养管理上，根据会员提出的目标，技术人员到现场考查，根据农户养牛的实际情况，提出调整饲养方式，改进措施和饲养标准，并且准确为农户测算经济效益，供农户采用。这种服务可以做到针对每头牛提供。后裔测定站和 DHI 测定站每个月向会员发布测定信息，针对每个农户测定结果，给农户测算出总体效益，对今后发展趋向提出建议和指导意见；到拍卖市场出售的青年公牛，要派人对牛进行评定，按评定标准评出等级，使农户到拍卖市场拍卖可得到较高利润。

5. 养殖循环生态化

德国的牛饲养户均有一定量的土地，牛所需的青粗饲料和精饲料全部产自农场主经营的土地。我们考察的 10 家农场，基本上平均每头牛 1 hm^2 地，种植人工牧草、饲料玉米和青贮饲料，种植谷物作精饲料。一般情况下 35% 种草，40% 种饲料玉米，40% 的玉米和 45% 的草作青贮。对牛的粪便全部实现了无害化处理，我们考察的牛场大都是采用沼气发电、供热，沼气渣还田作为肥料，形成了土地产饲料—饲料喂牛—牛产奶产肉—牛粪便产沼气发电—电供生产生活用—沼气渣还田的循环农业生产方式，多余的包括质量较差的青贮，都用来发电，既保护了农场环境和卫生，还给农场主带来可观的经济收入，农户沼气产的电除自己使用外，多余的并入公用电网，每度电国家补贴22欧分。此外，农场的屋顶大都有太阳能发电装置，也可并网出售。我们考察的农场，大都位于村镇中，周边都有居民，但环境卫生保持良好，只有进到牛舍才能闻到轻微的异味。循环生态发展保证了农场高效可持续发展。

6. 生产组织化、产业化

我们考察的另一个深刻感受是德国养牛业生产组织化、产业化程度高。一是各类农场都加入了协会，协会在品种、养殖技术、销售、市场对接等方面全程服务，免除了农场许多琐事，避免了"单打独斗"，农场主主要精力是把牛养好；二是政府通过协会、大学、研究机构、检测机构等将技术、政策及时传递到农场，指导农场生产；三是政府对农户养殖给予一定补贴，如建设农场，只要按政府规定建，就可得到30%的资金补贴；四是实行准入和配额制，办农场，农场主必须得到国家规定的教育培训资格证，农场规模多大，生产牛奶多少，国家每年都有配额，超过了要花钱买配额，增强了生产的计划性；五是农场、协会、私企都有乳品、肉类等加工厂，保证了奶、肉产品的出售和价格的竞争及相对稳定；六是有发达的拍卖等中介机构，活牛等只能通过拍卖市场出售，保证了农户利益和市场相对稳定，避免了炒作和投机等扰乱市场的行为。

4.1.3 几点建议

1. 我国应当重视发展乳肉兼用牛

在巴利伐亚州特别是南部地区，绝大多数奶牛养殖户饲养的牛都是德系西门塔尔牛，近几年来，德系西门塔尔牛有逐步向传统饲养荷斯坦牛的北部地区扩张的趋势，原饲养荷斯坦的农户在逐渐淘汰荷斯坦奶牛，改养德系西门塔尔牛。并且德系西门塔尔牛已被周边一些国家认可，罗马尼亚、波兰、克罗地亚、斯洛伐克、俄罗斯等国家已经开始与宝牛公司(BNV)就扩大德系西门塔尔牛遗传物质开展合作与交流，并取得了很好的成果。究其原因，是由于荷斯坦牛饲养要求高，抗病力弱，加之欧洲牛奶销售价格下降，公牛低格低廉，收入途径单一，综合效益差。而德系西门塔尔牛具有耐粗饲，抗病力强，饲养状态平稳、公牛育肥效果好、母牛残值高的特征，能够满足农户效益最大化的要求。我国饲草饲料有限，牛养殖粗放，农民技术水平不高，特别是近年来肉牛饲养由于养殖母牛比较效益低，饲养量出现下滑趋势。养荷斯坦牛，公牛犊价格低，淘汰残值低，影响农户效益。因此养殖耐粗饲、抗病力强，母牛可产犊，公牛及淘汰母牛育肥的乳肉兼用品种非常适合我国的国情。根据我国目前的实际，可采取四条路走：一是从德国引进优质德系西门塔尔牛冻精，对吉林查干花、新疆呼图壁等我国原有的乳肉兼用牛实施改良，提高种群生产性能，建立乳肉兼用母牛核心群，培育种公牛，加大推广力度，扩大推广范围；二是应用德系西门塔尔牛对肉用牛开展改良试验，提高母牛产乳性能，通过选育逐渐改良为肉乳兼用牛，实现乳肉兼得；三是加强我国乳肉兼用牛的选育。我国的草原红牛、三河牛也是较好的乳肉兼用牛品种，可借鉴德国德系西门塔尔牛的做法，开展改良选育，不断提高生产性能；四是适当在低产荷斯坦牛群中引入德系西门塔尔牛改良试验，提高乳肉性能。

2. 抓紧落实中德合作项目

引进德系西门塔尔牛及其育种技术项目在我国已实施几年了，但目前看，项目进展不够快，成效不大，原因较多。从各级领导及项目区技术人员考察的结果以及目前在国内推广数据看，德系西门塔尔牛（弗莱维赫牛）确实是乳肉兼用双高产的优良品种，我国无论发展奶、还是肉，都需要。作为中德两国合作项目，项目从选择到决策都是正确的。要使这一合作项目能尽快取得进展，最终取得成功，关键要从我国牛业发展战略的全局着眼，在大力促进奶牛、肉牛业发展的同时，积极推动乳肉兼用牛的发展，对乳肉兼用牛产业进行准确到位，科学进行区划，研究制定发展规划，积极争取扶持政策，确定发展目标和技术路线，力争在“十二五”期间全面启动，打牢基础。当前要重点解决推广的数量、区域、准入的程度、合作的方式等问题。我们首先建议农业部划定一定区域，设立专项，先从改良肉牛和肉乳兼用牛开始，扩大改良面；其次，在育种技术、种牛培育、冻精、胚胎生产等方面加强合作；第三，在发展重点地区，建立德系西门塔尔牛（弗莱维赫牛）养殖示范场，通过示范带动推广。

3. 建立健全我国高效的牛育种体系

德国已建立由联合会、协会、农户、政府广泛参与，运用市场规则组成的育种体系。联合会、协会通过种公牛后裔测定、性能测定、提供技术服务等组织农户开展育种，政府通过制定育种法来规范育种登记、人工授精工作。在育种过程中紧紧围绕提高经济效益这一主题，根据农户需求和市场需求制定规划，严格依据后裔测定结果，实施定向育种。向农户提供的冻精是有后裔测定成绩、有登记、有生产性能检测的验证公牛的冻精，验证公牛要通过严格测定，并通过政府有关机构审定才能使用，因此他们在德系西门塔尔牛选育上取得了令世界瞩目的成果。而我国目前还没能建立如此有效的育种体系，种公牛站生产冻精的种公牛很多没有后裔测定数据，配种员没有经过系统严格的培训，沿袭着“引进—使用—退化—再引进……”恶性的怪圈，导致利木赞、夏洛来、安格斯、德国黄、和牛、西门塔尔等世界上的优良品种我国几乎都有，却没有培育出适合我国的牛品种。因此建立高效的育种体系迫在眉睫，由政府、科研单位、技术推广部门、种公牛站、农民合作组织、农户联合起来，建立联合育种模式，建立主推品种，建立后裔测定和育种评估机制，加强选种选配，培育适合我国养殖的，具有自主知识产权的牛品种。

4. 加强政府的扶持，提高组织化、产业化程度

德国等发达国家的畜牧业已经实现了由传统畜牧业向现代畜牧业的转变，实现了机械化、自动化、产业化和信息化。而我国目前畜牧业与发达国家比较还存在很大差距，规模化、标准化水平还比较低，基础设施还比较落后，要想赶上或者超过发达国家，必须走跨越式发展的道路，单靠农民自己发展难以实现，政府要加大扶持力度，特别在产业提升方面如优良品种推广、基础设施改造、饲草料加工、自动化设备装备、排泄物无害化处理和利用等给予补贴。通过政府的引导作用，推动企业和农民加速产业升级，向现代畜牧业转变。

5. 强化技术服务能力

在德国培训期间，德国专家反复强调“良好的品种要靠良好的饲养体现”。他们在提供良好品种同时，特别重视技术服务，配备专业人员为养殖户提供诸如选种选配、饲料配比、效益分析等技术指导，目的在于提高农户的饲养水平，发挥良种的最佳效益。我国的养牛业仍然处于较低的水平，表现为品种不优、规模不大、饲料不良、管理粗放，导致品质差、效益低。因此加强技术服务，提高农民养殖和管理水平，是今后一个时期的重要任务。然而我们目前的技术服务体系，尽管在畜牧兽医体制改良中机构得到加强，队伍得以稳定，但仍然存在基础设施陈旧，服务手段落后；人员素质不高，服务能力不强，经费不足，服务力度不够；技术与生产脱节等问题。对比德国发达的畜牧业，从事这一行业，深感责任重大，时不待我，因此需要加强畜牧技术服务体系建设，准确定位，提高服务能力，创新服务方式，切实做好技术服务工作，及时解决农民生产问题，不断提高农民素质和管理水平，推进畜牧业生产水平快速提升，为我国现代畜牧业的发展做出新贡献。

（何新天（团长） 李新一 翟桂玉 张国华 刘红文 赵国琳
刘一鹤 王瑜 康凤祥（执笔） 李宏建 陈若愚
2011 年 9 月）

4.2 德国牛场育种与管理培训报告

为加强中德畜牧业合作与交流，落实中德畜牧业技术创新中心——中国牛业发展合作项目实施方案，2012 年 11 月 11 日至 12 月 1 日，全国畜牧总站组织中方项目示范

单位、有关省项目技术与管理人员共 17 人，赴德国参加为期 21 天的牛场育种与饲养管理技术培训。本次培训由中、德项目实施单位共同组织，德方项目执行单位——德国 ADT 国际项目管理与咨询公司负责接待，在双方的精心组织和全体团员的团结协作下，圆满完成了各项培训考察任务。

本次赴德培训主要有两项内容。一是集中理论培训与现场实习，二是考察和参观牛场、相关企业和协会组织。本次培训突出特点是内容丰富，理论与实际操作、实地考察相结合，着重培训了学员的动手能力和实际观察能力。学员们普遍反映培训班针对性、实用性、实践性、操作性强，所学的许多德国先进实用技术可以在中国牛场推广应用，对促进中国养牛业发展将起到积极的作用。

4.2.1 考察情况汇报

1. 德国荷斯坦牛考察情况

(1)德国荷斯坦牛育种情况　德国荷斯坦牛起源于德国北部，约占德国奶牛总数的 63%，是德国第一大奶牛品种。全德约有荷斯坦牛饲养场 22 800 个，有登记母牛 160 万头，是全球最大的荷斯坦牛登记群体，约有 220 万头荷斯坦牛开展生产性能测定，每年开展后裔测定的青年公牛约有 1 000 头。德国荷斯坦牛的数据采集和测定由专门的牛奶质量检测组织(MQD)完成，然后提交给牛群数据处理中心(VIT)进行数据处理，并在其官方网站上公布育种评估结果。根据 VIT 统计数据，2011 年参与测定的荷斯坦奶牛的平均产奶量为 8 831 kg，乳脂率为 4.09%，乳蛋白率为 3.38%，泌乳天数平均为 323 天，产犊间隔为 413 天。德国于 1996 年成立了荷斯坦协会(DHV)，拥有 14 个地区性育种和人工授精组织。这次考察的诺丁林种畜基因产品公司(Masterrind)就是其中之一。

诺丁林种畜基因产品公司是德国北部最大的荷斯坦牛冻精生产企业，总部位于下萨克森州，拥有 400 名员工，5 500 家会员企业。现有采精公牛 300 头，其中 80 头有测定成绩(60 头经后裔测定，20 头经基因组测定)。2011 年在德国境内销售的冻精数量为 130 万支，销往其他国家的为 210 万支，其中 90%是荷斯坦牛冻精，另有 5%的红荷斯坦冻精和 5%的肉牛冻精。年生产胚胎 4 600 枚，2011 年总产值为 1.2 亿欧元。以前每年要买入 250 头后备公牛，采用全基因组检测技术后，现在每年只需要买入 100 头有基因测定成绩的后备公牛。青年公牛每年平均生产冻精 2.5 万剂，成年公牛可生产 10 万剂。所有种公牛每年要接受两次疾病检测，检测 10 多种疾病。

(2)德国荷斯坦奶牛饲养管理情况　本次考察走访了 2 个荷斯坦奶牛家庭养殖农场。第一家农场有 210 hm^2 土地，种植玉米和青草，有荷斯坦母牛 700 头，其中泌乳牛 430 头，平均单产 9 900 kg，2011 年最高单产为 11 700 kg，乳脂率 4.1%，乳蛋白率

3.4%。产犊间隔386天，淘汰率为31%。犊牛出生2 h后与母牛分离，用犊牛栏单独培育至14日龄左右，公牛犊出售，母犊牛在14～70天间群养，采用自动喂奶机饲喂，期间逐渐增加颗粒料，日增重超过800 g。牛场由4人经营，聘有专职牧场经理，配种、修蹄有专门公司负责服务，挤奶厅采用2×14并列式，下陷式卧床，垫料厚度10～20 cm，每周添加新的垫料，由5%的石灰混合麦秸制成，有利于牛的反刍。自己制作全株玉米青贮，喷洒酶制剂以利于发酵，采用TMR饲养方式。每2 h刮粪一次，粪便全部用于沼气发酵。第二家牛场有泌乳牛150头，后备牛120头，平均产奶量9 900 kg，产犊间隔为410天，平均利用胎次为3胎左右。以青草、玉米青贮加精料混合成TMR饲喂，分成高产牛群(日产奶38 kg)和低产牛群(26～28 kg)饲养，采用2×14并列式挤奶厅挤奶。怀孕3个月的母牛如果不需要可以出售，售价为1 250～1 300欧元/头。

2. 德系西门塔尔牛考察情况

(1)德系西门塔尔牛育种情况　巴伐利亚州是德国养牛大省，全州有8家牛冻精站，17家牛育种协会。据LFL的统计数据显示：2011年巴伐利亚州登记牛只数约163万头，其中80.7%为德系西门塔尔牛，荷斯坦牛仅占4.7%。2012年巴伐利亚州德系西门塔尔平均产奶量7 450 kg，乳脂率4.13%，乳蛋白率3.5%，泌乳天数平均为317天，产犊间隔为392天。2011年淘汰母牛的屠宰量约27万头，平均屠宰重为405 kg，按3.5欧元/ kg计算，每头牛的残值为1 400多欧元。

巴伐利亚州德系西门塔尔牛的育种组织是一个以养牛农户(家庭农场)为基础，由联合会、协会、企业、政府及农户共同参与的联合育种组织体系。政府部门负责制定遗传评定方法，设立育种评估信息机构，为行业发展提供公正公开地信息支持。养牛农户组织起来，成立地方育种协会；养牛农户以会员制企业的方式成立人工授精组织；各种组织联合起来，组建区域内的牛种培育推广联合会(VFR)。巴伐利亚牛培育推广联合会是目前德国最大的育种联合组织，由3家人工授精组织和5家育种协会联合组成，主要任务是协调并规划联合会内部的育种发展方向，为会员提供及时、有效的服务。

宝牛育种中心(BVN)和巴伐利亚遗传物质公司(BG)是其中的2家育种协会。宝牛育种中心(BVN)总部设在诺伊施耐德市，占地面积42 000 m^2，拥有110名工作人员、120名育种技术人员、200名人工配种员和兼职兽医，年均销售额2 000万欧元。有会员企业21 400家，现有种公牛400余头，平均每家会员牛场(农户)存栏规模为40头产奶母牛，使BVN拥有80万头德系西门塔尔育种群体。巴伐利亚遗传物质公司(BG)总部位于慕尼黑，已有80多年历史，拥有200名人工配种员、200名兽医，在德国和澳大利亚有会员企业25 000家，另外，奥地利、意大利和捷克也有会员企业。现有种公牛600余头(其中有少量安格斯公牛),每年可生产冻精300万剂,其青年公牛是从750万头登记奶牛群体后裔中挑选,每头公牛提供2 000剂冻精用于后裔测定,四年后可得到后裔测定成绩和育种值数据,该公司每年还从当地牛场购买100多头经过全基因组检测的公牛,可以保证其推向市场的每头公牛都是通过性能测定的。

育种协会用来采精的种公牛全部来自会员农户。协会每年都会根据血缘、体型外貌、繁殖性能、生产性能等指标,从会员农户的青年公牛中测定挑选出后备公牛,并淘汰部分中心原有的后备公牛,以保证后备公牛群体质量。而后,在后备公牛中挑选出一定数量作为测定公牛,用于奶质和肉质的后裔测定,只有通过国家检测的后备公牛才能获得采精许可并成为验证公牛,可以生产精液供应市场,有后裔测定(或全基因组测定)成绩的种公牛精液才能在国际市场销售,前3%的种公牛精液用于育种。

德系西门塔尔牛在德国的数据采集和测定工作,由专门的奶质及肉质监控组织完成,然后提交给巴伐利亚州农业研究中心(LFL)进行数据处理,最后由LFL在其官方网站上公布育种评估结果。这样做,可以使农户能够了解最全面的信息,以便选购自己需要的种公牛精液。

(2)德系西门塔尔牛饲养管理　本次考察走访了2个德系西门塔尔牛家庭养殖农场,每家农场由3～4人经营,有约100 hm^2 的土地,种植青草、玉米、麦类等作物,以提供奶牛所需的青贮饲料和精饲料。每户约有挤奶母牛75～80头,平均产奶量分别为9 317 kg和9 500 kg,最好的牛产奶量分别为12 500 kg和13 000 kg,每头母牛的利用胎次在4胎左右。产下的公牛犊喂养4～5周,体重达80 kg时出售给专门的犊牛育肥公司,售价为500～600欧元,母牛犊一般自己留下饲养,通常在26～28月龄时产第一胎。当母牛因产奶量下降而淘汰时(淘汰率一般为30%),还可以屠宰肉用,屠宰重一般在450～550 kg(全国平均405 kg)之间,每千克售价约为3.5欧元,淘汰母牛可以得到1 600～1 900欧元收入。德系西门塔尔牛基本是舍饲,饲料采用玉米或青草青贮,加上玉米、豆粕、添加剂等精料组成全混日粮(TMR)。一家采用鱼骨式挤奶厅,另一家采用挤奶机器人挤奶。据了解一台挤奶机器人售价约为13万欧元,可负责60～80头牛的挤奶工作,每天可24 h连续工作,其中挤奶时间23 h,清洗消毒时间1 h,使用寿命可达15年以上,据测算使用机器人挤奶其每千克牛奶成本仅增加0.01欧元。牛的粪便全部实现了无害化处理,利用牛的粪便、圈舍垫草料和多余的饲草料生产沼气,有时候还添加青贮饲料。其中一家还利用沼气进行发电供附近居民使用,每天发电量200 kW,每千瓦电售价为0.2欧元,每年可增加收入7万多欧元,沼渣还田做肥料,既做到了循环利用,又增加了收入。

3. 德国褐牛考察情况

德国褐牛主要分布在巴伐利亚西南部、阿尔卑斯山附近的高原地带。褐牛体格健硕，容易养殖，肢蹄健康，运动能力强，使用年限长，肉中蛋白质质量高，适合高原山区、水草丰富的地区。德国共有褐牛养殖企业 4 354 家，登记母牛头数约 15.7 万头，平均每场存栏 36.1 头。81.9%的褐牛参与了奶牛生产性能测定，平均产奶量 7 228 kg，乳脂率 4.23%，乳蛋白率 3.60%，产犊间隔为 370 天。巴伐利亚梅明根褐牛育种合作社位于德国最南端，距阿尔卑斯山仅 70 km，成立于 1950 年，拥有 5 000 名会员。合作社种公牛站有员工 40 名，其中 20 名为人工授精技术人员，拥有种公牛 160 头，平均体重 600～650 kg。育种值评估产奶量占 48%，健康度占 47%，肉质占 5%。每年配种数量为 30 万头次，有部分冻精用于与荷斯坦奶牛杂交，虽然杂交后代的产奶量会下降约 1 000 kg，但健康情况有明显提高。

考察团考察了一家褐牛养殖家庭农场，有 150 头泌乳褐牛，平均产奶量 7 500 kg，乳脂率 4.23%，乳蛋白率 4.0%，由于褐牛牛奶干物质含量高，适于制作干酪，一般 7.5 kg 奶可以制作 1 kg 干酪，荷斯坦牛奶需要 10～11 kg 奶生产 1 kg 干酪，他们将部分牛奶用于生产干酪，每千克干酪售价约 13 欧元，经济效益可观。

4.德国奶牛生产性能测定情况

德国养牛业协作体系由德国养牛业综合协会（ADR）统一管理，下有产奶性能及奶质检测协会（DLQ）、肉牛育种协会（BDF）、德国荷斯坦协会（DHV，主要是黑白花荷斯坦，红白花荷斯坦，红牛，Jersey）、南德牛种培育及授精组织工会（ASR，主要是德系西门塔尔牛，瑞士褐牛，黄牛）。

DLQ 由德国农业监控协会（LKV）、奶质检测实验室（MQD）以及数据处理中心（VIT）构成，主要服务于有意参加动物生产性能和质量测定的企业。LKV 成立于 1990 年，1998 年成立了乳房炎检测实验室，2003 年成立了数据处理中心。

LKV 有 16 家检测协会，将数据集中起来统一处理，下设奶质控制部门、中心实验室和数据处理部门。

奶质检测实验室（MQD）主要对牛、山羊、绵羊进行生产性能测定，测定项目主要有产奶量、乳成分（脂肪和蛋白）和体细胞；同时也对牛奶及奶制品质量进行检测，测定项目有微生物、乳成分、体细胞、冰点、抗生素、物理性状等，同时也对外提供培训、技术咨询、数据处理及个性化牛群管理服务（如动物健康、乳房健康管理、繁殖力测定、牛群遗传进展、企业经济效益分析及建议），由于测定数据可以用于育种值估计，政府给检测实验室一定的补贴。

VIT 是一家协会性质的组织，由生产性能测定机构、登记组织、育种组织和配种组织四类机构组成。是现代化的数据处理中心，涉及领域包括农业和畜牧业。该中心有 133 名工作人员，全部是有畜牧业背景的专业人才和数据处理人员。VIT 处理的数据有牲畜辨识登记信息、生产性能测定数据、展览及拍卖信息、体型外貌及乳房状况、配种方面数据、育种值估计等，除奶牛外，VIT 也处理肉牛、马、羊、猪等的登记及性能测定信息。欧盟规定，所有牛，出生 7 天内必须到信息处理中心登记，所有犊牛都有一个耳标，在欧盟范围内终生使用，没有耳标的牛只不许出售和购买，监控组织会组织检查，如果查到牛没有及时登记，牛场会被关闭，各类补贴也会取消。登记内容主要包括母亲、出生日期、品种、牛场、功能性状。据 VIT 数据显示，2012 年参加性能测定的牛场有 56 929 个，参测母牛有 354 万头，其中 204 万头为荷斯坦，平均产奶量为 8 831 kg，最好的可达 17 000 kg，乳脂率为 4.09%，乳蛋白率为 3.38%，泌乳天数为 323 天，产犊间隔为 413 天；24 万为红荷斯坦，平均产奶量为 7 918 kg，乳脂率为 4.23%，乳蛋白率为 3.40%，泌乳天数为 320 天，产犊间隔为 404 天；17 万为褐牛，平均产奶量为 7 049 kg，乳脂率为 4.19%，乳蛋白率为 3.58%，泌乳天数为 325 天，产犊间隔为 411 天；89 万为德系西门塔尔牛，平均产奶量为 7 107 kg，乳脂率为 4.11%，乳蛋白率为 3.48%，泌乳天数为 317 天，产犊间隔为 392 天。VIT 是独立第三方机构，不属于任何部门，仅是处理数据。

4.2.2 技术培训情况

培训团在 Triesdorf 教育培训中心进行了全封闭式集中培训。Triesdorf 教育培训中心位于德国巴伐利亚州，由 9 个不同的培训部门和一所大学组成。培训中心实行“双轨制”教学，即在对学生进行学历教育的同时，又根据人才需求对学生进行职业技能培训，使学生在毕业时既能取得国家承认学历的专科、本科毕业证书，又能获得职业技能证书。该校不仅有针对大学生和中学生的职业教育，也有针对企业的小规模培训以及针对专业团体和公众的现代化奶牛养殖示范活动，中心还和大学/高校以合作的形式提供成人专业教育，此外还开展科研及课题研究，如机器人挤奶与挤奶厅挤奶的效益比较研究、德国 BVD/MD(抗牛病毒性腹泻项目)研究等。参与培训的授课老师，除 Triesdorf 培训中心的专业教师外，还有来自专业修蹄公司、饲料营养公司、专业咨询公司、人工授精中心等企业或行业协会的技术人员，这些授课老师不但有扎实的理论知识，还有精湛的实际操作技能。

该校的畜牧培训中心专门建立了奶牛场、猪场、鸡场、羊场和蜜蜂场，针对学科需要设计了不同的理论课程和实践课程，也设计了不同的牧场结构及养殖方式，以便于教学和实践。以奶牛场为例，既有挤奶机器人，也有普通的挤奶厅，有普通饲喂槽也有用于科研实验的摇摆式饲喂槽，以方便学生学习不同的奶牛生产方式。

Triesdorf 农业教育培训中心奶牛场主要饲养德系西门塔尔牛，成母牛存栏 150 头左右。作为教育培训使用的牛场，该校致力于建立“标杆”牛场，从产奶的经济效益方面起到示范带头作用。养殖品种选用均衡的、高生产水平、健康的兼用型牛；不单纯追求高产，而是从持久力和动物福利方面建立高性能的饲养体系。牛舍为建有卧床的封闭式牛舍。该场奶牛饲料主要有玉米青贮、青草青贮、麦秸、豆粕、菜籽粕以及其他精料补充料，饲喂系统分为精料补充料饲喂系统和基础 TMR 日粮自动饲喂系统，其中基础 TMR 自动饲喂系统为 2012 年 9 月新投入使用的。公犊牛饲养到 7 周，母犊牛到 3 个月后转出到一个 20 km 以外的专门的牛场。后备牛到分娩前 4 周转回本牛场，故本场奶牛分群主要有犊牛、干奶牛、围产前期、围产后期以及泌乳牛群。该场有两套挤奶设备，一个为 2×6 的鱼骨式挤奶厅和一个挤奶机器人，2011 年挤奶厅牛群平均单产 9 025 kg，乳脂率 4.07%，乳蛋白 3.5%；挤奶机器人平均单产 8 102 kg，乳脂率 4.05%，乳蛋白 3.55%。其产生的粪污及替换下来的垫料等交予专业的生物能利用公司用于沼气生产及发电。

在培训中心学习了奶牛乳房健康、繁殖管理、饲料与营养、牧场设计、肢体护理、犊牛饲养、奶牛行为学以及自动化牛群监测等十几门课程，同时结合这些理论课程设立了相应的现场实践活动。通过理论和实践学习，我们了解到德国的奶牛养殖非常精细，现代化技术及设备应用比较普遍，社会化服务体系比较完善，牧场的设计以奶牛舒适为基础，并尽量节约劳动力。牛场建立了自动化牛群监测系统：在产房、犊牛区、机器人挤奶房等重点区域安装了鱼眼式或平盘式摄像头，工作人员不管在办公室、家里还是外地都可以通过电脑、手机等登录网络，实时监控牛群状况，如果系统出现问题，会及时将信息发送到管理人员的手机上，以便及时处理；投料机器人可以进行饲料原料的称量、混合、自动投喂等操作；电子饲料罐可记录牛的采食量，犊牛的喂养也有自动喂奶机器人，可以控制和记录每头犊牛的摄入量；牛脖子上装有 GPS 定位系统，可知道每头牛的位置，牛的移动情况；牛蹄上安装有计步器，可知道牛的运动情况，如果牛运动量急剧增加提示该牛即将发情，可帮助技术人员判断牛准确的发情时间；利用挤奶机器人挤奶，可以准确掌握牛挤奶情况、提高牛乳房健康、节约人工费用，同时也可以研究牛的行为，对牛群状况进行综合分析。饲养人员对奶牛营养状况非常关注，通过观察奶牛的行为、体态、粪便等及时发现问题予以解决，如果粪便中有过多的长纤维存在，说明日粮在瘤胃中存留的时间过短，可能是由于粗饲料不足而引起的，如果粪便中有玉米粒，说明玉米青贮制作时太干。牛舍的设计及各种器具的使用处处以奶牛舒适和便利为优先考虑，各种各样的牛体刷，不但降低了奶牛的寄生虫疾病，同时促进了奶牛的血液循环。牛场各种现代化设备的使用和维护、数字化和信息化处理系统的维护和修改、兽医防疫、修蹄、玉米青贮检查及评分以及各种用具如防止牛劈叉的绳带、磨修蹄刀的工具、压青贮窖的沙袋，只要牛场能用到几乎均有专业公司提供，充分体现了德国养牛业完善的社会化服务体系。

4.2.3 几点体会和建议

1. 体会

(1)牛个体登记是牛场管理现代化和牛群遗传改良的基础。在考察过程中发现，由于欧盟对牛个体登记的严格规定，德国所有牛均佩戴电子耳标，这样既便于牛场利用现代化手段管理，也利于牛的育种和信息追溯。如利用自动喂奶机可控制某头犊牛的进食量，饲槽上的电子接收器可以记录某头牛的饲料采食量，挤奶设备可以自动记录某头牛的产奶量等等；同时牛只准确的登记信息也为正确地开展选种、选配工作打下良好基础，即根据公牛的后裔测定信息、奶牛的生产性能测定数据，可选出优秀种公牛与尖端种子母牛群进行选配，从而使牛群质量不断得到改进和提高。

(2)现代化技术和设备在牛场中的作用越来越突出。德国奶牛养殖户大多都是家庭农场，养殖规模多在 100～500 头之间(占 61%)，还有 100 多 hm^2 的土地由于种植养牛所需要的玉米、青草等，工作量巨大而劳动力只有3～4 人，因此越来越多的现代化技术和设备在农场中得到应用。如利用机械设备进行玉米和青草的收割、晾晒、打捆、青贮制作等；利用喂奶机器人进行犊牛的饲喂；利用投料机器人进行青贮和各种精粗饲料的称量、混合制成全混日粮(TMR)并按设定轨道进行自动投喂；超过 2%的家庭农场采用挤奶机器人进行挤奶等。这些技术和设备的应用不仅避免了昂贵的人工费用支出，也使牛场的运行和管理更加科学、精准，对饲料的合理有效利用、奶牛生产能力的提高和健康状况的改善都起到了很好的作用，给农场主带来了可观的经济效益。

(3)“双轨制”教育模式值得借鉴。“双轨制”是德国实行职业教育最主要的特点，也是推行职业教育最成功的关键。“双轨制”是同时在两个地点、有两个施教主体，也就是在企业和职业学校中进行教学而得名的，由政府对职业教育进行宏观管理，学校、行业主管部门和生产单位组织实施的三重负责制。职业学校的教学任务主要是以专业理论来辅导和提高学员在企业中的实践培训成果，加强和补充普通教育，专业课程占 60%，普通教育课程占 40%。职业学校的教师具有良好的资质和品质、广博的知识、精湛的技能、快捷的效率，至少有两年从事本专业实际工作的经验，经过两次国家考试合格，到学校任教还需两年试用期，每周在课堂校课 25 h 左右，知识更新时间不少于 4 h 等等。

在我们参观和学习的 ECHEM(艾谢姆)农业教育中心和 Triesdorf 农业教育培训中心，都专门建立了奶牛场、猪场、羊场等用于实践教学，学生除了学校专业的理论知识，每天还进行生产实践。我们在 Triesdorf 的培训过程中，每天早晨 6:00—7:30、下午 15:15—16:45 都要进行各种实践活动，如每个人都要在挤奶厅进行奶牛的挤奶实际操作，用听诊器听奶牛反刍间隔等，听取实践老师现场讲解并示范，这些活动既让我们加深了对课堂理论教学的理解，也增加了实践经验、提升了实际操作技能。短短几天的时间，学员们感到收获很大，提高了牛场实际管理经验和技术。

(4)饲养德系西门塔尔牛具有较高的综合效益。在所考察的农场中，农场主们普遍认为，饲养德系西门塔尔牛能够取得较为理想的综合收益。第一，具有较高的产奶性能。所访问的农场平均产奶量都在 9 900 kg，按 0.3 欧元/ kg 计算，平均每头牛可实现收入 1 970 欧元。第二，公犊牛具有较高的产肉性能。一般情况下，农场主会把母犊留作产奶，把公犊作为肉牛出售给育肥场。产下的公牛犊喂养 4～5 周，体重即可达到 80 kg，可以出售给专门的犊牛育肥公司，售价为 500～600 欧元。德国公牛育肥一般分 80～200 kg 和 200～750 kg 两个阶段，从200～750 kg 大约需要 330 天，平均日增重可达到 1 600 g。第三，青年母牛售价高。农场每年可以出售一定数量的青年母牛，一头青年母牛在拍卖市场上的销售价格在 1 400～1 800 欧元。第四，一些农场每年可以向育种机构提供后备公牛犊，从而可以获得一笔数目可观种的牛销售收入。第五，淘汰母牛的残值较高。大多数农场每年会将 30%左右的母牛替换下来，有些直接屠宰，有些育肥后出售。西门塔尔母牛的个体较大，屠宰率高，约为 49%，一头淘汰母牛的残值在 1 400～2 000 欧元。第六，生产成本低。一方面德系西门塔尔牛的抗逆性强，可以节省兽医成本；另一方面产奶母牛的产犊间隔较短、使用年限长，大群的平均使用寿命为 4.7 个胎次，最高的可达 11 个胎次。

(5)联合育种的模式值得借鉴。考察发现，德国各类奶牛育种协会和养牛农户运用市场规则共同组成了牛育种联合体，达到了育种协会和养牛农户双赢的效果。养牛农户可享受育种协会提供的优惠价冻精和各种服务，在育种组织的指导下有目的地选择适宜公牛精液，以提高本场牛群的生产能力。如农户家有母牛被育种协会选中作为种公牛的母亲的话，双方可签订协议为育种协会生产后备公牛，这样也给农户带来可观的收入。其次，育种协会还生产带犊青年母牛提供给会员农户，以便更快地改善农户现有牛群的结构。除此之外，会员农户也可以到拍卖市场出售青年公牛，经过拍卖竞价可给会员带来更为丰厚的利润。这个模式说明了，广大养牛农户既是育种协会的冻精销售市场，又是育种协会后裔测定的试验平台，更是育种协会育种的坚实基础；而育种协会不仅是农户优质冻精的提供者，还为农户提供所需的技术支持以及如何增加养殖收益的综合建议。育种协会与养牛农户双赢的局面就是在这样的育种体系中实现的。

(6) 微循环生产方式被广泛采用。对整个德国而言，每个农场都是一个发育良好地细胞，也是一个微循环主体。在德国每个农场都有一定数量的土地，牛所需的青粗饲料和精饲料大多产自农场主经营的土地。我们考察的7家农场，基本上平均每头挤奶牛1 hm^2 地，种植人工牧草和饲料玉米作青粗饲料，种植谷物作精饲料。一般情况下35%种草，40%种饲料玉米，其中40%的玉米和45%的草作青贮。牛的粪便全部实现了无害化处理，生产沼气，利用沼气发电，沼气渣还田作为肥料。形成了土地产饲料—饲料喂牛—牛产奶产肉—牛粪便产沼气发电—电供应生产生活用—沼气渣还田的循环农业生产方式。农户沼气发电并入公用电网，由国家按高于民用电的价格回收，这样既保护了农场环境，又给农场主带来可观的经济效益。

(7)社会化服务体系完善。德国牛的育种和养殖采用以农户为基础的协会制和联合会制模式，各协会、联合会均将服务于农户、提高农户技术水平和增加收入列为重要的工作内容，协会设有专门的技术服务机构，为会员提供全方位的技术服务和培训：如在选种选配上，指导农户有目的地选择不同公牛，提高本场牛群的生产能力，在饲养管理上，技术人员到现场指导，根据农户养牛的实际情况，提出调整饲养方式，改进措施和饲养标准，并且精确为农户测算经济效益，供农户采用；后裔测定和DHI测定机构每个月向会员发布测定信息，针对每个农户测定结果，给农户测算出总体效益，对今后发展提出建议和指导意见。到拍卖市场出售的青年公牛，由专门机构对牛进行评定，按评定标准计算等级，使农户得到较高的拍卖利润；配种协会和兽医服务人员也会定期或根据用户需要上门提供技术服务；修蹄、青贮饲料制作与评价、粪污处理及沼气发电等也都有社会化的技术公司提供专业服务。这种完善的社会化服务体系，可使奶农的养殖变得更加轻松和简单，没有后顾之忧，同时又可以根据专业建议大大降低各种成本、减低风险、提高效益，有力地保障了德国养牛业的健康和持续发展。

2. 几点建议

(1)我国应尽快建立完善的养牛生产和育种体系。养牛生产体系是指种公牛站利用验证公牛的冻精有目的地杂交改良农户牛群的性能，以提高其牛群的综合生产能力。发达国家向养牛农户供应的冻精，是有后裔测定成绩、有登记、有生产性能检测的验证公牛的冻精。验证公牛大体要从后备公牛中，经过4～5年的后裔测定，从中遴选10%～20%并通过政府有关机构的审定，才可以使用。在使用后的几年，还要继续进行后裔测定，直到这些验证公牛失去价值为止。我国现在多数仍沿袭进口活牛—生产冻精—卖给农户—人工授精—生产小牛的低水平途径，创新能力不足，没有自主培育的品种。为此，建设我国养牛的生产体系和育种体系已迫在眉睫。要追上发达国家养牛的生产水平，可先有目的地引进国外验证公牛的冻精，提高种群生产性能，以改良中国基础牛群的遗传背景；其次是要逐步形成种公牛站与养牛场相结合的联合育种的模式。养牛生产体系和养牛育种体系一定要同步发展，因为两者是相辅相成的。养牛农户组织起来的生产体系只有和育种体系相结合，才能提高综合生产能力。

(2)借鉴德国“双轨制”经验，建立理论和实践并重的畜牧技术教育和培训机构。根据我国的实际，可通过建立有效机制，协调和促使畜牧技术教育学校和养殖场建立合作培养模式，如通过邀请养殖管理人员到学学校任教、学生到养殖场进行一定时间的现场实习等措施加强对学生的实践教学，提高其理论和实际操作技能，更好地符合将来从业岗位的需要。

(3) 通过中德合作项目带动，加快中国乳肉兼用牛改良步伐。通过引进德系西门塔尔牛遗传物质，以及相关的群体遗传改良和科学饲养管理等配套技术，对中国西门塔尔牛和其他低产奶牛进行改良，提高群体生产性能和养殖者经济效益，进而逐步构建我国兼用牛的群体遗传改良基础平台，诸如个体识别和品种登记、生产性能测定等。从长远发展考虑，通过引进德系西门塔尔牛优秀组合的胚胎，逐步建立健全兼用型牛发展重点地区的育种核心群，开展青年公牛后裔测定，提高我国自主培育和选育优秀种公牛的能力，培育出高生产性能的兼用牛新品种(系)。

(4)引导行业组织发挥更大作用。发达国家的畜牧业产业组织在行业发展过程中，既可以维护农民利益又可以为农民提供公众服务，起到了政府部门不可替代的作用。在发达国家政府赋予农民合作组织许多权利，例如，行业的规章制定、产品质量检测、技术标准和规范的制订、技术推广、政府补贴的发放、质量认证、市场监督等许多工作多交由行业组织办理。而我国行业管理方式单一，行业组织不能发挥其应有的作用，政府应逐步将部分社会职能下放，积极引导行业组织找准位置，发挥作用。

(5)加大现代化技术和设备的应用，提高养殖科技水平。从发达国家的畜牧业经济发展趋势上看，畜牧业生产的规模化是一种不可阻挡的历史潮流。在这一历史发展的进程中，美国、加拿大选择了大农场的发展道路，而欧洲各国则选择了家庭农场的发展道路。虽然他们选择的发展道路不同，但都分别实现了现代畜牧业这一发展目标。在德国的巴伐利亚州，奶业生产通过以家庭农场为基础的饲养体制实现了由传统奶业向现代奶业的转变。我国幅员辽阔，地区间的差异性大，经济发展水平不平衡，形成了农户、专业户、大农场、规模化饲养小区等多种经营成分并存的局面。在我国部分地区，畜牧业生产应借鉴欧洲模式，在工业化和城市化的进程中，把越来越多的农户打造成家庭农场，推广应用标准化、规模养殖技术。

(6)完善社会化服务体系。德国养牛业具有完善的社会化服务体系，这种体系的构建造就了具有欧洲特色的以家庭农场为基础的现代畜牧业。我国分散的小规模农户往往由于相关的科技知识储备不足，难以满足对饲料营养和管理的要求，使得所养殖的奶牛产奶量低、抗逆性差、使用寿命短、公犊的育肥价值低，难以实现良好的经济效益。我国可以借鉴德国的经验，以养殖企业为服务对象，建立完善的社会化服务体系，使奶农的养殖成本降到最低，养殖的技术风险和疫病防控风险降到最低，养殖效益达到最高，从而增加奶农收入，提高其养殖积极性。

(7)推广循环农业生产方式，建立环境友好型现代畜牧业。德国土地产饲料—饲料喂牛—牛产奶产肉—牛粪便产沼气发电—电供生产生活用—沼气渣还田的循环农业生产方式，既防止了养殖废弃物对环境的污染，还给农场主带来可观的经济收入，对我们建设现代畜牧业具有借鉴意义，国家应该给予优惠政策和资金的扶持，加强养殖废弃物对环境污染的治理和综合利用，促进清洁能源的生产和消费，实现养殖业的健康可持续发展。

(8)加大对中德畜牧业技术合作项目的扶持力度。中德合作项目已开展近 1 年多，在中德农业联委会的领导下，在双方项目实施单位的共同努力下，合作项目取得了积极进展(图 4-1 和 4-2)。但由于受中方资金投入不足等因素限制，导致项目宣传、培训、技术指导等工作滞后，一定程度上影响了项目的顺利开展。建议中方加强对项目的支持力度，设立专项支持。

图 4-1 2012 年赴德国培训团实习照

图 4-2 2012 年赴德国培训团全体成员

（王志刚 李丽丽 韩雪松 卫喜明 乃比江·加纳比力
张凌青 纪双平 孙利民 韩登武 司建军 王乐
李孔 方季青 郭刚 丛惠敏 李怀志 薛丰
2012 年 12 月）

4.3 赴德国牛场育种与管理培训报告

为加强中德畜牧业合作与交流，落实中德畜牧业技术创新中心——中国牛业发展合作项目，2013 年 9 月 8 日至 9 月 28 日，全国畜牧总站组织中方项目示范单位、有关省项目技术与管理人员共 19 人，赴德国参加为期 21 天的牛场饲养管理技术培训。本次培训由中德项目实施单位共同组织，德方项目执行单位——德国 ADT 国际项目管理与咨询公司负责接待，在双方的精心组织和全体团员的团结协作下，圆满完成了各项培训考察任务。

本次赴德培训主要有两项内容。一是集中理论培训与现场实习，二是考察和参观牛场、相关企业和协会组织。本次培训突出特点是内容丰富，理论与实际操作、实地考察相结合，着重培训了学员的动手能力和实际观察能力。学员们普遍反映培训班针对性、实用性、实践性、操作性强，所学的许多德国先进实用技术可以在中国牛场推广应用，对促进中国养牛业发展将起到积极的作用。

4.3.1 总体情况

1. 德国养牛业基本情况

德国国土面积 35.7 万 km^2，人口 8 270 万。牛奶总产量 2 720 万 t，奶牛和肉牛总存栏量 1 410 万头。奶牛和肉牛场总数 17.5 万个(奶牛场 10 万个)。奶牛存栏 460 万头，以家庭牧场饲养为主，规模多在 100～500 头。有 350 万头奶牛经过了产奶性能测定，注册奶牛达 250 万头。荷斯坦奶牛占注册奶牛总数的 60.7%，西门塔尔占 25.5%，红荷斯坦和瑞士褐牛分别占 6.0%，其他品种为 1.8%。奶牛育种目标：头年单产 10 000 kg，乳脂率 4.0%，乳蛋白率 3.5%；提高 145～150 cm，体重 750 kg。

2. 德国牛舍设计情况

德国的牛场设计理念基于简单高效的饲养模式，遵循两个重要原则：舒适度和工作效率。如何在有限的空间内最大程度的满足奶牛的休息、采食、饮水、舒适度以及其他社会活动的基本需要是德国奶牛场设计的基本出发点。既保证了牛场日常工作的方便和高效，又能在有限的空间内创造出满足牛群健康和舒适度的生活环境。

在德国的牛场设计中，奶牛多生活在全顶棚覆盖的木构封闭式牛舍中。牛舍没有围墙，通过多层次窗帘和防风网的升降实现通风、防风、采光、遮阳、防雨以及保温的功能。牛舍内主要设施包括牛站立区(牛采食区、饮水区和通道)、牛休息区(卧床)、体毛刷、清粪系统、照明、电扇、精料补充站、奶厅等。在德国北部参观的一个 500 头泌乳牛的奶牛场中，所有奶牛均生活在一个由 4 个生产区组成的总规格在 125 m×42 m 的牛舍内，牛舍的房沿高 5 m，顶高 14 m，通透性好，不需要额外的通风设备。

(1)牛站立区和清粪系统　牛站立区包括采食区、饮水区和通道。奶牛采食站立区长度为 165 cm，高出牛通道地面 10 cm，距离食槽地面高度 25 cm，食槽地面上的牛挡板高度也是 25 cm；奶牛采食站立区为水泥地面，每两头牛有一个隔离栏。隔离栏的好处是可以促进牛群自由采食，尤其是弱势牛只的采食，同时奶牛采食站立区的相对高度可以使牛处在一个干燥清洁的环境中采食，防止蹄病的发生，另外在一定程度上也可以防止奶牛排便污染日粮。

饮水槽建立在宽阔的牛只通道上，通常饮水槽周围有宽阔的空间，过道宽度在 420 厘米以上。饮水槽的设计不用太宽太深，高度合适、便于饮水和清洗即可；通常饮水槽高度为 60～80 cm，液面深 15～30 cm。牛只通道地板设计有两种，一种是普遍使用的水泥地板，另外一种是漏逢地板。两种地板设计均有各自不同特点，水泥地板一次建成后维护成本较低，但是需要经常刮粪；漏逢地板可以减少刮粪的次数，但是建设和维护更换的成本较高。德国牛场普遍使用自动清粪系统，刮粪板移动速度为6 m/min，不会影响到牛只活动，每1～2 h清理一次，对于漏逢地板的牛场则可以减少清粪次数。

对于采用水泥地板和漏逢地板的牛场设计来讲，在牛舍的末端均建有临时收集池，临时收集池规格根据牛群规模而定，在Triesdorf培训中心存栏设计存栏60头的牛舍内临时收集池长宽深为3.5 m×1.2 m×2.5 m，临时收集池内通常还会设有搅拌设备并通过地下管道与集粪池相连接。牛场都配备有集粪池，容积在3 000～4 000 m^3，每100头泌乳牛配备一个就够用了。粪污在集粪池内发酵6个月后还田，在生产型牛场中还未见到有沼气发电的设备，所以集粪池是他们处理粪便的主要方式。

（2）牛休息区　在德国牛场设计中，卧床是奶牛最主要的休息区域，卧床高度在27 cm到30 cm；德国牛场的卧床设计主要有两种，分为高卧床和深卧床（下陷式卧床）。两种卧床设计各有优缺点：高卧床一次性建设成本较高，维护成本较低，在水平的卧床面上还需要铺设橡胶垫以避免磨损牛的肢蹄，这种设计在干燥地区较为适用，而在潮湿地区则不利用奶牛与卧床接触面的透气性，还需要在橡胶垫上铺上一层沙子；深卧床修建较为简便，奶牛卧在上面也较为舒适，但是需要周期性补充垫料，维护成本较高，每头牛每年用于卧床垫料和人工的成本共需要80～120欧元。在所参观的牛场中以深卧床居多，卧床垫料厚度在10～20 cm。卧床垫料的材料一般有两种，在具有粪污干湿分离系统的牛场通常将干物质含量达到20%的分离后粪渣与石灰石粉混合成为干物质40%～50%的卧床垫料；更为常见的是利用秸秆和石灰石粉的混合物做成卧床垫料，利用250～300 kg秸秆、1 000 kg石灰石粉和250 kg水通过搅拌车混合后用于卧床垫料。上述两种垫料相比于国内常用的沙子垫料可以减少因经常需要沙子而引起的环保压力，同时由于这两种垫料不容易结块而对于奶牛的舒适度有利；虽然每年用于卧床维护的成本很高，但是提高奶牛舒适度和休息时间所带来的收益要远远大于成本投入，因此可以在国内进行推广使用。

在牛舍设计中其他有利于奶牛生活和生产的设备还有体毛刷、照明和电扇等。体毛刷是德国牛场中广泛使用的提高奶牛舒适度和抵抗力的简便设备，同一台体毛刷在水平方向和垂直方向上均有一件自动滚动的毛刷，可以保证刷到牛体的不同部位。体毛刷周围奶牛活动半径应在2 m以上，每40～50头配备一台体毛刷。照明和电扇也是牛舍中必不可少的设备，照明是奶牛夜间行走安全和采食量的重要保障，在高温高湿的夏季电扇则是提高奶牛舒适度的必要措施。

3. 德国牛群健康管理

牛群观察是养牛者每天必不可少的工作内容，主要包括牛群健康度和舒适度的观察。首先需要查看牛群的牛体洁净度，如体毛、乳房、是否干燥清洁，这与室内环境卫生控制密切相关;同时还需要查看肢蹄、关节是否有磨损的地方,这也与卧床设计是否合理、维护是否及时相关联。观察奶牛的精神状态,包括听觉、嗅觉、视觉以及反应灵敏程度等,奶牛的听力、嗅觉以及视角度都要大于人类,因此在与奶牛相处时一定要安静。德国养牛者强调奶牛行为学和牛群社会关系的研究,通过牧场设计和管理与牛平和的相处。牛群的层级关系是根据体重、强壮程度、经验、是否有牛角和熟悉程度等确定的,处于动态变化状态,每头牛所能识别的奶牛在 80 头左右,超过 120 头就会对奶牛产生一定的压力,牛群继续扩大至 130 头以上牛群由于相互识别度低而重新处于平衡状态,因此在进行牛群管理尤其是调群要特别注意牛群的社会关系。

奶牛每天用于休息的时间在 12～14 h,躺卧可以使奶牛的肢蹄得到休息,增加奶牛的反刍次数和强度,同时奶牛的血液循环也得到加强,因此奶牛每天在卧床上躺卧休息时间与奶牛的干物质采食量、消化利用率、健康度以及生产性能均有直接关联。观察牛群中处于躺卧休息状态的牛所占的比例,一般情况下,牛站立在卧床上的比例很低,过多的牛站立在卧床上时,就需要检查卧床的硬度以及是否需要补充垫料了。观察卧床垫料干净程度,10%的卧床有粪尿是正常的,比例过高说明卧床设计的长度尺寸过长,浪费空间并会增加卧床的维护成本,比例过低则说明卧床设计的尺寸过小,奶牛躺卧和起立就非常困难并严重影响奶牛的休息。

通过检查奶牛的瘤胃蠕动判断奶牛消化功能是否正常,通常每分钟奶牛瘤胃收缩 2～3 次,最低要高于每 2 min 3 次;奶牛每天用于反刍的时间在 8～12 h,因此观察反刍次数和强度也能判断日粮配制是否合理,理想状况下每个食团的咀嚼次数在 55 次以上。通过粪筛检查粪中是否含有过多的未消化物,分析奶牛的健康状况。粪便过稀意味着瘤胃易消化蛋白、淀粉等过量、粗纤维缺乏、配方中能量过剩或奶牛患病。粪便过稠意味着瘤胃易消化蛋白、淀粉等不足、饮水过少或牛患病。观察奶牛在挤奶时是否还在反刍,这也是奶牛是否处于放松状态的重要标志,若挤奶时进行反刍的牛所占比例过低,我们就需要检查奶厅地面设计、挤奶压力、是否有暴力赶牛等环节。

牧场管理是由许多细小环节组成的,注重细节管理,对问题进行提前准确分析和及时处理,让牛健康生产,持续创造效益是我们的目标。

4. 德国牛群饲养管理及日粮营养

德国牧场采用定额制,因此德国牧场在饲养管理过程中更加重视奶牛健康度,而并不是以产量为首位。

犊牛出生后犊牛出生 2 h 后与母牛分离,打上专用的耳标并采集耳组织,耳组织之后会送往检测机构进行 BVD、IBR 等疾病的测定,出生后 2 h 内必须饲喂初乳,将犊牛在犊牛岛内培育至 2 周后转入群养,开始使用自动喂奶机饲喂,并逐步加入精料,而公犊在饲养两周后出售。犊牛在饲喂 8～12 周后断奶。2～19 月龄后备牛日粮以草青贮和玉米青贮为主，加入少量精料补充料。部分家庭式农场对于怀孕大青年和干奶牛采取的是放牧形式，每天定时补充矿物质饲料。

产前 2～3 周牛只转入待产圈，日粮以草青贮和玉米青贮为主，同时补充少量预混料。泌乳牛每天饲喂以 20～25 kg 产量为基础的半 TMR 日粮，另外在挤奶机器人中配有精料补充料，当牛只进入机器人后，识别器将根据每头牛的产奶量来确定精料补充量的多少。牛场每月对每头牛的牛奶采集，进行生产性能测定，根据测定结果来分析牛只的健康情况及日粮营养情况。注重牛奶中尿素氮的测定，通过牛奶尿素氮含量来确定日粮中蛋白质是否充足或过剩。在日粮配制时，要重点关注粗纤维的含量，以保证足够的纤维摄入，保持瘤胃健康。

本次考察走访的牛场采用的是挤奶机器人，每台机器人每天可以挤 60～70 头牛，平均挤奶次数为 2.5～2.7 次。产犊后经产牛直接进入挤奶群进行挤奶，而头胎牛产犊后，技术人员要及时将其识别器信息录入主控电脑，在首次进入机器人挤奶时，技术人员要根据其乳房情况进行机器人手臂位置调整。在应用挤奶机器人的牛场中，对于工作人员的技术水平要求比较高，一旦机器出现问题时必须马上解决。采用机器人挤奶比普通奶厅挤奶成本高 1～2 欧分/L 奶。

5. 德国种公牛选育及管理情况

(1)公牛选育技术　由专职人员负责公牛选育，主要是直接从奶牛场选育，进站前进行基因组检测(150 欧/头，目前德国有 2 家实验室可做)，优秀公牛方可进站，每年引进 35～40 头，每头种公牛价格在 10 000 欧元以上。传统育种方法约淘汰 95%的后备种公牛(动态数据)。

德国是最早开展牛基因选育的国家之一，可靠性已达 70%(后裔测定的验证公牛可靠性可达 90%)。目前，德国每年通过基因组选择验证的种公牛头数在 150～200 头。大概有 30%～50%的牛场在使用基因组验证公牛(丹麦和法国为 50%，美国为 40%)。由于奶牛基因组选育技术的出现，每年后备青年公牛选择范围从传统后裔测定选育技术的 1 000 头扩大到基因育种技术的 10 000 头，选育的时间间隔由 6 年变为 1 年，提高了选择强度，极大的加速了奶牛遗传进展。

基因组选育评估：奶牛具有 41 个特征，产奶 45%、寿命 20%、外貌(肢蹄及乳房)15%、乳房健康 7%、繁殖力 10%、产犊 3%。

(2)种公牛管理及健康保健

①犊牛管理　公牛一般 3 月龄进站，12 月龄所有公牛投喂磁铁，打鼻环，1 岁以下的公牛，采集颈背部毛发，做 DNA 亲子鉴定，但一般多采用血液检测。

②垫料及牛粪处理　用麦秸作垫料，提高牛只站立及卧趟的舒适度，同时也可供公牛自由采食。每周用机械清理采食及休息区 2 次，一般在早上进行，1 h 可完成清理

和铺垫工作。牛粪和垫料堆积后直接还田或用于沼气发酵。

③牛体驱虫　新引进的犊牛背部浇泼 20 mL 5 mg/mL 的伊维菌素乳液(适用于育肥牛及非泌乳牛),一年一次。成年公牛由于舍饲,寄生虫病较少,一般背部浇泼溴氰菊酯,0.75 g/100 mL,一年 3 次。

④修蹄及护蹄。每年 4 月和 9 月由专业修蹄公司修蹄,采用电动翻转保定架和电动修蹄工具,效率很高。费用为 12 欧元/头牛。定期用戊二醛对蹄部进行消毒杀菌,4 周 1 次。

⑤免疫及疫病防控

a. 对不爬跨或未开采的犊公牛,直接用注射器和连接塑料导管将液体注入阴筒,揉捏后收集于塑料杯再倒入试管中;对爬跨采精的犊公牛,采精后用液体冲洗采精套并收集液体于试管中,送检毛滴虫和胎儿弯曲菌病。

b. 为了销售精液,成年公牛每月采集血液检测蓝舌病,但犊牛及后测公牛不检测。

c. 犊牛在转入后测公牛站前,需检测的疾病:

BVD/MD(病毒、抗体)、BHV1(牛疱疹病毒 1 型)、蓝舌病(病毒、抗体)、白血病、布病、Q 热、钩端螺旋体病(哥本哈根型、流感伤寒型、犬型、哈尔乔型、Sejore 型、拜伦型、波摩拿群)。

公牛不做疫苗免疫。

⑥清洁消毒　定期对圈舍进行清理,但只对采精大厅进行消毒,每周 2 次。入口处有消毒脚垫,对来访人员要求更换工作服。

(3)主要疾病及兽医费用　主要疾病为肢蹄病,如蹄底溃疡、增生,关节肿胀等。每头成年公牛每年疾病检测(包括每月蓝舌病检测,修蹄)及兽医治疗费用约为 300 欧元。

4.3.2　学习心得与体会

1. 机械化程度高,从业人员教育程度高

德国的牛场普便采用一机多用模式,一个牵引机身,多种挂头,既可以当铲车,又可以当清料车,还可以当作拖车,极大地节约了劳动力。在牧场工作人员都是专业学校毕业的实习生或者受过高等教育的人员,技术水平比较高。同时对牧场工作热情和积极性高。

2. 注重细节管理,奶牛舒适度高

德国圈舍设计很精细,规划得当,实用性强。同时为了提高奶牛舒适度,在饮水槽、体毛刷的位置设计上科学合理。体毛刷周围奶牛活动半径在 2 m 以上,每 40～50 头配备一台体毛刷。照明和电扇也是牛舍中必不可少的设备,照明是奶牛夜间行走安全和采食量的重要保障,在高温高湿的夏季电扇则是提高奶牛舒适度的必要措施。每天必须对卧床进行清理,保证奶牛躺卧时的舒适度。

3. 联合育种的模式值得借鉴

奶牛育种协会和养牛农户运用市场规则共同组成了牛育种联合体，达到了育种协会和养牛农户双赢的效果。

4. 完善的社会化服务体系

德国牛的育种和养殖采用以农户为基础的协会制和联合会制模式，各协会、联合会均将服务于农户、提高农户技术水平和增加收入列为重要的工作内容，协会设有专门的技术服务机构，为会员提供全方位的技术服务和培训（图 4-3）。

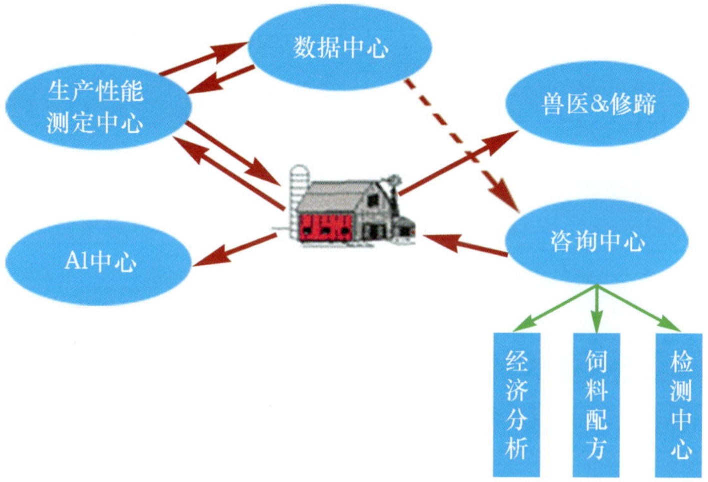

图 4-3 德国社会化服务体系

5. 完善的奶牛育种组织

德国有 40 个牛育种组织，23 家牛人工授精中心，14 个牛生产性能记录组织。德国养牛者联合会，是一个全国性的综合组织，它是由 22 个养殖者联盟、13 个育种和人工授精组织以及 14 个产奶性能检测组织组成的。另外还有两家数据中心 Vit、LFL。

（1）Vit 数据中心 Vit（Veneimgte Informations systym Tienhaltung W. V.）是一个非营利性公司，测定数据包括牛、猪、羊/山羊等，以及基因评估 6 个奶牛品种（荷斯坦、红荷斯坦、娟姗、红牛）。

（2）LFL 数据中心 主要针对肉牛如西门塔尔、瑞士褐牛和黑牛的性能测定。

6.“双轨制”教育模式值得借鉴。

德国的双轨制教育独具特色，值得我们借鉴。即在对学生进行学历教育的同时，又根据人才需求对学生进行职业技能培训，使学生在毕业时既能取得国家承认学历的专科、本科毕业证书，又能获得职业技能证书。学员既能学到理论知识，又能学到实际生产技能，从而为奶牛场源源不断的培养优秀的实用技术人才，如 Trisedorf 培训学校（图 4-4）。

图 4-4　2013 年赴德国考察团培训照

（王志刚等

2013 年 9 月）

4.4　赴德国执行中德畜牧业创新中心——家畜选种选育技术培训报告

为加强中德畜牧业技术合作与交流，落实中德合作项目——中德畜牧业技术创新中心任务，2014 年 9 月 8 日至 9 月 28 日，全国畜牧总站组织国内有关专家、中方项目示范单位代表、牛和猪育种企业技术与管理人员共 19 人，赴德参加为期 21 天的育种与管理技术培训（图 4-5 至图 4-7）。培训分为牛业和生猪两部分，养牛培训主要在黑萨森州的艾希荷夫农业培训中心、萨克森州动物饲养与环境中心、巴伐利亚州 Triesdorf 农业培训学校等培训机构。代表团听取了德国项目单位诺丁林种公牛站、德国宝牛育种中心（BVN 公司）、巴伐利亚遗传公司、凯斯乐耳标公司、DSP 牛群管理软件公司等公司的介绍，参观了德森州活牛拍卖市场、黑撒森州的农业综合展览会。学习了牛群管理、牛场设计、牛的繁殖、犊牛饲养管理、趾蹄保健、动物福利、牛场经济效益核

图 4-5　2013 年赴德国考察团全体成员照

图 4-6　2014 年赴德国考察团

图 4-7 2014 年赴德国培训团学员现场操作实习

算、青贮制作等技术。养猪业培训包括猪的育种、饲养管理、疫病防控、行业组织管理等内容，实地参观了德国种猪场、种公猪站、养猪设备公司、营养与食品研究所、种猪测定站、废弃物处理场、防疫检测中心和养猪教学培训中心等机构，与德国猪育种协会、猪业协会、德国宝牛公司等负责人进行了交流。

4.4.1 德国奶业生产概况

1. 养殖规模和模式

德国奶牛存栏数量位居欧盟首位，全国存栏 420 万头奶牛，分布在 9.1 万个牛场。奶牛养殖主要集中在西北部和东南部：西北部主要为荷斯坦牛，平均存栏规模 69 头；东部牛场规模较大，平均存栏 228 头；南部为西门塔尔牛及其他品种，平均存栏规模 34 头，一般为家庭牧场。家庭牧场的优势在于成本低、经营灵活，可以实现种养结合，最大限度减少生态压力。

2. 品种与生产性能

德国奶牛中荷斯坦牛占 60%，红荷斯坦占 6%，西门塔尔占 25%，褐牛占 6%，此外还有一部分其他品种。荷斯坦牛全群存栏 260 万头，其中 75% 为登记牛，85% 参加生产性能测定(DHI)。2012 年荷斯坦牛平均单产 9 097 kg，乳脂率 4.05%，乳脂量

369 kg;乳蛋白率 3.38%,乳蛋白量 307 kg。德系西门塔尔牛耐粗饲、抗病力强、乳中干物质含量高,公牛育肥效果好,年平均单产 6 700～6 800 kg,平均乳脂率 4.15%,乳蛋白率 3.5%。巴伐利亚州奶牛存栏 124 万头,其中德系西门塔尔牛占 76.7%。

3. 牛奶生产

牛奶在德国畜牧业中占有重要地位,总产值占德国畜牧业产值的 45%,占农业总产值的 20%以上。德国牛奶生产实行配额制,质量控制非常严格,依托第三方开展牛奶质量检测:主要测定乳脂、乳蛋白、体细胞、细菌数、冰点、抗生素残留等指标,检测结果反馈给奶站,奶站据此向奶农结算奶价。集体制奶站和牛场之间是通过合同以质论价,而大部分私营奶站是即时议价。

4.4.2 德国奶牛育种现状

1. 育种机构及运行

德国北部是荷斯坦牛重要发源地。早在 19 世纪后期,德国就开展奶牛良种登记。目前德国有 12 家育种公司,23 个人工授精中心,14 家生产性能测定中心,注册登记母牛 190 万头,登记规模世界第一,每年 DHI 测定奶牛 230 万头,占奶牛存栏总规模的 85%。德国荷斯坦协会是荷斯坦牛育种核心机构,主要负责制定育种规划、育种组织协调、育种数据发布等。各州乳品检测中心负责辖区内奶牛生产性能测定,并将数据传输给 VIT 数据中心;位于威登的 VIT 数据中心负责数据处理和遗传评估,发布公牛育种值。荷斯坦协会、生产性能测定中心、VIT 数据处理中心各自独立,确保了数据的可靠性。

2. 德国奶牛育种指数

平衡育种是德国奶牛育种的显著特点,RZG 是奶牛总性能指数,是德国奶牛育种值综合排名的依据。该指数综合考虑影响养殖效益的各类性状,并依照经济重要性加权构成综合的总性能指数。各类性状的组成及权重中,生产性状(RZM)占 45%;长寿性状(RZN),占 20%;体型性状(RZE)占 15%;繁殖性状(RZR)占 10%;乳房健康(RZS)占 7%;产犊难易性状占 3%。通过平衡育种,德国荷斯坦牛具有肢蹄强健、健康长寿、繁殖性能好、便于管理等特点,平均单产 9 000 kg 以上,乳蛋白率 3.3%以上,乳脂率 4.0%以上,淘汰年龄可达 5 岁以上。

3. 主要育种公司

(1)诺丁琳　诺丁琳是德国最大的奶牛育种公司,在下萨克森州有 2 个种公牛站,在萨克森州有 1 个种子母牛场。公司下设人工授精中心、活畜销售部、生物技术实验室。人工授精中心拥有 200 台人工授精车,250 名配种员,年销售额 1.7 亿欧元。会员牧场数量8 350 个,覆盖 70 万头奶牛,冻精年销量 305 万剂,其中出口冻液 100 万剂,性控冻精 3 万剂左右。诺丁琳每年培育后备公牛 1 000 头，通过基因组选择和生物技术，每年选育 85 头优秀青年公牛，所有公牛全部开展基因组测定，不再主动开展传统后裔测定。在销售的冻精中，70％为基因组测定，30％为后裔测定冻精。基因组测定优秀公牛依靠完善的育种体系，可以及时获得后代女儿成绩，用于评估基因组测定的准确性。

(2)德国宝牛育种中心(BVN)　BVN 是德国 5 家育种协会之一，总部设在诺伊施耐德市，拥有 110 名工作人员、120 名育种技术人员、200 名人工配种员和兼职兽医。拥有会员企业 20 000 家，平均每家会员牛场(农户)存栏规模为 40 头产奶母牛。BVN 为会员农户提供的服务项目包括育种、人工授精和胚胎移植等，帮助农户进行计划选配和遗传评定等。BVN 用来采精的种公牛多数选自会员农户，为确保随时提供足够数量的种公牛，BVN 每年检测 300 头公牛，有 30％获得冻精生产许可，3％作为有计划的育种材料。BVN 会员牛场提供 25％的母牛用于后测。

(3)巴伐利亚遗传物质公司(BG)　BG 总部位于慕尼黑，有 80 多年的历史，有 200 名配种员、200 名兽医，在德国和澳大利亚有会员企业 25 000 家，在奥地利、意大利和捷克也有会员企业。BG 现有种公牛 600 余头，主要品种为德系西门塔尔牛，年轻公牛从 750 万头登记奶牛群体后裔中挑选，每年可生产冻精 300 万剂。公司每年购买 100 多头经过基因检测的公牛，每头公牛有 2 000 剂冻精用于后裔测定，四年后可得到后裔测定成绩和德系西门塔尔育种值数据。

4.4.3　奶牛养殖模式

德国劳动力成本较高，因此奶牛养殖机械化、信息化和智能化程度非常高，包括饲料作物种植、牧草收割、青贮制作，到精料计量采食、犊牛自动饲喂、TMR 自动饲喂，再到机器人挤奶、发情检测、数据采集、自动化粪污处理、环境控制系统等环节。几乎所有牛舍都设计了自动刮粪系统，实现自动清粪，部分牛场采用自动 TMR 饲喂系统，原料由专业公司供应并提供技术服务，根据配方实现自动混合搅拌、自动撒料，牛场应用机器人挤奶越来越普遍。德国第一台机器人挤奶系统(AMS)出现于 2001 年，2006 年德国有 344 台 AMS，2010 年有 600 台 AMS，仅次于传统挤奶设备数量(780 套)，黑森州运行效率最高的一台设备每天挤奶 60～70 头，头日产 36 kg，每天平均挤奶 3.2 次。德国奶牛养殖社会化服务体系非常发达，涵盖数据记录与分析、兽医、繁殖、修蹄、饲料保障、粪污处理、牛奶检测与销售等奶牛养殖各个环节。

4.4.4　奶牛饲养管理

1. 牛舍设计

德国森林覆盖率为 40％，大多数牛舍建设采用木质结构。大部分牛舍采用自由散栏设计，可以实现全天自由采食、自由躺卧休息。很多牛场在通道上铺设橡胶垫，降低肢蹄发病率。安装风扇和喷淋装置，降低热应激，最大限度提高产奶性能。卧床设计合理，保证奶牛充分休息，确保产奶潜能发挥。卧床垫料就地取材，一般包括沼渣、干草、木屑、沙子等。在建筑上注意牛舍采光、通风，保证奶牛呼吸系统健康，并提高繁殖性能；多数牛舍配置卷帘，实现冬季防寒保暖。

2. 犊牛饲喂

犊牛出生后 2 h 以内饲喂 3 L 左右初乳，第 0～3 天，饲喂于犊牛岛内，饲喂初乳。第 4 天开始打开运动场，饲喂犊牛 TMR 饲料（不饲喂开食料），自由采食，4～5 天继续饲喂过渡初乳。第 6～10 天饲喂全乳。第 8 天开始加代乳粉，至第 11 天全部饲喂代乳粉。7 天内打耳标。产后 3 周以前饲喂全脂代乳粉；3～6 周后饲喂植物源性代乳粉。3 周后转群，6～10 头/群，通过自动饲喂系统饲喂。犊牛在 9 周时开始减少奶量，12 周断奶。公犊牛 80 kg 出售，母犊牛 120 kg 出售。

3. 奶牛分群与饲养

奶牛根据泌乳阶段和产量分成 5 个组：新产、高产、低产、干奶、围产前期。新产群单独饲喂，单独挤奶，便于监管，产后灌服 14 L 补液盐。产后 6 天内是新产的第一阶段。6 天以后整体转群到大群饲养，但是配方一样，都是新产牛料。继续观察发情/反刍情况，定期开展粪便评分。产后一周内每天检测体温，并且闻气味，监控胎衣不下，子宫炎。头胎牛单独分群。干奶牛分两群，一群低能饲喂，二群为产前 2～3 周，要注意钙磷比，保证肌肉功能，防止胎衣不下，产瘫，真胃移位，影响挤奶后乳头肌肉恢复从而导致乳房炎。重点关注钙，硫，钾。奶牛饲料包括全株玉米青贮、苜蓿草/黑麦/燕麦草青贮、干草/秸秆、黑麦/玉米、甜菜颗粒、矿物质等。饲料原料主要结合当地作物，以满足奶牛营养需求为目标，实现经济效益最大化。各州检测中心负责对饲料原料进行检测，建立当地饲料原料数据库，牧场据此设计配方。

4. 青贮制作

德国青贮种类主要包括玉米青贮，燕麦青贮，苜蓿青贮。制作苜蓿青贮时，添加专用青贮添加剂，收割后晾晒 24 h，以去除水分。苜蓿每年收割 4 茬，干物质含量可以达到 35%～38%，因此 TMR 日粮中不再添加羊草等干草。青贮制作的关键是要有足够的压强。压制青贮时呈 U 形压制，制成后呈山丘形。覆盖青贮的塑料膜有两层，外面一层较厚，里面有一层透明塑料薄膜，可以吸附在青贮表面，促进空气排出。同时它也是无毒的。在青贮窖墙壁内侧要贴一层塑料薄膜，然后对折到青贮窖顶部，确保雨水不进入青贮。在塑料薄膜外面覆盖一层纱网状布，是用来防鸟的。上面压轮胎和沙袋。玉米青贮收割长度为 0.5～1 cm，而苜蓿青贮，底部长度为 4～8 cm，顶部 2～4 cm，不得短于 2 cm。

4.4.5 职业技术培训

德国从业人员教育系统比较完善，一般实行双轨制教学，一部分时间在大学学习理论，一部分时间到培训中心进行各种专业技能的培训，使其掌握基本的实际操作技能，考核合格后才能毕业。几乎每个州都有职业培训学校，有官方培训机构，经费主要来自政府预算，收取部分费用开展有偿技术服务。

4.4.6 畜牧法律法规

在德国，畜牧业上的法律法规非常健全，德国从事畜牧业的人员及农场主严格按照法律法规执行。如畜禽品种的登记工作，所有的畜禽品种出生后必须进行品种登记，出生登记的号码是此种畜的终生号码，一直到此种畜的淘汰，屠宰，耳标号码终生制，此项工作一是可以让政府及相关管理部门能够准确及时的了解各种种畜禽的存栏情况，同时畜禽的整个过程做到可追溯，确保了食品安全；在牛的系谱档案的建立上，也有相关的法律规定；牛奶的卫生、兽医的从业等都有相关法律规定，牛奶的异物、牛奶中的抗生素、牛奶的冰点、牛奶加水等法律法规都做了明确规定，牛奶的价格与牛奶中的各种成分含量直接挂钩，奶农严格遵守法律法规的规定进行畜牧业生产。

（孔亮（团长）王志刚、倪俊卿、麻柱、巴登加甫•依尔廷加、王彦平、
解峰、申磊、尉景宝、侯孝国、何佳、张卫杰、朱芳贤、吴珍芳、
黄定寿、刘连国、严国祥、罗云、吕学斌
2014 年）

4.5 德国巴伐利亚州奶牛育种与牛场管理考察报告

根据《中德畜牧业技术创新中心——中国牛业发展合作项目实施方案》，全国畜牧总站组织中方有关管理人员和专家 3 人，于 2016 年 11 月 9 日至 11 月 12 日，赴德国巴伐利亚州考察奶牛育种与牛场管理情况。在中、德项目实施单位精心组织下，经考察组全体成员共同努力，圆满完成了各项考察任务。

4.5.1 考察情况

本次赴德国巴伐利亚州主要考察交流牛产业链的有关环节，包括政府管理部门、科研单位、种公牛站、家庭农场等，先后拜会了巴伐利亚州农业局局长 Maximilian Putz，就德国、尤其是巴伐利亚州牛育种和饲养进行了座谈和交流；参观了巴伐利亚州

克鲁勃实验站，深入了解牛的育种和饲养实验；参观了德系西门塔尔牛、褐牛、荷斯坦牛等三个牛示范场，涵盖舍饲为主、人工草地放牧为主、山地放牧为主等三种饲养模式；参观了梅明根公牛合作社，合作社总经理 Konrad Bischof 先生详细介绍了褐牛的选育过程及合作社运营情况。本次考察内容丰富，交流充分，非常有助于我们了解德国牛业发展状况、育种及饲养技术和管理理念，我们感到收获很大。

4.5.2 德国巴伐利亚州奶牛育种与饲养管理情况

巴伐利亚州是德国养牛大省，全州有 8 家牛冻精站，17 家牛育种协会。据巴伐利亚州农业部的统计数据显示：2015 年巴伐利亚州登记牛只数约 322 万头，其中 77％为德系西门塔尔牛牛，褐牛占 12％，荷斯坦牛占 10％。

1. 弗莱维赫牛

2015 年，巴伐利亚州弗莱维赫平均产奶量 7 612 kg，乳脂率 4.14％，乳蛋白率 3.5％，产犊间隔为 392 天。平均育肥期 18.9 月，屠宰重为 733 kg，胴体重 412 kg。巴伐利亚州弗莱维赫牛的育种组织是一个以养牛农户（家庭农场）为基础，由联合会、协会、企业、政府及农户共同参与的联合育种组织体系。政府及科研部门（巴伐利亚州农业研究中心 LFL）负责制定遗传评定方法，设立育种评估信息机构，为行业发展提供公正公开地信息支持。养牛农户组织起来，成立地方育种协会；养牛农户以会员制企业的方式成立人工授精组织。

巴伐利亚遗传物质公司（BG）总部位于慕尼黑，已有 80 多年历史，现有种公牛 600 余头，每年可生产冻精 300 万剂，该公司每年还从当地牛场购买 100 多头经过全基因组检测的公牛。弗莱维赫牛在德国的数据采集和测定工作，由专门的奶质及肉质监控组织完成，然后提交给巴伐利亚州农业研究中心（LFL）进行数据处理，最后由 LFL 在其官方网站上公布育种评估结果。这样做，可以使农户能够了解最全面的信息，以便选购自己需要的种公牛精液。

本次考察走访了 1 家弗莱维赫牛家庭养殖农场，农场由 4 人经营，有约 100 hm^2 的土地，种植青草、玉米、麦类等作物，以提供奶牛所需的青贮饲料和精饲料。约有挤奶母牛 100 头，平均产奶量为 10 000 kg，每头母牛的利用胎次约 6 年。产下的公牛犊喂养 4～5 周，体重达 80 kg 时出售给专门的犊牛育肥公司，售价约为 500～600 欧元，母牛犊一般自己留下饲养，育肥后胴体重一般在 450～550 kg（全国平均 412 kg）之间，每 kg 售价约为 3.5 欧元，淘汰母牛可以得到 1 600～ 1 900 欧元收入。弗莱维赫牛基本是舍饲，饲料采用玉米或青草青贮，加上玉米、豆粕、添加剂等精料组成全混日粮（TMR），采用鱼骨式挤奶厅。牛的粪便全部实现了无害化处理，利用牛的粪便、圈舍垫草料和多余的饲草料生产沼气，有时候还添加青贮饲料。

2.德国褐牛

德国褐牛主要分布在巴伐利亚西南部、阿尔卑斯山附近的高原地带。褐牛体格健硕，容易养殖，肢蹄健康，运动能力强，使用年限长，肉中蛋白质质量高，适合高原山区、水草丰富的地区。德国共有登记褐牛母牛头数约13.9万头，平均产奶量7 430 kg，乳脂率4.24%，乳蛋白率3.57%，平均利用年限45.1个月。巴伐利亚梅明根褐牛育种合作社位于德国最南端，距阿尔卑斯山仅70 km，成立于1950年，拥有5 000名会员。合作社种公牛站有员工40名，其中20名为人工授精技术人员，拥有种公牛160头，平均体重600～650 kg。育种值评估产奶量占50%，健康度占45%，肉质占5%。每年配种数量为30万头次，有部分冻精用于与荷斯坦奶牛杂交，虽然杂交后代的产奶量会下降约1 000 kg，但健康情况有明显提高。

考察团考察了一家褐牛养殖家庭农场，有150头泌乳褐牛，平均产奶量9 000 kg，乳脂率4.23%，乳蛋白率4.0%，由于褐牛牛奶干物质含量高，适于制作干酪，一般7.5 kg奶可以制作1 kg干酪，荷斯坦牛奶需要10～11 kg奶生产1 kg干酪。由于褐牛奶品质高，每升褐牛奶比荷斯坦牛奶贵5欧分，养褐牛将给养殖户带来给多效益。

3.德国荷斯坦牛

德国荷斯坦牛起源于德国北部，约占德国奶牛总数的63%，是德国第一大奶牛品种。全德约有荷斯坦登记母牛173万头，是全球最大的荷斯坦牛登记群体。平均产奶量9 291 kg，乳脂率4.00%，乳蛋白率3.38%，平均利用年限36.7个月，平均终身产奶量27 601 kg。德国荷斯坦牛的数据采集和测定由专门的牛奶质量检测组织(MQD)完成，然后提交给牛群数据处理中心(VIT)进行数据处理，并在其官方网站上公布育种评估结果。

本次考察走访了1个荷斯坦奶牛家庭养殖农场。该农场持续经营10代人，有2 000 hm^2 土地，种植玉米和青草，有荷斯坦母牛2 000头，其中泌乳牛1 400头，平均单产8 900 kg。牛场由15人经营，年产1万t牛奶。粪便全部用于沼气发电，每天发电量500 kWh，可增加额外收入，沼渣还田做肥料，既做到了循环利用，又增加了收入。

4.牛登记情况

德国畜牧数据处理中心(VIT)是一家协会性质的组织，由生产性能测定机构、登记组织、育种组织和配种组织四类机构组成。欧盟规定，所有牛出生7天内必须到信息处理中心登记，所有犊牛都有一个耳标，在欧盟范围内终生使用，没有耳标的牛只不许出售和购买，监控组织会组织检查，如果查到牛没有及时登记，牛场会被关闭，各类补贴也会取消。登记内容主要包括母亲、出生日期、品种、牛场、功能性状。VIT是独立第三方机构，不属于任何部门，仅是处理数据。

4.5.3 收获体会

1. 牛个体登记是牛场管理现代化和牛群遗传改良的基础

在考察过程中发现，由于欧盟对牛个体登记的严格规定，德国所有牛均佩戴电子耳标，这样既便于牛场利用现代化手段管理，也利于牛的育种和信息追溯。如利用自动喂奶机可控制某头犊牛的进食量，饲槽上的电子接收器可以记录某头牛的饲料采食量，挤奶设备可以自动记录某头牛的产奶量等等；同时，准确的登记信息也为正确地开展选种、选配工作打下良好基础，即根据公牛的后裔测定信息、奶牛的生产性能测定数据，可选出优秀种公牛与尖端种子母牛群进行选配，从而使牛群质量不断得到改进和提高。

2. 现代化技术和设备在牛场中的作用越来越突出

德国奶牛养殖户大多都是家庭农场，养殖规模多在100～500头之间（占61%），还有相应数量的耕地用于种植养牛所需要的玉米、青草等，工作量巨大，而劳动力只有3～4人，因此越来越多的现代化技术和设备在农场中得到应用。如利用机械设备进行玉米和青草的收割、晾晒、打捆、青贮制作等；利用喂奶机器人进行犊牛的饲喂；利用投料机器人进行青贮和各种精粗饲料的称量、混合制成全混日粮（TMR）并按设定轨道进行自动投喂；超过2%的家庭农场采用挤奶机器人进行挤奶等。据了解，一台挤奶机器人售价约为13万欧元，可负责60～80头牛的挤奶工作，每天可24 h连续工作，其中挤奶时间23 h，清洗消毒时间1 h，使用寿命可达15年以上，据测算使用机器人挤奶其每千克牛奶成本仅增加0.01欧元。这些技术和设备的应用不仅避免了昂贵的人工费用支出，也使牛场的运行和管理更加科学、精准，对饲料的合理有效利用、奶牛生产能力的提高和健康状况的改善都起到了很好的作用。

3. 联合育种的模式值得借鉴

考察发现，德国各类奶牛育种协会和养牛农户运用市场规则共同组成了牛育种联合体，达到了育种协会和养牛农户双赢的效果。养牛农户可享受育种协会提供的优惠价冻精和各种服务，在育种组织的指导下有目的地选择适宜公牛精液，以提高本场牛群的生产能力。如农户家有公牛被育种协会选中作为后备公牛的话，双方可签订协议为生产精液，每剂精液农户提成0.5欧元，这样也给农户带来可观的收入。广大养牛农户既是育种协会的冻精销售市场，又是育种协会后裔测定的试验平台，更是育种协会育种的坚实基础。而育种协会不仅是农户优质冻精的提供者，还为农户提供所需的技术支持以及如何增加养殖收益的综合建议。

4. 生态循环生产方式得到广泛采用

在德国每个牧场都有一定数量的土地，养牛所需的青粗饲料和精饲料大多产自牧场主耕种的土地。德国规定，每公顷土地最多养2头牛，土地不够可以租用他人土地。土地按政府要求管理的话，每公顷土地每年可获得300欧元补贴。土地一般种植人工牧草和青贮玉米，种植谷物作精饲料。牛的粪便全部实现了无害化处理。或集中储存发酵后直接还田，或用来生产沼气，沼气发电，沼渣还田作为肥料，形成了良好的生态循环生产方式。沼气发电并入公用电网，由国家按高于民用电价回购，这样既保护了环境，又给牧场主带来可观的经济效益。

5. 完善的社会化服务体系

德国牛的育种和养殖采用以农户为基础的协会制和联合会制模式，各协会、联合会均将服务于农户、提高农户技术水平和增加收入列为重要的工作内容，协会设有专门的技术服务机构，为会员提供全方位的技术服务和培训：如在选种选配上，指导农户有目的地选择不同公牛，提高本场牛群的生产能力；粪污处理及沼气发电等也都有社会化的技术公司提供专业服务。这种完善的社会化服务体系，可使奶农的养殖变得更加轻松和简单，没有后顾之忧，同时又可以根据专业建议大大降低各种成本、减低风险、提高效益，有力地保障了德国养牛业的健康和持续发展。

4.5.4 几点建议

1. 我国应尽快建立健全养牛生产和育种体系

养牛生产体系是指种公牛站利用验证公牛的冻精有目的地杂交改良农户牛群的性能，以提高牛群的综合生产能力。公牛站向养牛农户供应的冻精，是有后裔测定成绩、有登记、有生产性能检测的验证公牛的冻精。验证公牛要从后备公牛中，经过4～5年的后裔测定，遴选出10％～20％优秀种公牛并通过政府有关机构的审定，才可以使用。在使用后的几年，还要继续进行后裔测定，直到这些验证公牛失去价值为止。我国应借鉴德国上述种公牛站与养牛场相结合的联合育种的模式，同步培育和发展好养牛生产体系和养牛育种体系，使两者相辅相成。养牛农户组织起来的生产体系只有和育种体系相结合，才能提高综合生产能力。

2. 大力推广应用现代化技术和设备

我国幅员辽阔，地区间的差异性大，经济发展水平不平衡，形成了农户、专业户、大农场、规模化饲养小区等多种奶牛饲养模式并存的局面。在我国部分地区，畜牧业生产应借鉴德国模式，推广应用标准化、现代化养殖技术和设备，提高生产效率。

3. 引导行业组织发挥更大作用

德国的畜牧业产业组织在行业发展过程中，既维护农民利益又为农民提供公众服务，起到了政府部门不可替代的作用。政府部门赋予农民合作组织许多权利，如行业规章制定、产品质量检测、技术标准和规范制订、技术推广、政府补贴发放、质量认证、市场监督等许多工作多交由行业组织办理。而我国行业管理方式单一，行业组织不能发挥其应有的作用，政府应逐步将部分职能下放，积极引导行业组织找准位置，搞活社会化服务体系，发挥更大作用。

4. 大力推进现代绿色畜牧业发展

德国土地产饲料—饲料喂牛—牛产奶产肉—牛粪便产沼气发电—电供生产生活用—沼气渣还田的循环农业生产方式，既防止了养殖废弃物对环境的污染，还给农场主带来可观的经济收入，对我们建设现代畜牧业具有借鉴意义，国家应该给予优惠政策和资金的扶持，加强养殖废弃物对环境污染的治理和综合利用，尤其要倡导农牧结合，促进清洁能源的生产和消费，实现养殖业的健康可持续发展。

5. 进一步提高中德畜牧业管理人员交流的深度和广度

中德合作项目已开展近 6 年多，在中德农业联委会的领导下，在双方项目实施单位的共同努力下，合作项目取得了积极进展（图 4-8）。但由于受中方资金投入不足等因素限制，导致项目培训、技术指导、交流等工作滞后，一定程度上影响了项目的顺利开展。建议中方加强对项目的支持力度，加强中德畜牧业管理人员就政策、制度等方面开展广泛深入的交流。

图 4-8 2016 年赴德考察团合影

（左玲玲、苏红田、邱小田

2016 年 11 月）

附录一　实施方案

1　中德畜牧业技术创新中心

——中国牛业发展合作项目

实施方案

（2011—2013 年）

Durchführungskonzept zum
Deutsch-Chinesischen Zentrum für
Technologie und Innovation in der Tierzucht
über das Vorhaben
„Kooperationsprojekt zur
Weiterentwicklung der Rinderzucht in China“

中方项目执行单位:全国畜牧总站

DURCHFÜHRUNGSEINHEIT DER CHININESISCHEN SEITE: NATIONAL ANIMAL HUSBANDRY SERVICE (NAHS)

德方项目执行单位:GFA CONSULTING GROUP GMBH 公司

DURCHFÜHRUNGSEINHEIT DER DEUTSCHEN SEITE: GFA CONSULTING GROUP GMBH

2011 年 11 月 4 日

04.11.2011

1.1 项目介绍

1.1 Das Projekt

(1)根据中华人民共和国农业部与德意志联邦共和国食品、农业及消费者保护部(以下简称"德国农业部")签署的《中华人民共和国农业部与德意志联邦共和国食品、农业及消费者保护部关于建立中德畜牧业技术创新中心意向书》的精神,项目执行单位中国农业部全国畜牧总站和德国 GFA CONSULTING Group GmbH(以下简称 GFA)经友好协商,制订本实施方案。GFA 是德国农业部直接授权的项目委托方,从事与其他国家之间在食品、农业和消费者保护方面的双边技术合作。

(1) Gemäß der Absichtserklärung zwischen dem Bundesministerium für Ernährung, Landwirtschaft und Verbraucherschutz der Bundesrepublik Deutschland (im folgenden „BMELV") und dem Ministerium für Landwirtschaft der Volksrepublik China (im folgenden „MfL") über die Zusammenarbeit in der Tierzucht (im folgenden „Absichtserklärung") wurde das getroffene Konzept durch einvernehmliche Absprache zwischen den Durchführungseinheiten, NAHS auf der chinesischen Seite und GFA Consulting Group GmbH auf der deutschen Seite, erstellt. GFA ist Generalbeauftragter des BMELV für die bilaterale technische Zusammenarbeit mit dem Ausland auf dem Gebiet der Ernährung, der Landwirtschaft und des Verbraucherschutzes.

(2)"中国牛业发展合作项目"是中德畜牧业技术创新中心的重要工作内容之一。双方将以此合作项目为基础,为今后双方在畜牧业领域开展更广泛的合作打下良好的基础。

(2) Das „Kooperationsprojekt zur Weiterentwicklung der Rinderzucht in China" ist ein wichtiger Bestandteil des „Deutsch-Chinesischen Zentrums für Technologie und Innovation in der Tierzucht". Beide Seiten bauen anhand dieses Projekts eine gute Basis für weitere Zusammenarbeit in der Tierhaltung auf.

(3)项目目标:通过引进德国先进的养牛生产管理技术和优良的遗传物质,帮助中国养牛企业提高牛奶及牛肉质量和资源效益。

(3) Das Projektziel lautet: Chinesische Rinderhaltungsbetriebe haben die Produktionskette der Milch-und Rindfleischerzeugung in ihrer Leistungsfähigkeit, Qualität und Ressourceneffizienz unter Nutzung von deutschem Know-how und deutscher Genetik/Technologie verbessert.

(4)中方项目执行和实施单位是农业部全国畜牧总站,2011 年第一批项目参加单位为北京三元绿荷奶牛养殖中心、石家庄润通牧业有限公司、新疆呼图壁种牛场有限公司、黑龙江省九三红枫种植有限公司、新疆维吾尔自治区国营乌鲁木齐种牛场、伊犁新褐种牛场,今后将根据项目进展情况适时增加项目参加单位;德方项目执行单位为 GFA,实施单位为 ADT Projekt GmbH,目前参加项目的主要德国企业是德国巴伐利亚遗传物质公司

(Bayern-Genetik GmbH)、德国宝牛育种中心(BVN)、德国遗传物质国际有限公司(GGI)和诺丁林种畜基因产品公司(Masterrind),今后将根据项目进展情况适时增加参与企业。

(4) Der NAHS trägt die Verantwortung für die Durchführung und Umsetzung des Projektes auf der chinesischen Seite. Im Jahr 2011 nehmen sechs Betriebe in China am Projekt teil (Beijing SanYuan LvHe Milchviehhaltungszentrum, Shijiazhuang RunTong Tierhaltung GmbH, Xijiang HuTuBi Zuchtstation, Heilongjiang Jiusan HongFeng GmbH, Xijiang Urumqi Staatszuchtstation, Xinjiang Yili XinHe Zuchtstation) und je nach der Projektentwicklung kann die Anzahl der daran teilnehmenden chinesischen Betriebe in Abstimmung mit der deutschen Seite entsprechend erhöht werden. Auf der deutschen Seite trägt die GFA Consulting Group GmbH die Verantwortung für die Durchführung des Projektes und ADT Projekt GmbH für die Umsetzung. Auf deutscher Seite nehmen weiterhin 4 Hauptwirtschaftspartner am Projekt teil: Bayern-Genetik GmbH, Besamungsverein Neustadt Aisch e. V. (BVN), German Genetics International GmbH (GGI) und Masterrind GmbH. Weitere Wirtschaftspartner können in das Projekt aufgenommen werden.

(5)项目主要内容详见附件——《中国牛业发展合作项目说明》,此附件是本实施方案的组成部分,并将在双方友好协商的基础上,在项目执行过程中根据项目发展需要予以相应更改。

(5) Die Projektinhalte sind der Anlage „Projektbeschreibung des Kooperationsprojektes zur Weiterentwicklung der Rinderzucht in China" zu entnehmen. Die Anlage ist Bestandteil dieses Durchführungskonzeptes. Die Projektbeschreibung kann im Einvernehmen beider Vertragspartner entsprechend den Projekterfordernissen bei der Implementierung angepasst werden.

(6)项目实施分三个阶段:

- 项目设计阶段:2010 年 12 月—2011 年 6 月
- 项目实施阶段Ⅰ:2011 年 07 月—2013 年 12 月
- 项目实施阶段Ⅱ:2014 年 1 月—2018 年 12 月

(6) Für das Gesamtvorhaben sind insgesamt drei Phasen vorgesehen:

- Projektentwicklungsphase (12/2010 bis 6/2011)
- Projektimplementierung Phase Ⅰ (07/2011 bis 12/2013)
- Projektimplementierung Phase Ⅱ (01/2014 bis 12/2018).

(7)本实施方案在项目设计阶段和实施阶段Ⅰ期间有效,截止日期为 2013 年 12 月 31 日,并以两国农业部预算资金的可支配性为先决条件。2013 年上半年,由中德双方对实施阶段Ⅰ予以验收,根据验收结果确定是否进入实施阶段Ⅱ。

(7) Die vorliegende Vereinbarung wird für die Dauer der Projektentwicklungsphase

und der Projektimplementierung Phase Ⅰ bis zum 31.12.2013 abgeschlossen, vorbehaltlich der Verfügbarkeit von Haushaltsmitteln des BMELV und des MfL. Die Voraussetzungen für die Durchführung der Phase Ⅱ der Projektimplementierung im Anschluss an die Phase Ⅰ werden im 1. Halbjahr 2013 von den beiden Durchführungseinheiten geprüft.

(8)如果项目实施效果良好，中德双方合作伙伴都有继续合作意愿，德国参加项目的企业愿意继续提供支持，并且中德农业部的预算资金可以继续资助本项目，则本项目进入实施阶段Ⅱ。

(8) Vorbehaltlich positiver Ergebnisse der Projektfortschrittskontrollen, des weiterhin bestehenden Interesses der chinesischen und deutschen Partner, der weiteren Bereitschaft der deutschen Wirtschaftspartner zur Unterstützung des Projektes sowie der weiteren Verfügbarkeit von Haushaltsmitteln des BMELV und des chinesischen MfL ist eine Fortführung des Projektes möglich (Projektimplementierung Phase Ⅱ).

(9)如果项目可以进入实施阶段Ⅱ，此协议将相应地延长其有效期。同时，中德双方将共同对项目说明进行更新。

(9) Im Falle einer Fortführung des Projektes in der Projektimplementierungsphase Ⅱ kann die vorliegende Projektvereinbarung um den entsprechenden Zeitraum verlängert werden. In Absprache der deutschen und chinesischen Seite wird dazu eine aktualisierte Projektbeschreibung erstellt.

1.2　中方负责的工作

1.2　Leistungen der chinesischen Seite für das Projekt

(1)中方的工作与投入以中国农业部的资金(以预算资金的可支配性为先决条件)支持和项目示范单位的投入为前提。

(1) Die Beiträge und Leistungen der chinesischen Seite setzen sich zusammen aus Mitteln des Ministeriums für Landwirtschaft (vorbehaltlich der Verfügbarkeit von Haushaltsmitteln), sowie aus Beiträgen und Leistungen der Demonstrationsbetriebe.

(2)中方负责的工作详见项目说明3.6.2。

(2) Die Leistungen der chinesischen Seite sind dem Kapitel 3.6.2 der Projektbeschreibung zu entnehmen.

(3)中方的项目参与方对项目说明3.6.2执行是执行项目说明3.4项的前提。

(3) Die Erbringung der unter Kapitel 3.6.2 in der Projektbeschreibung genannten Leistungen auf der chinesischen Seite ist die Voraussetzung für die Umsetzung des Punktes 3.4 der Projektbeschreibung.

(4)全国畜牧总站分别与项目示范单位签署协议，此协议是本项目在中国顺利实施的保证，主要内容涉及项目说明3.6.2项的内容。

(4) NAHS schließt mit jedem Demonstrationsbetrieb eine Vereinbarung ab. Dieser Vertrag gewährleistet die Durchführung des Projektes in China. Die Hauptinhalte der Vereinbarung betrifft das Kapitel 3.6.2 in der Projektbeschreibung.

1.3 德方负责的工作

1.3 Leistungen der deutschen Seite für das Projekt

(1)德方的工作与投入以德国农业部提供的资助(以预算资金的可支配性为先决条件)(由 GFA 代表德国农业部)和在此实施方案 1(4)条款中提及的四家德国项目参与企业:德国巴伐利亚遗传物质公司(Bayern-Genetik GmbH)、德国宝牛育种中心(BVN)、德国遗传物质国际有限公司(GGI)和诺丁林种畜基因产品公司(Masterrind)的投入为前提。

(1) Die Beiträge und Leistungen der deutschen Seite setzen sich zusammen aus Mitteln des BMELV (vorbehaltlich der Verfügbarkeit von Haushaltsmitteln), vertreten durch die GFA sowie Leistungen der Hauptwirtschaftspartner Bayern-Genetik GmbH, Besamungsverein Neustadt Aisch e.V. (BVN), German Genetics International (GGI) und Masterrind GmbH und weiteren Wirtschaftspartnern.

(2)德方负责的工作详见项目说明 3.6.1。

(2) Eine detaillierte Beschreibung der Leistungen der deutschen Seite ist dem Kapitel 3.6.1 der Projektbeschreibung zu entnehmen.

(3)德国的项目参与方对项目说明 3.6.1 执行是执行项目说明 3.4 项的前提。

(3) Die Erbringung der unter Kapitel 3.6.1 in der Projektbeschreibung genannten Leistungen auf der deutschen Seite ist die Voraussetzung für die Umsetzung des Punktes 3.4 der Projektbeschreibung.

1.4 项目专家的选择和解职

1.4 Auswahl und Abberufung der entsandten Fachkräfte

(1)中方专家的选择和解职由全国畜牧总站负责。

(1) Die Auswahl und evtl. Abberufung der chinesischen Fachkräfte erfolgt durch den NAHS.

(2)德方派遣专家的选择和解职由 GFA 和 ADT 共同商讨确定。

(2) Die Auswahl und evtl. Abberufung der deutschen Fachkräfte erfolgt durch die GFA Consulting Group GmbH und die ADT Projekt GmbH.

1.5 项目管理和协调

1.5 Steuerung und Koordination des Projektes

(1)中德畜牧业技术创新中心在中德联委会的领导下工作。

(1) Das Zentrum arbeitet unter der Steuerung der deutsch-chinesischen Arbeitsgruppe für Agrar-und Ernährungspolitik.

1.6 其他事项

1.6 Weitere Regelungen

(1)本实施方案以中文和德文两种文字书写,具有同等效力。

(1) Der Text der Vereinbarung ist in deutscher und chinesischer Sprache abgefasst, wobei beide Versionen gleichermaßen gültig sind.

(2)本实施方案未尽事宜,由双方协商解决。

(2) Was in diesem Konzept nicht festgestellt wird, werden beide Seiten im Einvernehmen abstimmen.

(3)本实施方案一式两份,双方各执一份,自签署之日起生效。

(3) Dieses Konzept besteht aus zwei Ausfertigungen. Jede Seite erhält eine Ausfertigung. Das Konzept tritt mit der Unterzeichnung in Kraft.

中方项目执行单位:全国畜牧总站 DURCHFÜHRUNGSEINHEIT DER CHININESISCHEN SEITE: NATIONAL ANIMAL HUSBANDRY SERVICE (NAHS) 李希荣 全国畜牧总站站长 PRÄSIDENT, NATIONAL ANIMAL HUSBANDRY SERVICE 2011年11月4日于北京 04.11.2011	德方项目执行单位:GFA咨询集团公司 DURCHFÜHRUNGSEINHEIT DER DEUTSCHEN SEITE: GFA CONSULTING GROUP GMBH Arno Börger GFA咨询集团公司(柏林)项目总监 Programmleiter, GFA CONSULTING GROUP GMBH , Berlin 2011年11月4日于北京 04.11.2011
附件:项目说明	Anlagen: Projektbeschreibung

2　中德畜牧业技术创新中心

——中国牛业发展合作

项目说明

（2011—2013 年）

Deutsch-Chinesisches Zentrum für Technologie und Innovation in der Tierzucht

PROJEKTBESCHREIBUNG

Kooperationsprojekt zur Weiterentwicklung der Rinderzucht in China

2011 年 11 月

November 2011

2.1 计划简述

2.1 Kurzbeschreibung des Vorhabens

项目名称 Projekttitel	中国牛业发展合作项目 Kooperationsprojekt zur Weiterentwicklung der Rinderzucht in China
主要问题 Zentralproblem	随着中国经济的快速增长,国民对动物食品的需求,尤其是牛奶和牛肉需求的迅速增长,对牛奶和牛肉生产能力的增长提出了新的要求。中国养牛业需要进一步提高产能、质量和资源效益。 Die Volksrepublik China ist seit einigen Jahren von einem spektakulären Wirtschaftswachstum geprägt. Mit steigendem Wohlstand der chinesischen Bevölkerung ist eine erhöhte Nachfrage nach tierischen Lebensmitteln insbesondere nach Milch und Rindfleisch festzustellen. Daher werden neue Anforderungen an die Milch-und Rindfleischerzeugung gestellt, Leistungsfähigkeit, Qualität und Ressourceneffizienz zu verbessern.
发展目标 Entwicklungsziel	提高中国养牛业的效益。 Ein Beitrag zur nachhaltigen Effizienzsteigerung der Rinderhaltung in China ist geleistet.
项目目标 Projektziel	通过引进德国先进的养牛生产管理技术和优良的遗传物质,帮助中国养牛企业提高牛奶及牛肉质量和资源效益。 Chinesische Rinderhaltungsbetriebe haben die Milch-und Rindfleischerzeugung in ihrer Leistungsfähigkeit, Qualität und Ressourceneffizienz unter Nutzung von deutschem Know-how und deutscher Genetik/Technologie verbessert.
预期成果 Geplante Ergebnisse	1.制订项目方案,双方商讨项目的基本结构 1. Projektkonzept entwickelt, von deutscher und chinesischer Seite gemeinsam vereinbart und Projektinfrastruktur aufgebaut 2.项目示范单位(牛场)得到发展,并发挥示范作用 2. Demonstrationsbetriebe im Rahmen des Projektes sind entwickelt und werden zur Demonstration genutzt 3.相关管理和技术人员得到培训 3. Relevante Fach-und Führungskräfte sind weitergebildet 4.就牛育种和饲养的专业问题进行信息和经验交流 4. Informations-und Erfahrungsaustausch zu fachtechnischen Aspekten der Rinderzucht und-haltung ist erfolgt 5.整理总结项目经验,并在其他地域进行推广 5. Projektergebnisse sind aufgearbeitet und in weitere Regionen der Volksrepublik China verbreitet

目标群体 Zielgruppen	中国养牛企业 Chinesische Rinderhaltungsbetriebe 牛奶和牛肉产业链上的服务商 Dienstleister in der Wertschöpfungskette der Milch-und Rindfleischerzeugung 牛育种组织 Rinderzuchtorganisationen 科研机构 Wissenschaftliche Institute
项目参加单位： Projektbeteiligte 中方 Chinesische Seite	农业部全国畜牧总站、北京三元绿荷奶牛养殖中心、石家庄润通牧业有限公司、新疆呼图壁种牛场有限公司、黑龙江省九三红枫种植有限公司、新疆维吾尔自治区国营乌鲁木齐种牛场、伊犁新褐种牛场。 Ministerium für Landwirtschaft der Volksrepublik China National Animal Husbandry Service (NAHS), Demonstrationsbetriebe: Beijing SanYuan LvHe Milchviehhaltungszentrum, Shijiazhuang RunTong Tierhaltung GmbH, Xijiang HuTuBi Zuchtstation, Heilongjiang Jiusan HongFeng GmbH, Xijiang Urumqi Staatszuchtstation, Xinjiang Yili XinHe Zuchtstation.
德方 Deutsche Seite	德意志联邦共和国食品、农业和消费者保护部(BMELV)、GFA、ADT、德国巴伐利亚遗传物质公司(Bayern-Genetik)，德国宝牛育种中心(BVN)，德国遗传物质国际有限公司(GGI)和诺丁林种畜基因产品公司(Masterrind)。 Bundesministerium für Ernährung, Landwirtschaft und Verbraucherschutz der Bundesrepublik Deutschland (BMELV); GFA Consulting Group GmbH, ADT Projekt GmbH Bayern-Genetik GmbH, Besamungsverein Neustadt Aisch e. V. (BVN), German Genetics International GmbH (GGI) und Masterrind GmbH
预计时间表 Voraussichtlicher Zeitplan	2010 年 12 月—2011 年 6 月 项目设计阶段 12/2010—06/2011 Projektentwicklungsphase 2011 年 7 月—2013 年 12 月 项目实施阶段 I 07/2011—12/2013 Projektimplementierung (Phase Ⅰ) 2014 年 1 月—2018 年 12 月 项目实施阶段 II 01/2014—12/2018 Projektimplementierung (Phase Ⅱ)

德国食品、农业和消费者保护部投入的预计支出 Geschätzte Kosten des BMELV Beitrags	2010 年 25,000 欧元（包括增值税） 25.000 € (inkl. MwSt.) für 2010 2011 年 244,000 欧元(包括增值税) 244.000 € (inkl. MwSt.) für 2011 2012 年 310,000 欧元（包括增值税） 310.000 € (inkl. MwSt.) für 2012 2013 年 310,000 欧元（包括增值税） 310.000 € (inkl. MwSt.) für 2013
德国经济伙伴投入的预计支出 Geschätzte Kosten des Beitrags der deutschen Wirtschaftspartner	2010 年 25,000 欧元 25.000 € für 2010 2011 年 244,000 欧元 244.000 € für 2011 2012 年 538,000 欧元 538.000 € für 2012 2013 年 538,000 欧元 538.000 € für 2013
中方预计支出 Geschätzte Kosten der chinesischen Seite	中方的投入主要由农业部项目资金及中方项目示范单位投入构成。 Setzen sich zusammen aus Mitteln des MfL und den Demonstrationsbetrieben.

2.2 立项依据
2.2 Ziel und Begründung des Vorhabens

2.2.1 现状及问题分析
2.2.1 Ausgangssituation, Potenzial-und Problemanalyse

近年来，随着中国经济的快速增长，国民对动物食品的需求，尤其是牛奶和牛肉需求的迅速增长，对牛奶和牛肉生产能力的增长提出了新的要求。中国养牛业需要进一步提高产能、质量和资源效益。

Die Volksrepublik China ist seit einigen Jahren von einem spektakulären Wirtschaftswachstum geprägt. Mit steigendem Wohlstand der chinesischen Bevölkerung ist eine erhöhte Nachfrage nach tierischen Lebensmitteln insbesondere nach Milch und Rindfleisch festzustellen. Daher werden neue Anforderungen an die Milch-und Rindfleischerzeugung gestellt, Leistungsfähigkeit, Qualität und Ressourceneffizienz zu verbessern.

为了推进中国养牛业的健康发展，中方希望利用德方先进的养牛生产管理技术和优良的遗传物质来优化中国的牛奶和牛肉生产。此项合作以德国的德系西门塔尔牛、荷斯坦牛和褐牛为基础，一是通过用引进德系西门塔尔乳肉兼用牛来实现乳肉兼用品种在中国的推广，二是以荷斯坦牛为基础，建立一个生产效率更高的奶牛群体，第三是以褐牛为基础，推进中国西部省份褐牛的育种与饲养。

Um die chinesische Rinderhaltung weiter zu entwickeln, möchte die chinesische Seite deutsche Genetik, Technologie und Erfahrungen zur Optimierung der Produktionsverfahren der Milch-und Rindfleischerzeugung wirkungsvoll nutzen. Die Ausgangsbasis der Zusammenarbeit bezieht sich auf drei Rinderrassen, die in Deutschland eine erfolgreiche züchterische Entwicklung genommen haben. Dies umfasst die Einkreuzung und Verbreitung von Fleckvieh als Doppelnutzungsrasse für die kombinierte Milch-und Fleischerzeugung, die Steigerung der Milcherzeugung mit der Etablierung eines intensiven Milchviehbestandes der Rasse Holstein sowie die züchterische Verbesserung von Braunvieh unter den besonderen klimatischen und agro-ökologischen Bedingungen in den westlichen Provinzen Chinas.

在德国联邦食品、农业和消费者保护部（下称“德国农业部”）和中国农业部的倡导下，中德在养牛业方面的合作发展迅速。作为合作伙伴，德国牛育种企业向中国牛场提供了优质的冻精，同时也和一些专业机构开展了经验交流。

Initiiert durch das Bundesministerium für Ernährung, Landwirtschaft und Verbraucherschutz der Bundesrepublik Deutschland (BMELV) und das Ministerium für Landwirtschaft der Volksrepublik China (MfL) wurde in den letzten Jahren die deutsch-chinesische Zusammenarbeit in der Rinderzucht intensiviert. Als Partner dieser Entwicklung stellten deutsche Rinderzuchtunternehmen rinderhaltenden Betrieben in China hochwertige Genetik zur Verfügung und leiteten einen fachlichen Erfahrungsaustausch ein.

为巩固和加强中德双边农业合作关系，促进畜牧业科技和经济交流与合作，中德两国农业部于 2010 年 1 月签署了“中华人民共和国农业部与德意志联邦共和国食品、农业及消费者保护部关于建立中德畜牧业技术创新中心意向书”。双方一致同意在北京建立“中德畜牧业技术创新中心”（以下简称“中心”）。“中心”先期开展“中国牛业发展合作项目”。该项目计划向挑选出的中国示范单位（牛场）提供德国优质的牛遗传物质（冻精和胚胎）和先进的牛场生产管理技术，从而提高牛奶和牛肉的生产效率。“中心”在中德联委会领导下开展工作。

Um die bilaterale Zusammenarbeit in der Landwirtschaft zwischen Deutschland und China in der Tierzucht zu stärken und gleichzeitig die Zusammenarbeit in der Tierzucht wissenschaftlich und wirtschaftlich auszubauen, haben das Bundesministerium für Ernährung, Landwirtschaft und Verbraucherschutz der Bundesrepublik Deutschland und dem Ministerium für Landwirtschaft der Volksrepublik China im Januar 2010 eine Absichtserklärung über die Zusammenarbeit in der Tierzucht unterzeichnet. Beide Seiten haben abgestimmt, in Peking ein „Deutsch Chinesisches Zentrum für Technologie und Innovation in der Tierzucht (im Folgenden „Zentrum“ genannt)“ einzurichten. Als erstes Vorhaben wurde das „Deutsch-Chinesische Kooperationsprojekt zur Weiterentwicklung der Rinderzucht und Rinderhaltung in China“ vereinbart. Das Projekt sieht vor, ausgewählte chinesische Rinderzuchtbetriebe unter Nutzung von deutscher Rindergenetik (Rindersamen und Embryonen), deutscher Technologie und Know-how zu leistungsfähigen Demonstrationsbetrieben zu entwickeln, um die die Effizienz in Milch-und Rindfleischproduktion zu erhöhen. Das Zentrum arbeitet unter der Steuerung der Arbeitsgruppe von Agrar-und Ernährungspolitik.

中方项目的执行和实施单位是全国畜牧总站，德方项目执行单位为GFA，实施单位是ADT。作为经济合作项目，其设计和顺利实施需要得到德国巴伐利亚遗传物质公司(Bayern-Genetik GmbH)、德国宝牛育种中心（BVN)、德国遗传物质国际有限公司（GGI）和诺丁林种畜基因产品公司(Masterrind)以及中方项目示范单位的大力支持和积极参与。

Durchführungs-und Umsetzungseinheit auf der chinesischen Seite ist der National Animal Husbandry Service (NAHS). Auf der deutschen Seite trägt die GFA Consulting Group GmbH die Verantwortung für die Durchführung des Projektes und ADT Projekt GmbH für die Umsetzung. Das Projekt ist als Wirtschaftskooperationsprojekt konzipiert. Demnach erfolgt die Projektplanung und-durchführung mit maßgeblicher Unterstützung und aktiver Beteiligung von den deutschen Rinderzuchtunternehmen Bayern-Genetik GmbH, Besamungsverein Neustadt Aisch e. V. (BVN), German Genetics International GmbH (GGI) und Masterrind GmbH sowie den chinesischen Demonstrationsbetrieben.

2.2.2 目标

2.2.2 Zielsetzung

发展目标：“中心”旨在促进中德企业界的经贸合作，提高中国畜牧业综合生产能力和畜产品质量安全。

Entwicklungsziel: Das „Zentrum“ zielt darauf ab, die Zusammenarbeit auf dem Gebiet von Handel und Wirtschaft zwischen deutschen und chinesischen Unternehmen zu fördern und leistet einen Beitrag, die Gesamtproduktionsleistung der chinesischen Tierhaltung zu erhöhen und die Qualität und Sicherheit der Produkte zu verbessern.

项目目标：通过使用优质的牛遗传物质和先进的牛场生产管理技术，使中国牛奶及牛肉产业链的效率、质量和资源效益得到提高，为中国养牛业的可持续发展做出重要贡献。

Projektziel: Chinesische Rinderhaltungsbetriebe haben die Milch-und Rindfleischerzeugung in ihrer Leistungsfähigkeit, Qualität und Ressourceneffizienz unter Nutzung von deutschem Know-how und deutscher Genetik/Technologie verbessert und leisten einen Beitrag zur nachhaltigen Entwicklung der chinesischen Rinderhaltung.

项目目标的客观可测指标(到2013年底)：

Objektiv nachprüfbare Indikatoren des Projektziels (bis Ende 2013) sind:

a. 生产水平的提高

a. Verbesserung des Produktionsniveaus

- 示范单位(牛场)每头牛的产奶量从2012年起平均每年增加100千克；

• Die Milchleistung je Kuh steigt im Durchschnitt aller Demonstrationsbetriebe ab 2012 um 100 kg pro Kuh und Jahr an.

•用德系西门塔尔牛遗传物质的示范单位(牛场)的育肥牛日增重在2012年和2013年各增加25克。

• Die Tageszunahmen von Mastbullen in Demonstrationsbetrieben mit Fleckviehgenetik steigen in 2012 und 2013 jeweils um 25 g an.

b.生产体系质量的提高

b. Verbesserte Qualität der Produktionssysteme

•示范单位(牛场)的牛奶和牛肉生产流程得到明显优化,其各项指数得到明显提高(例如牛的健康度、初胎年龄、繁殖力、产犊间隔等等)①。

• Indikatoren zur Prozessoptimierung der Milch-und Rindfleischerzeugung in den Demonstrationsbetrieben haben sich signifikant verbessert (z. B. Gesundheitsstatus, Erstkalbealter, Fruchtbarkeit, Zwischenkalbezeit usw.)

c.资源效益的提高

c. Verbesserte Ressourceneffizienz

•自2013年起,部分示范单位(牛场)产奶和产肉的饲料转化效率(每产一千克奶和肉的饲料投入)得到提高。

• Die Futtereffizienz (Futteraufwand je kg Milch und kg Rindfleisch) in der Milch-und Rindfleischerzeugung ist ab 2013 in einigen Demonstrationsbetrieben erhöht.

•部分示范单位(牛场)在生产牛奶和牛肉的过程当中,其周边的环境承载力得到提高(对此的判断基于对地质、水资源和气候造成影响的评估)。

• Die Umweltverträglichkeit der Milch-und Rindfleischproduktion in einigen Demonstrationsbetrieben ist verbessert (vergleichende Bewertung von Auswirkungen auf Boden, Wasser und Klima).

d. 经济合作的扩展

d. Ausbau der Wirtschaftskooperation

•通过此次项目合作使中国养牛企业对德方参与企业有进一步的了解,促进双方在中国牛奶和牛肉生产中的长期合作与交流。

• Durch dieses Projekt lernen die chinesischen Rinderhalter die am Projekt teilnehmenden deutschen Unternehmen besser kennen und die langfristige Zusammenarbeit und der langfristige Austausch in der Milch und Rindfleischproduktion werden ausgebaut.

2.2.3 目标群体和执行目标群体

2.2.3 Zielgruppe und Implementalzielgruppe

目标群体狭义上是指希望改进牛奶和牛肉生产体系的中方养牛企业。

---

① Die Ausgangswerte der Indikatoren werden mit Einführung der Herdenmanagementsoftware in 2012 erfasst(指标的初始评估借助2012年启用的牛群管理软件进行)

Zielgruppe im engeren Sinne sind die Rinderhaltungsbetriebe in China, die ihre Produktionssysteme der Milch-und Fleischerzeugung weiterentwickeln wollen.

执行目标群体是指执行项目的重要联系人，即目标群体的介绍人和传播者。包括国家、地区和地方各级农业部门、科研机构工作人员以及牛奶和牛肉产业链上的服务商都属于执行目标群体。

Implementalzielgruppe und damit wesentliche Ansprechpartner für die Durchführung der Projektmaßnahmen sind Vermittler und Multiplikatoren zur Zielgruppe. Dazu gehören die verschiedenen staatlichen Behörden im Bereich der Landwirtschaft auf föderaler, regionaler und lokaler Ebene, die Mitarbeiter der wissenschaftlichen Institute und Versuchseinrichtungen sowie weitere Dienstleister in der Wertschöpfungskette der Milch-und Rindfleischerzeugung.

2.3 项目结构
2.3 Gestaltung des Vorhabens

2.3.1 项目合作基础
2.3.1 Basis der Projektkooperation

中德两国农业部于 2010 年 1 月签署的“中华人民共和国农业部与德意志联邦共和国食品、农业及消费者保护部关于建立中德畜牧业技术创新中心意向书”为此项目的合作基础。

Das BMELV und das MfL haben im Januar 2010 eine Absichtserklärung über die Zusammenarbeit in der Tierzucht unterzeichnet, das als Basis der Projektkooperation anzunehmen ist.

2.3.2 与其他项目的联系
2.3.2 Zusammenhang mit anderen Vorhaben

力求与内蒙古自治区甘河国营农场(以农作物种植为重点的合作项目)的中德示范农场进行持续的经验交流。

Ein fortlaufender Erfahrungsaustausch mit dem deutsch-chinesischen Demonstrationsbetrieb auf dem Staatsgut Ganhe (Kooperationsprojekt mit Schwerpunkt Pflanzenbau) in der Autonomen Region Innere Mongolei wird angestrebt.

2.3.3 方法
2.3.3 Methodischer Ansatz

按照项目方案，计划与十个示范单位(牛场)进行合作，地域范围包括新疆、内蒙古、黑龙江、吉林、河北和北京。合作始于 2011 年已经确立的六个示范单位(牛场)(包括荷斯坦，德系西门塔尔和褐牛三个品种，每个品种设立两个示范单位(牛场))，示范单位(牛场)的数量将于 2012 年达到十个(其中荷斯坦和德系西门塔尔示范单位(牛场)各四个，褐牛示范单位(牛场)两个)。

Das Projektkonzept sieht eine Zusammenarbeit mit insgesamt zehn Demonstrationsbetrieben in den Provinzen Xinjiang, Innere Mongolei, Heilongjiang, Jilin, Hebei und Peking vor. Die Zusammenarbeit beginnt in 2011 mit sechs Demonstrationsbetrieben (jeweils 2 Betriebe der Rassen Holstein, Fleckvieh und Braunvieh) und wird im Jahr 2012 auf zehn Betriebe erweitert (je 4 Betriebe mit Holstein und Fleckvieh und 2 Betriebe mit Braunvieh).

牛场的挑选应通过中德双方的密切合作来完成。由全国畜牧总站确定 2011 年和 2012 年示范单位的报名和筛选程序,双方共同确定挑选示范单位的基本标准。中方负责项目示范单位的初选,由中德双方专家共同考察初选出的牛场,最终由中德双方共同确定示范单位。

Die Auswahl der Betriebe erfolgt in enger Abstimmung zwischen der deutschen und chinesischen Seite. Dazu führt der NAHS in 2011 und 2012 ein Anmelde-und Vorauswahlverfahren durch. Vor jedem Auswahlverfahren werden gemeinsam Kriterien für die Auswahl der Demonstrationsbetriebe definiert. Nach der Vorauswahl durch die chinesische Seite erfolgt als nächster Schritt eine Besichtigung der vorgeschlagenen Betriebe durch deutsche und chinesische Experten und eine gemeinsame Festlegung der Demonstrationsbetriebe.

全国畜牧总站在中方专家的协助下为每一个示范单位(牛场)建立一份需求方案,方案中涵盖牛场在育种、管理和技术方面的发展目标。德方将对每一份方案就其可实施性进行评估,并就此有针对性的为每一个示范单位(牛场)提供一份支持方案,其中会阐明德方为达到示范单位(牛场)的发展目标所要进行的投入,包括为示范单位(牛场)进行咨询和培训,提供牛遗传物质和管理软件以及可能的其他技术支持。以中德双方签署的项目实施方案为基础,全国畜牧总站将与每一个示范单位签订协议书。

Der NAHS stimmt mit Unterstützung der chinesischen Experten mit jedem Demonstrationsbetrieb ein individuelles Bedarfskonzept ab, in dem die Zielvorstellungen für die Entwicklung in den Bereichen Zucht, Management und Technologie dargestellt sind. Die deutsche Seite überprüft das Konzept für jeden Demonstrationsbetrieb auf seine Umsetzbarkeit und formuliert den Beitrag der deutschen Seite zur Erreichung der Zielvorstellung in einem Unterstützungskonzept. Dies beinhaltet Beratungs-und Ausbildungsmaßnahmen sowie Sachleistungen in Form von Rindergenetik, Software und ggf. weiterer Technologie. Auf der Grundlage des gemeinsam abgestimmten Bedarfs-und Unterstützungskonzeptes schließt der NAHS mit jedem Demonstrationsbetrieb eine individuelle Vereinbarung ab.

德方所提供的技术咨询和服务以集中培训或现场指导等方式进行。技术咨询和服务内容涵盖以下领域(初拟):

Die technische Beratung und Dienstleistungen der deutschen Seite werden in Form von überbetrieblichen Veranstaltungen für alle Demonstrationsbetriebe sowie in Form von betriebsindividuellen Vor-Ortberatungen für einzelne oder mehrere ausgewählte Demonstrationsbetriebe vorgenommen. Die technische Beratung und Dienstleistungen behandeln im Projektverlauf die folgenden fachlichen Schwerpunkte (vorläufig):

a. 育种方案/选配咨询(始自 2011 年);

a. Zuchtkonzept/Selektionsberatung (ab 2011)

b. 饲料/饲喂(始自 2011 年);

b. Futtermittel/Fütterung (ab 2011)

c. 繁殖(始自 2012 年);

c. Reproduktion (ab 2012)

d. 生产与牛群管理,包括犊牛和后备牛培育(始自 2012 年);

d. Produktions-und Herdenmanagement einschließlich Kälber-und Jungviehaufzucht (ab 2012)

e. 养牛的经济效益(始自 2013 年)。

e. Wirtschaftlichkeit der Rinderhaltung (ab 2013).

德方提供的支持方案以示范单位(牛场)积极使用德方提供的软件(用于饲喂和牛群管理)并提供使用此软件定期进行汇总取得的数据为前提条件。对示范单位(牛场)的管理、咨询和人员培训都要用到此软件。在进行定期咨询与培训时,首先会将示范单位(牛场)的工作人员纳入其中,其次,可能还给周边与养牛业相关的重要服务商的工作人员提供咨询和培训(包括政府机构管理人员,咨询人员,配种员等)。

Das von der deutschen Seite vorgeschlagene Unterstützungskonzept setzt voraus, dass die Demonstrationsbetriebe die von der deutschen Seite bereitgestellte Software zur Rinderfütterung und Herdenmanagement aktiv anwenden und regelmäßig ihre Daten zur Verfügung stellen. Diese Software kann somit sowohl für das Management des Demonstrationsbetriebes als auch für Beratungs-und Schulungsmaßnahmen genutzt werden. Die Mitarbeiter der Demonstrationsbetriebe werden zu den regelmäßigen Beratungs-sowie Fortbildungsmaßnahmen vorrangig einbezogen. Darüber hinaus sollen ggf. auch Mitarbeiter von relevanten Dienstleistern der Rinderhaltung aus dem Umfeld der Demonstrationsbetriebe in die Beratungsmaßnahmen und Schulungen eingebunden werden (staatliche Verwaltung, Beratungskräfte, Besamungsspezialisten usw.).

各个示范单位(牛场)的咨询将由中德双方专家共同进行。咨询内容除了上文提到的专业领域以外还包括针对不同牛场的特别需求所涉及的领域,例如:牛舍设计与构建,草场经济效益,缓解环境压力和牛育肥等。

Einzelbetriebliche Beratung wird gemeinsam von deutschen und chinesischen Experten vorgenommen. Die Beratung erfolgt zu den oben genannten fachlichen Schwerpunkten und richtet sich darüber hinaus auch auf betriebsspezifische Anforderungen aus. Beispiele dafür können sein: Stallplanung und-einrichtung, Weidewirtschaft, Verminderung von Umweltbelastungen, Rindermast.

另外,在项目框架内还会安排中国代表团到德国参观访问,安排中国的专业人士到德国进行短期和长期培训。

Ergänzend zu den Veranstaltungen im Land sollen im Rahmen des Projektes weiterhin Delegations-und Informationsreisen nach Deutschland, aber auch Fortbildungsveranstaltungen für chinesische Fachkräfte in Deutschland durchgeführt werden (Kurz-und Langzeitweiterbildung).

德国的牛育种企业将在项目运作期间向示范单位(牛场)提供德系西门塔尔、荷斯坦和褐牛的冻精,以改进这些牛场牛群的遗传水平。这些种牛是德国历经几十年以先进的方法培育出来的,为牛奶和牛肉生产的巨大发展潜力打下了基础,拥有诸多优良的功能性状,如使用寿命、繁殖力和乳房健康度等。公牛父亲和公牛母亲都来自性能最优异的核心群,青年公牛后裔测定采用独立的性能测定程序,确保高水平的育种成果。

Die deutschen Rinderzuchtunternehmen sind bereit, die Demonstrationsbetriebe in der Projektlaufzeit durch die Bereitstellung von Rindersperma der Rassen Fleckvieh, Holstein und Braunvieh zu unterstützen und so eine verbesserte Rindergenetik in diesen Betrieben aufzubauen. Die zur Verfügung gestellte Rindergenetik basiert auf umfangreichen Zuchtprogrammen, die in Deutschland seit Jahrzehnten nach modernsten Erkenntnissen durchgeführt werden. Sie bilden das Fundament für das hohe Potenzial in den Leistungsmerkmalen der Milch-und Fleischerzeugung und verfügen über exzellente funktionale Merkmale wie Nutzungsdauer, Fruchtbarkeit und Eutergesundheit. Scharfe Selektionskriterien bei der Auswahl der Bullenmütter und Bullenväter sowie ein Testbulleneinsatz mit unabhängiger Leistungsprüfung gewährleisten einen hohen Zuchtfortschritt.

项目的工作目的是让将德系西门塔尔、荷斯坦和褐牛的优异性能在中国不同的生产条件下得以展示。在德系西门塔尔示范单位(牛场)充分展示其乳肉兼用的性能。在荷斯坦示范单位(牛场)充分展示荷斯坦牛的产奶性能,例如提高乳脂、乳蛋白含量和改善功能性特征。在褐牛示范单位(牛场)建立性能优越,适应性很强的母牛群体。为此将为每家示范单位(牛场)设计一个提高遗传水平的育种方案。

Ziel ist es, die Eignung und Leistungsfähigkeit der Rassen Fleckvieh, Holstein und Braunvieh unter verschiedenen Produktionsbedingungen in China zu demonstrieren. In den Demonstrationsbetrieben der Rasse Fleckvieh wird die besondere Eignung als Doppelnutzungsrasse zur kombinierten Milch-und Fleischerzeugung unter Beweis gestellt. In den Demonstrationsbetrieben der Rasse Holstein wird bei einem hohen Milchleistungsniveau eine Verbesserung der Fett-und Eiweißgehalte sowie der funktionalen Leistungsmerkmale angestrebt. In den Demonstrationsbetrieben der Rasse Braunvieh wird der Aufbau eines leistungsstarken Kuhbestandes verfolgt, der sich zudem durch eine hohe Anpassungsfähigkeit auszeichnet. Dazu wird für jeden Demonstrationsbetrieb ein Zuchtkonzept erstellt.

在项目运行过程中与示范单位(牛场)的合作还可以扩大到农业和畜牧业其他科学技术和生产设备方面,为此可以经中德双方协商后吸纳相关的经济合作伙伴加入项目。

Die Zusammenarbeit mit den Demonstrationsbetrieben kann im Projektverlauf um weitere Technologien und Betriebsmittel der Land-und Tierhaltungstechnik erweitert werden. Dazu können in Absprache der deutschen und chinesischen Seite weitere Wirtschaftspartner einbezogen werden.

示范单位(牛场)取得成绩后,可成为培训、进修和咨询的示范场所,接纳其他牛场的工作人员。这些活动也可以在其他的培训机构进行。

Nach erfolgreicher Entwicklung sollen die Betriebe als Demonstrationsbetriebe für weitere Maßnahmen der Aus-und Fortbildung sowie Beratung eingesetzt werden und Mitarbeiter von anderen Betrieben dafür aufnehmen. Neben den Demonstrationsbetrieben können auch andere geeignete Ausbildungseinrichtungen für Aus-und Fortbildungsmaßnahmen genutzt werden.

示范单位(牛场)的领导和管理完全由中方负责。示范单位(牛场)要正确使用德国的牛遗传物质和技术,持续记录存栏牛的性能数据和生产指数,并在项目框架内定期接受评估。示范单位(牛场)定期提供他们的牛场用作项目或参与项目的经济伙伴的示范和培训的场所。

Die Führung und das Management der Demonstrationsbetriebe bleiben in der ausschließlichen Verantwortung der chinesischen Partner. Die Demonstrationsbetriebe erklären sich bereit, die deutsche Rindergenetik und Technik sachgerecht einzusetzen, Leistungsdaten und Produktionskennziffern ihres Rinderbestandes fortlaufend zu erfassen und im Rahmen des Projektes für regelmäßige Auswertungen zur Verfügung zu stellen. Weiterhin erklären sich die Demonstrationsbetriebe bereit, ihre Betriebe regelmäßig für Demonstrations-und Fortbildungsmaßnahmen des Projektes bzw. der beteiligten Wirtschaftspartner zur Verfügung zu stellen.

在项目的实际运作中就具体项目工作德方可以直接与示范单位(牛场)进行交流。

Während der Durchführung des Projektes kann die deutsche Seite bezüglich der konkreten Projektaufgaben die Demonstrationsbetriebe direkt kontaktieren.

示范单位(牛场)相互之间的合作会通过专业技术的信息和经验交流得以补充,将进行有关现代化育种和选配方法的经验交流以及讨论如何建立育种基础设施和为开展育种值评估创造良好的条件。

Die Zusammenarbeit auf der Ebene der Demonstrationsbetriebe wird durch einen Informations-und Erfahrungsaustausch zu fachtechnischen Aspekten der Rinderzucht ergänzt. Dazu werden die Erfahrungen zu modernen Zucht-und Selektionsverfahren ausgetauscht und die Voraussetzungen zum Aufbau einer züchterischen Infrastruktur und Zuchtwertschätzung erörtert.

定期对项目成果进行评估和总结。组织跨区域的专业活动并建立一个网络平台,以此来推广取得的成果。

Die Projektergebnisse werden regelmäßig ausgewertet und aufgearbeitet. Zur Verbreitung der Ergebnisse werden überregionale Fachveranstaltungen durchgeführt und eine Internetplattform eingerichtet.

鉴于中国幅员辽阔和养牛生产体系中遗传改良过程复杂和持久的特点，力求制定一个6至8年的长期计划。该计划分为三个阶段：

Unter Berücksichtigung der Größe des Landes, der Komplexität und Dauer relevanter biologischer Prozesse in Produktionssystemen der Rinderhaltung wird ein längerfristiges Vorhaben von etwa 6 bis 8 Jahren angestrebt. Das Projekt gliedert sich in drei Projektphasen:

• 项目设计阶段：截至2011年6月，中德双方与项目参与方设计并商定项目；

• Projektentwicklungsphase bis Juni 2011 zur Projektplanung und-abstimmung mit Projektbeteiligten auf der deutschen und chinesischen Seite.

• 项目执行阶段Ⅰ：2011年7月至2013年12月，确定示范单位(牛场)，与之开始合作，实施项目计划；

• Projektimplementierung (Phase Ⅰ) Juli 2011 bis Dezember 2013: Identifizierung der Demonstrationsbetriebe, Ausführung der Projektplanung und Beginn der Zusammenarbeit mit Demonstrationsbetrieben.

• 项目执行阶段Ⅱ：2014年至2018年，实施项目二期计划，继续与示范单位(牛场)合作，促进其发挥带动作用，使德国的牛遗传物质以及科学技术和生产设备在中国得以推广。

• Projektimplementierung (Phase Ⅱ) 2014 bis 2018: Ausführung der Projektplanung und Fortführung der Zusammenarbeit mit Demonstrationsbetrieben und deren Nutzung zur Demonstration des erfolgreichen Einsatzes deutscher Rindergenetik, Technologien und Betriebsmittel sowie deren Verbreitung in China.

2.3.4 目标及保障措施

2.3.4 Angestrebte Ergebnisse und notwendige Aktivitäten zu deren Erreichung

2.3.4.1 制订项目方案

2.3.4.1 Projektkonzept entwickelt

2.3.4.2 中德示范单位(牛场)得到发展，发挥示范作用

2.3.4.2 Deutsch-chinesische Demonstrationsbetriebe sind entwickelt und werden als Demonstrationsbetriebe genutz

a. 确定荷斯坦、德系西门塔尔和褐牛牛场(2011年底前确定六家示范单位(牛场)，2012年底达到十家)；

a. Demonstrationsbetriebe für die Rassen Holstein und Fleckvieh und für Braunvieh identifizieren (6 Demonstrationsbetriebe bis Ende 2011, 10 bis Ende 2012);

b. 提供给每个示范单位(牛场)独立的需求方案和支持方案(育种与管理方面)，由中德双方共同探讨确定。

b. Individuelles Bedarfs-und Unterstützungskonzept für die Demonstrationsbetriebe

(Zucht und Management) mit der chinesischen Seite abstimmen.

c. 为示范单位(牛场)提供牛奶和牛肉生产方面的咨询并提供相应的书面资料(2012年和2013年期间每年在中国的每个示范单位(牛场)至少完成8个专业咨询日(由德方专家负责))。

c. Demonstrationsbetriebe in der Milch-und Rindfleischerzeugung beraten und durch entsprechende Unterlagen unterstützen (jährlich in 2012 und 2013 mindestens 8 Fachberatertage (deutsche Experten) je chinesischem Demonstrationsbetrieb durchgeführt);

d. 通过向示范单位(牛场)提供德国的牛遗传物质或其他技术资料，对其进行有针对性的支持(每年为每个示范单位(牛场)提供2 000份冻精)。

d. Demonstrationsbetriebe durch die Bereitstellung von deutscher Rindergenetik und ggf. weiteren technischen Sachmitteln gezielt unterstützen (jährlich 2.000 Samenportionen je Demonstrationsbetrieb)

e. 给示范单位(牛场)配备用于饲喂和牛奶及牛肉生产数据统计的软件并提供牛场如何使用这些软件的培训(2011年和2012年实施)。

e. Demonstrationsbetriebe mit Software zur Rinderfütterung und Datenerfassung der Milch-und Rindfleischerzeugung ausstatten und im Umgang mit entsprechender Software schulen (2011 und 2012)

f. 定期统计并评估示范单位(牛场)的进展状况(根据选出的性能指标对示范单位(牛场)每半年进行一次监测)。

f. Entwicklungsfortschritt in Demonstrationsbetrieben regelmäßig erfassen und auswerten (halbjährliches Monitoring der Demonstrationsbetriebe anhand ausgewählter Leistungsindikatoren).

g. 在条件允许的情况下，将示范单位(牛场)作为中德项目各参与方进行示范性活动的场所。

g. Unter erlaubten Bedingungen Demonstrationsbetriebe als Demonstrationseinheiten von deutsch-chinesischem Projekt für Demonstrationsveranstaltungen der Projektbeteiligten auf deutscher und chinesischer Seite einsetzen.

2.3.4.3 示范单位(牛场)的管理人员和专业技术人员以及相关的服务商和专业机构人员得到深造。

2.3.4.3 Fach-und Führungskräfte von ausgewählten chinesischen Rinderhaltungsbetrieben (Demonstrationsbetriebe) und zuständigen Dienstleistern und Fachinstitutionen sind weitergebildet.

a. 定期对示范单位(牛场)的管理和专业技术人员在中国进行培训(2012年至少180人·天;2013年至少180人·天)。

a. Fach-und Führungskräfte der Demonstrationsbetriebe regelmäßig in China qualifizieren (mindestens 180 Kursteilnehmertage in 2012, 180 Kursteilnehmertage in 2013).

b. 对挑选出的中国服务商和专业机构的管理人员和专业技术人员在中国进行培训(2012年至少50人·天;2013年至少50人·天)。

b. Fach-und Führungskräfte ausgewählter Dienstleister und Fachinstitutionen in China qualifizieren (mindestens 50 in 2012 und 50 Kursteilnehmertage in 2013).

c. 2012 年组织至少 10 人,2013 年组织至少 15 位管理人员和专业技术人员去德国进行 21 天短期培训(示范单位(牛场)1 人,省级管理层 1～2 人,农业部全国畜牧总站 2～3 人)。

c. Kurzzeit-Weiterbildung für mindestens 10 in 2012 und 15 in 2013 Fach-und Führungskräfte für 21 Tage in Deutschland (jeweils 1 Person aus den Demonstrationsbetrieben, 1—2 Führungskräfte aus der Provinzebene und 2—3 Führungskräfte des NAHS) durchführen.

d. 为选出的专业技术人员在德国提供长期培训,其中包括示范单位(牛场)、全国畜牧总站以及其他项目合作伙伴的专业技术人员(2012 年至少 3 人,2013 年至少 5 人,每次至少 3 个月,条件是这些专业技术人员必须具备德语或英语基础)。

d. Langzeit-Weiterbildungsmaßnahmen für ausgewählte chinesische Fachkräfte der Demonstrationsbetriebe, des NAHS und weiterer Projektpartner in Deutschland durchführen (mindestens 3 in 2012 und 5 in 2013 Fachkräfte für mindestens 3 Monate, Voraussetzung deutsche oder englische Sprachkenntnisse, Grundkenntnisse).

2.3.4.4　开展关于养牛专业问题的信息和经验交流,扩大合作领域。

2.3.4.4　Informations-und Erfahrungsaustausch zu fachtechnischen Aspekten der Rinderzucht ist ausgebaut und Rahmenbedingungen zum Austausch von Rindergenetik sind verbessert.

a. 支持有关养牛业先进的育种和选配方法的经验交流(相关主题纳入中国的专业活动中并组织去德国考察)。

a. Erfahrungsaustausch zu modernen Verfahren der Zucht-und Selektion in der Rinderzucht unterstützen (Thematische Einbeziehung in Fachveranstaltungen in China und Studienreisen nach Deutschland).

b. 探讨建设育种体系和为开展育种值评估准备必要的工作条件(组织一次德国考察,在中国举办一次专题研讨会)。

b. Voraussetzungen zum Aufbau einer züchterischen Infrastruktur und Zuchtwertschätzung erörtern (Durchführung einer Studienreise nach Deutschland, Durchführung eines Workshops in China).

c. 对从德国引进牛遗传物质的合作扩展给予支持(近期以牛冻精为主要形式,中期胚胎,远期活体牛)。

c. Ausweitung der Zusammenarbeit zur Einfuhr von Rindergenetik aus Deutschland unterstützen (Rindersamen, mittelfristig Embryonen, langfristig lebende Tiere).

2.3.4.5　定期总结项目经验,并在其他地区进行推广。

2.3.4.5　Projektergebnisse sind regelmäßig aufgearbeitet und in weitere Regionen der Volksrepublik China verbreitet.

a. 支持中德畜牧业技术创新中心举办跨地区的活动(至少每年一次)。

a. überregionale Veranstaltung zum Deutsch-Chinesischen Zentrum für Technologie und Innovation in der Tierzucht unterstützen (mindestens 1 x jährlich).

b. 举行此合作项目的专业活动(至少每年一次)。

b. Fachveranstaltung zum Projekt durchführen (mindestens 1 x jährlich).

c. 建立一个网络平台,用来发布项目信息,展示来自示范单位(牛场)的项目成果以及汇编专业活动的资料。

c. Einrichten einer Internetplattform zur Information über das Projekt, Darstellung der Projektergebnisse aus den Demonstrationsbetrieben und Dokumentation der Fachveranstaltungen.

2.3.5 效果
2.3.5 Wirkungen

2.3.5.1 养牛企业经济效益
2.3.5.1 Wirtschaftlichkeit der Rinderhaltungsbetriebe

通过向中国牛奶和牛肉产业链进行技术转移、提供牛遗传物质和养牛生产技术,使中国的养牛企业能够获取更加稳定和更高的收入。

Das Projekt leistet durch seinen Know-how Transfer und die Bereitstellung deutscher Rindergenetik und Technologie in die Wertschöpfungskette der Milch-und Rindfleischerzeugung einen wesentlichen Beitrag zur Stärkung der rinderhaltenden Betriebe in China, die dadurch in die Lage versetzt werden, stabilere und höhere Einkommen aus der Rinderhaltung zu erzielen.

2.3.5.2 养牛业经济效益
2.3.5.2 Wirtschaftlichkeit der Rinderhaltung

该项目有助于中国牛奶和牛肉生产的效益改进,并降低可能对牛奶和牛肉进口的依赖性。另一方面,通过土地资源的有效改善,减少生产每千克牛奶和牛肉所需饲料用地。

Das Projekt trägt zur Effizienzverbesserung der chinesischen Milch-und Fleischerzeugung bei und verringert die mögliche Abhängigkeit von Importen von Milch und Rindfleisch. Auf der anderen Seite führt die angestrebte Verbesserung der Ressourceneffizienz zu einer Verringerung der benötigten Futterflächen je kg erzeugte Milch und Rindfleisch.

2.3.5.3 社会效益
2.3.5.3 Sozialleistung

该项目支持畜牧业生产方式的转变,有助于稳定农村经济,促进产业发展。

Das Projekt trägt mit der Unterstützung von Umstellung der Produktionsverfahren in der Tierhaltung zur Stabilisierung ländlicher Räume und Tierhaltungsentwicklung bei.

2.3.5.4 生态效益
2.3.5.4 ökologische Leistung

实现牛奶和牛肉生产科学技术的改进,包括提高紧缺资源的使用效益,如土地和水资源,可以降低对环境造成的压力。例如,降低每生产一个单位的牛奶和牛肉所排放的温室气体量。

Die angestrebte Effizienzverbesserung der Produktionsverfahren von Milch und Rindfleisch beinhaltet eine höhere Ressourceneffizienz knapper Ressourcen wie Boden und Wasser und einer geringeren Umweltbelastung, z.B. durch Klimagase, je erzeugte Einheit von Milch und Rindfleisch.

2.3.5.5 风险和与此有关的观点

2.3.5.5 Risiken und diesbezügliche Annahmen

中德双方积极的参与和合作伙伴的大力支持是该项目成功运作的前提。项目方案的成功实施取决于有足够数量的示范单位(牛场)表示愿意进行项目合作。同时,项目最终还会给中德双方参与单位带来效益和利润(双赢局面)。

Das Projekt setzt eine aktive Teilnahme und Unterstützung der deutschen und chinesischen Partner voraus. Eine erfolgreiche Realisierung des Projektkonzeptes ist davon abhängig, dass eine ausreichende Anzahl von Demonstrationsbetrieben sich bereit erklären, mit dem Projekt eine Zusammenarbeit einzugehen. Weiterhin wird davon ausgegangen, dass sich die Projektwirkungen sowohl für die Projektbeteiligten auf der deutschen und der chinesischen Seite als auch für die Demonstrationsbetriebe selbst erfolgreich und gewinnbringend entwickeln (win/win-Situation).

2.3.6 德方和中方的工作

2.3.6 Leistungen der deutschen und chinesischen Seite

此中德合作项目的执行需要各个层面的多方面支持和积极合作。

Als deutsch-chinesisches Kooperationsprojekt bedarf das Projekt einer vielfältigen Unterstützung und aktiven Zusammenarbeit auf allen Ebenen.

2.3.6.1 德方的工作

2.3.6.1 Leistungen der deutschen Seite

德方的投入和工作由德国农业部对国际合作项目的资助(以预算资金到位为先决条件)和德国企业合作伙伴的工作组成。德方的项目参与者在2011年11月至2013年12月期间承担以下的工作,这些工作对德方需承担的3.4标题下详细列出的工作来说是不可或缺的:

Die Beiträge und Leistungen der deutschen Seite setzen sich zusammen aus Mitteln des BMELV-Kooperationsprogramms (vorbehaltlich der Verfügbarkeit von Haushaltsmitteln) sowie Leistungen der deutschen Wirtschaftspartner. Die Projektbeteiligten auf der deutschen Seite übernehmen im Zeitraum vom November 2011 bis Dezember 2013 die folgenden Leistungen, die von deutscher Seite für die Erbringung der unter 3.4 spezifizierten Aktivitäten erforderlich sind:

a. 支付派遣的专业人员的薪酬,负责协调工作和协助派遣的专业人员;

a. Vergütung der entsandten Fachkräfte, Koordinatoren und Betreuung

b. 支付派遣的专业人员往返中国的旅行费用(飞机票,出租车,火车票等),住宿费,每日出差补贴，交通费以及可能产生的其他与德方人员投入相关的费用(不包括在示范单位(牛场)周边的交通费)；

b. Reisekosten für entsandte Fachkräfte für die Hin-und Rückreise nach China (Flugtickets, Taxis, Eisenbahn etc.), übernachtungsgelder, Tagegelder und Transport und ggf. weitere im Zusammenhang mit dem deutschen Personaleinsatz entstehende Kosten (ohne lokale Transportkosten im Umfeld der Demonstrationsbetriebe);

c. 中方专业人员在德国的旅行费、住宿费、每日出差补贴以及交通费(不包括往返德国的交通费)；

c. Reisekosten, übernachtungsgelder, Tagegelder und Transport von chinesischen Fachkräften in Deutschland (ohne An-und Abreisekosten);

d. 在德国牛育种企业中提供相应的培训机构和进修场地；

d. Bereitstellung von Aus-und Fortbildungsplätzen in entsprechenden Fortbildungseinrichtungen sowie Einrichtungen der Rinderzuchtunternehmen in Deutschland;

e. 负责被委托的项目咨询与执行公司 ADT Projekt GmbH 的支出；

e. Aufwendungen des beauftragten Consultingunternehmens ADT Projekt GmbH;

f. 德方设在北京的项目办公室的初次设备配置和日常支出，包括至少一名当地员工的开销；承担工作人员走访牛场而产生的旅行及逗留费用(不包括当地的交通费)；

f. Erstausstattung und laufende Kosten des Projektbüros der deutschen Seite in Peking mit mindestens einem lokalen Mitarbeiter; übernahme der Reise-und Aufenthaltskosten der Mitarbeiter beim Besuch der Pilotbetriebe (ohne lokale Transportkosten);

g. 支持旨在推广项目成果的项目活动；

g. Unterstützung von Projektveranstaltungen zur Multiplikation der Projektergebnisse;

h. 免费提供(包括办理使用许可手续的费用)用于混合日粮的计算及统计与评估牛群性能数据的软件(包括软件的汉化处理)，项目的合作期间在示范单位(牛场)和试验牛群中持续使用；

h. Kostenfreie Anpassung und Bereitstellung von Software in chinesischer Sprache (inkl. Lizenzgebühren) zur Rationsberechnung und Erfassung und Auswertung von Leistungsdaten für die Demonstrationsbetriebe bzw. Pilotherden für die Dauer der Zusammenarbeit im Projekt;

i. 提供在中国(在北京进行的部分项目活动)和德国实施项目时所需的口译人员；

i. Bereitstellung von Dolmetschern für Projektmaßnahmen in Deutschland und anteilig in China (in Peking und anteilig bei Projektveranstaltungen);

j. 根据需要，参与支付项目执行中所需文件的笔译费用(德文—中文)；

j. Je nach Bedarf Beteiligung an Kosten für die übersetzung von Projektdokumenten (deutsch-chinesisch);

k. 定期通过外聘检验方对项目执行进展进行评估；

k. Regelmäßige Evaluierung des Projektfortschritts durch externe Gutachter;

l. 支持此合作项目迄今为止及将来获得的经验成果的运用和推广；

l. Unterstützung bei der Anwendung und weiteren Verbreitung von bisherigen und zukünftigen Ergebnissen von bilateralen Kooperationsvorhaben in der Rinderzucht;

m. 免费为每个示范单位(牛场)每年提供 2000 份冻精;承担冻精到达中国第一个接收地(如机场)前产生的运输费用;

m. Bereitstellung von jährlich 2.000 Portionen Rindersperma je Demonstrationsbetrieb; übernahme der Kosten für Transport bis erster Anlieferungsort (z. B. Flughafen) in China;

n. 支持建立和维护中德畜牧业技术创新中心的网络平台(中文、德文)。

n. Vorbereitung, Bereitstellung und Unterhalt einer Internetplattform zum Rinderzuchtprojekt und zum Deutsch-Chinesischen Zentrum für Technologie und Innovation in der Tierzucht (chinesisch, deutsch).

在项目的执行过程中还将吸收与牛育种和饲养相关领域的企业作为合作伙伴,如经营饲料作物的种子公司,经营饲料作物种植和收割的机械设备公司,生产挤奶设备、牛舍建造设备的机械公司,提供牛舍建设技术或人工授精技术的公司。这些合作伙伴的加入要与提供给示范单位(牛场)的需求方案和支持方案的目标一致,并与他们分别签订特殊协议(例如在提供专业人员、生产设备和技术等方面)。

Die Einbeziehung von Leistungen weiterer Unternehmen, wie z. B. aus den Bereichen der Saatgutwirtschaft für Futterpflanzen, Futterernte-und Landtechnik, Melktechnik, Stallbau und Stalltechnik oder Besamungstechnologie, ist im Zuge der weiteren Projektausgestaltung möglich. Die nachträgliche Aufnahme eines weiteren Wirtschaftspartners sollte im Einklang mit dem Bedarfs-und Unterstützungskonzept der Demonstrationsbetriebe stehen und wird jeweils gesondert vereinbart (z. B. hinsichtlich der Zurverfügungstellung von Fachkräften sowie der Bereitstellung von Betriebsmitteln und Technik).

2.3.6.2 中方的工作

2.3.6.2 Leistungen der chinesischen Seite

中方的工作由中国农业部的资金(以中国农业部预算资金额度和可支配性为先决条件)、全国畜牧总站的工作以及示范单位(牛场)的投入和工作组成。中方的项目参与者在 2011 年 11 月至 2013 年 12 月期间承担以下工作,这些工作对需中方承担的 3.4 标题下详细列出的工作来说是不可或缺的:

Die Beiträge und Leistungen der chinesischen Seite setzen sich zusammen aus Mitteln des MfL (vorbehaltlich der Summe und der Verfügbarkeit von Haushaltsmitteln), Leistungen des NAHS sowie aus Beiträgen und Leistungen der Demonstrationsbetriebe. Die Projektbeteiligten auf der chinesischen Seite übernehmen im Zeitraum vom November 2011 bis Dezember 2013 die folgenden Leistungen, die von chinesischer Seite für die Erbringung der unter 3.4 spezifizierten Aktivitäten erforderlich sind:

a. 中方项目办公室的日常支出及工作经费;

a. Alltägliche Ausgabe und Arbeitskosten vom chinesischen Projektbüro ;

b. 支付中国专家在中国开展培训、咨询活动的劳务费和差旅费;

b. Reisekosten und Einsatzgebühren für die chinesischen Experten zur Betreuung der Demonstrationsbetriebe, Schulungsmaßnahmen und Veranstaltungen in China;

c. 承担德国专家在中方示范单位(牛场)周边地区的交通费(在省级层面从机场起);

c. übernahme der lokalen Reisekosten für deutsche und chinesische Experten im Umfeld der Pilotbetriebe (auf Provinzebene ab Flughafen);

d. 免除以下货物的关税:德方向示范单位(牛场)提供的牛遗传物质及其他免费配给的生产设备和技术,如果这些货物进关时不能免税,承担因此而产生的费用;

d. Zollbefreiung für die von der deutschen Seite für die Demonstrationsbetriebe bereitgestellte Rindergenetik sowie gegebenenfalls unentgeltlich zur Verfügung gestellte Betriebsmittel und Technik bzw. übernahme der Kosten, falls diese Lieferungen nicht von der Verzollung befreit werden können;

e. 承担冻精从抵达第一个中方接收地(如机场)之后的运输、通关及其他费用;

e. übernahme der Kosten für Transport und Abwicklung der Spermalieferung ab ersten Ankunftsort (z.B. Flughafen) in China;

f. 在项目实施过程中协助德方技术人员对项目示范单位进行基本情况调查分析;

f. Unterstützung der deutschen Fachkräften bei der Projektumsetzung, die Grundbedingungen der Demonstrationsbetriebe zu prüfen;

g. 承担中国专业人员到德国考察、培训和进修时的往返程交通费用;

g. übernahme der An-und Abreisekosten für chinesische Fachkräfte für Studienreisen und/oder überbetrieblichen Aus-und Weiterbildungsmaßnahmen nach Deutschland

h. 德方专家在中国进行项目技术培训或者到示范单位(牛场)现场指导时,如需要,中方负责提供翻译;

h. Wenn erforderlich, Bereitstellung von Dolmetschern für technische Schulungsmaßnahmen oder Vor-Ort-Beratungen auf den Demonstrationsbetrieben in China;

i. 根据需要,中方参与支付或承担项目执行中所需文件的笔译费用(中文-德文/英文);

i. Je nach Bedarf Beteiligung an Kosten oder übernahme der übersetzung von Projektdokumenten (chinesisch-deutsch/englisch);

j. 提供在中国进行培训和举办项目活动的场地;

j. Bereitstellung von Räumlichkeiten für überbetriebliche Schulungen der Mitarbeiter von Demonstrationsbetrieben und Projektveranstaltungen;

k. 建立和维护中德畜牧业技术创新中心的网络平台(中文、德文);

k. Vorbereitung, Bereitstellung und Unterhalt einer Internetplattform zum Rinderzuchtprojekt und zum Deutsch-Chinesischen Zentrum für Technologie und Innovation in der Tierzucht (chinesisch, deutsch);

l. 定期由中国的专家学者对项目成果进行评估;

l. Regelmäßige Evaluierung der Projektergebnisse durch chinesische Wissenschaftler;

m. 支持此合作项目迄今为止及将来获得的经验成果的运用和推广。

m. Unterstützung bei der Anwendung und weiteren Verbreitung von bisherigen und zukünftigen Ergebnissen von chinesisch-deutschen Kooperationsvorhaben in der Rinderzucht;

中方负责示范单位(牛场)的领导和管理，保证示范单位(牛场)的有效运行和经营，为此要完成以下工作：

Die Führung und das Management der Demonstrationsbetriebe bleiben in der ausschließlichen Verantwortung der chinesischen Partner, die eine effiziente Leitung und Bewirtschaftung der Demonstrationsbetriebe sicherstellen. Darüber hinaus erbringen die Demonstrationsbetriebe folgende Leistungen:

a. 要正确使用德国的牛遗传物质和技术；

a. Bereitschaft der Pilotbetriebe zum sachgerechten Einsatz der deutschen Rindergenetik und Technik;

b. 根据需要，首先使用德方提供的软件定期统计和汇总存栏牛的性能数据和生产指标；

b. Je nach Bedarf regelmäßige Erfassung von Leistungsdaten und Produktionskennziffern des Rinderbestandes (vorrangig mittels der von der deutschen Seite bereitgestellten Software);

c. 在进行生产技术和经济效益评估和进行咨询时发挥积极的作用；

c. Aktive Mitwirkung des Demonstrationsbetriebes bei produktionstechnischen und ökonomischen Auswertungen sowie Beratungsmaßnahmen;

d. 承担示范单位(牛场)的员工在中国接受培训时的差旅和日常费用；

d. übernahme der Reise-und Aufenthaltskosten für Mitarbeiter der Demonstrationsbetriebe bei Fortbildungsmaßnahmen in China ;

e. 如果经确定示范单位(牛场)确实需要一定的技术和生产设备，承担由此产生的费用(如果没有通过特别协议由德方提供的技术和生产设备)；

e. übernahme der Kosten für Technik und Betriebsmittel gemäß dem identifizierten Bedarf auf den Demonstrationsbetrieben (soweit nicht durch eine gesonderte Vereinbarung durch die deutsche Seite zur Verfügung gestellt)

f. 承担示范单位(牛场)的工作人员在德国参加培训时往返德国的费用；

f. übernahme der An-und Abreisekosten nach Deutschland für Mitarbeiter der Demonstrationsbetriebe bei Fortbildungsmaßnahmen in Deutschland

g. 在条件允许的情况下，项目执行期间提供示范单位(牛场)用于示范和培训活动；

g. Unter den erlaubten Bedingungen regelmäßige Zurverfügungstellung des Demonstrationsbetriebes für Demonstrations-und Fortbildungsmaßnahmen in der Projektimplementierung;

h. 承担项目所需工作场所的费用/在示范单位(牛场)进行咨询和培训时提供住所(包括配备家具)。

h. übernahme der Kosten und Bereitstellung und Herrichtung von Arbeitsräumen /

ggf. Unterkunftsmöglichkeiten für Beratungs-und Schulungsmaßnahmen auf den Demonstrationsbetrieben (inkl. Möblierung).

2.3.7　项目在资助结束后的延续

2.3.7　Fortführung nach Beendigung der Förderung

德国养牛企业已经通过设立子公司和签署合作伙伴协议长期参与到中国的发展中，由此可以确定，项目成果在项目结束之后在中国也会有用武之地，也会在目标群体中产生多方面影响。

Die deutschen Rinderzuchtunternehmen haben sich durch die Gründung von Tochtergesellschaften und den Abschluss von Partnerschaftsverträgen auf ein längerfristiges Engagement in China eingelassen. Insofern ist sichergestellt, dass die Projektergebnisse auch über das Projektende hinaus genutzt und Wirkungen bei den Zielgruppen auslösen werden.

2.4　项目管理

2.4　Projektmanagement

2.4.1　项目负责人

2.4.1　Projektträger

中方项目受"中心"领导小组领导，中方项目办公室具体负责项目组织实施。

Auf der chinesischen Seite wird das Projekt von der chinesische Steuerungsgruppe vom Deutsch-Chinesischem Zentrum für Technologie und Innovation in der Tierzucht gesteuert und das chinesische Projektbüro trägt die Verantwortung für die Organisation und Umsetzung des Projektes.

德国官方负责部门是德国农业部。由于项目是作为经济合作项目设计的，所以项目的领导和实施得到主要的经济伙伴，即四家主要参加项目的德国牛育种企业：德国巴伐利亚遗传物质公司(Bayern-Genetik GmbH)、德国宝牛育种中心 (BVN)、德国遗传物质国际有限公司 (GGI) 和诺丁林种畜基因产品公司(Masterrind) 的大力支持。德方为项目执行成立一个由德国农业部、GFA、ADT 和四家主要参加项目的德国牛育种企业组成的项目领导小组。

Auf deutscher Seite ist das Bundesministerium für Ernährung, Landwirtschaft und Verbraucherschutz der Bundesrepublik Deutschland (BMELV) der politische Projektträger. Da das Projekt als Wirtschaftskooperationsprojekt konzipiert ist, wird die Projektsteuerung und Umsetzung maßgeblich durch die Hauptwirtschaftspartner, die deutschen Rinderzuchtunternehmen Bayern-Genetik GmbH, Besamungsverein Neustadt Aisch e. V. (BVN), German Genetics International GmbH (GGI) und Masterrind GmbH unterstützt, die gemeinsam als operativer Projektträger fungieren. Auf deutscher Seite fungiert für die Durchführung des Projektes eine Steuerungsgruppe bestehend aus dem BMELV, der GFA

Consulting Group，der ADT Projekt GmbH und den vier Hauptwirtschaftspartnern.

2.4.2 项目组织

2.4.2 Projektorganisation

中德联委会负责项目政策领导。

Die politische Steuerung des Vorhabens obliegt der deutsch-chinesischen Arbeitsgruppe Ernährungs-und Agrarpolitik.

中方对项目的协调，组织和执行以及项目措施的实施由"中心"中方项目办公室负责，办公室设在全国畜牧总站；

Die operative Projektkoordination und Organisation und Durchführung der Projektmaßnahmen erfolgt auf chinesischer Seite durch das chinesische Projektbüro vom Deutsch-Chinesischen Zentrum für Technologie und Innovation in der Tierzucht，welches im National Animal Husbandry Service（NAHS）eingerichtet wird.

德方的项目协调和执行由主要的企业经济伙伴和 ADT 项目公司进行。德方将在北京设立一个项目办公室，聘用至少一名当地工作人员。

Die Projektkoordination und-durchführung auf deutscher Seite erfolgt durch die Hauptwirtschaftspartner und die Beratungsfirma ADT Projekt GmbH. Auf deutscher Seite wird ein Projektbüro in Peking mit mindestens einem lokalen Mitarbeitern eingerichtet.

2.5 成本估算和筹资

2.5 Kostenschätzung und Finanzierung

中方的经费来源是中国农业部、全国畜牧总站和示范单位(牛场)；

Die Beiträge der chinesischen Seite werden aus Mitteln des Ministeriums für Landwirtschaft（MfL）und des NAHS sowie Demonstrationsbetrieben bereitgestellt.

德方的经费来源是德国农业部对国际合作项目的资助，以及四家主要参与项目的牛育种企业和后续将加入到项目中的其他企业的资金，这些德国企业还有各自的投入和要承担的工作。

Die Beiträge der deutschen Seite werden aus den Mitteln aus dem BMELV Kooperationsprogramm sowie aus Mitteln，Leistungen und Beiträgen der vier beteiligten Hauptwirtschaftspartner sowie weiterer Wirtschaftspartner finanziert beziehungsweise bereitgestellt.

中德双方均为各自投入的资金负责。

Die deutsche und die chinesische Seite sind jeweils für die Verwaltung ihrer eigenen Beiträge zuständig.

2.6 可能出现的项目附加效应

2.6 Mögliche weitere Projektwirkungen

此项目会为加强农业和粮食生产领域中的中德关系做出贡献。作为建立在中国典型养牛企业和诸多经济伙伴共同运作基础上的联合项目，将增进对现代化牛奶和牛肉生产的共同理解。

Das Projekt leistet einen wichtigen Beitrag dazu, die deutsch-chinesischen Beziehungen in der Agrar-und Ernährungswirtschaft zu stärken. Als integriertes Verbundprojekt mit verschiedenen Wirtschaftspartnern auf der Basis von typischen rinderhaltenden Betrieben in China bietet das Vorhaben die Grundlage dafür, das gemeinsame Verständnis einer modernen Milch-und Rindfleischproduktion in China zu verbessern.

3 中德畜牧业技术创新中心

——中国牛业发展合作项目

实施方案

（2014 年）

Durchführungskonzept zum Deutsch-Chinesischen Zentrum für Technologie und Innovation in der Tierzucht über das Vorhaben „Kooperationsprojekt zur Weiterentwicklung der Rinderzucht in China“

中方项目执行单位:全国畜牧总站

DURCHFÜHRUNGSEINHEIT DER CHININESISCHEN SEITE: NATIONAL ANIMAL HUSBANDRY SERVICE (NAHS)

德方项目执行单位:GFA CONSULTING GROUP GMBH 公司

DURCHFÜHRUNGSEINHEIT DER DEUTSCHEN SEITE: GFA CONSULTING GROUP GMBH

2013 年 11 月 28 日

28.11.2013

3.1 项目介绍

3.1 Das Projekt

（1）根据中华人民共和国农业部与德意志联邦共和国食品、农业及消费者保护部（以下简称“德国农业部”）签署的《中华人民共和国农业部与德意志联邦共和国食品、农业及消费者保护部关于建立中德畜牧业技术创新中心意向书》的精神，项目执行单位中国农业部全国畜牧总站和德国 GFA CONSULTING Group GmbH（以下简称 GFA）经友好协商，制订本实施方案。GFA 是德国农业部直接授权的项目委托方，从事与其他国家之间在食品、农业和消费者保护方面的双边技术合作。

（1）Gemäß der Absichtserklärung zwischen dem Bundesministerium für Ernährung, Landwirtschaft und Verbraucherschutz der Bundesrepublik Deutschland（im folgenden „BMELV“）und dem Ministerium für Landwirtschaft der Volksrepublik China（im folgenden „MfL“）über die Zusammenarbeit in der Tierzucht（im folgenden „Absichtserklärung“）wurde das getroffene Konzept durch einvernehmliche Absprache zwischen den Durchführungseinheiten, NAHS auf der chinesischen Seite und GFA Consulting Group GmbH auf der deutschen Seite, erstellt. GFA ist Generalbeauftragter des BMELV für die bilaterale technische Zusammenarbeit mit dem Ausland auf dem Gebiet der Ernährung, der Landwirtschaft und des Verbraucherschutzes.

（2）“中国牛业发展合作项目”是中德畜牧业技术创新中心的重要工作内容之一。双方将以此合作项目为基础，为今后双方在畜牧业领域开展更广泛的合作打下良好的基础。

（2）Das „Kooperationsprojekt zur Weiterentwicklung der Rinderzucht in China“ ist ein wichtiger Bestandteil des „Deutsch-Chinesischen Zentrums für Technologie und Innovation in der Tierzucht“. Beide Seiten bauen anhand dieses Projekts eine gute Basis für weitere Zusammenarbeit in der Tierhaltung auf.

（3）项目目标：通过引进德国先进的养牛生产管理技术和优良的遗传物质，帮助中国养牛企业提高牛奶及牛肉质量和资源效益。

（3）Das Projektziel lautet: Chinesische Rinderhaltungsbetriebe haben die Produktionskette der Milch-und Rindfleischerzeugung in ihrer Leistungsfähigkeit, Qualität und Ressourceneffizienz unter Nutzung von deutschem Know-How und deutscher Genetik/Technologie verbessert.

（4）中方项目执行和实施单位是农业部全国畜牧总站，2011 年第一批项目参加单位为北京三元绿荷奶牛养殖中心、石家庄润通牧业有限公司、新疆呼图壁种牛场有限公司、黑龙江省九三红枫种植有限公司、新疆维吾尔自治区国营乌鲁木齐种牛场、伊犁新褐种牛场，今后将根据项目进展情况适时增加项目参加单位；德方项目执行单位为GFA，实施单位为ADT Projekt GmbH，目前参加项目的主要德国企业是德国巴伐利亚遗传物质公司（Bayern-Genetik GmbH）、德国宝牛育种中心（BVN）、德国遗传物质国际有限公司（GGI）和诺丁林种畜基因产品公司（Masterrind），今后将根据项目进展情况适时增加参与企业。

(4) Der NAHS trägt die Verantwortung für die Durchführung und Umsetzung des Projektes auf der chinesischen Seite. Im Jahr 2011 nehmen sechs Betriebe in China am Projekt teil (Beijing SanYuan LvHe Milchviehhaltungszentrum, Shijiazhuang RunTong Tierhaltung GmbH, Xijiang HuTuBi Zuchtstation, Heilongjiang Jiusan HongFeng GmbH, Xijiang Urumqi Staatszuchtstation, Xinjiang Yili XinHe Zuchtstation) und je nach der Projektentwicklung kann die Anzahl der daran teilnehmenden chinesischen Betriebe in Abstimmung mit der deutschen Seite entsprechend erhöht werden. Auf der deutschen Seite trägt die GFA Consulting Group GmbH die Verantwortung für die Durchführung des Projektes und ADT Projekt GmbH für die Umsetzung. Auf deutscher Seite nehmen weiterhin 4 Hauptwirtschaftspartner am Projekt teil: Bayern-Genetik GmbH, Besamungsverein Neustadt Aisch e. V. (BVN), German Genetics International GmbH (GGI) und Masterrind GmbH. Weitere Wirtschaftspartner können in das Projekt aufgenommen werden.

(5)项目主要内容详见附件——《中国牛业发展合作项目说明》，此附件是本实施方案的组成部分，并将在双方友好协商的基础上，在项目执行过程中根据项目发展需要予以相应更改。

(5) Die Projektinhalte sind der Anlage „Projektbeschreibung des Kooperationsprojektes zur Weiterentwicklung der Rinderzucht in China“ zu entnehmen. Die Anlage ist Bestandteil dieses Durchführungskonzeptes. Die Projektbeschreibung kann im Einvernehmen beider Vertragspartner entsprechend den Projekterfordernissen bei der Implementierung angepasst werden.

(6)本实施方案自2014年1月1日起至2014年12月31日止，并以两国农业部预算资金的可支配性为先决条件。

(6) Die vorliegende Vereinbarung wird für die Dauer einer weiteren Phase der Projektimplementierung bis zum 31.12.2014 abgeschlossen, vorbehaltlich der Verfügbarkeit von Haushaltsmitteln des BMELV und des MfL.

3.2 中方负责的工作

3.2 Leistungen der chinesischen Seite für das Projekt

(1)中方的工作与投入资金由中国农业部（以预算资金的可支配性为先决条件）和项

目示范单位的投入组成。

(1) Die Beiträge und Leistungen der chinesischen Seite setzen sich zusammen aus Mitteln des Ministeriums für Landwirtschaft (vorbehaltlich der Verfügbarkeit von Haushaltsmitteln), sowie aus Beiträgen und Leistungen der Demonstrationsbetriebe.

(2)中方负责的工作详见项目说明3.6.2。

(2)Die Leistungen der chinesischen Seite sind dem Kapitel 3.6.2 der Projektbeschreibung zu entnehmen.

(3)中方的项目参与方对项目说明3.6.2执行是执行项目说明3.4项的前提。

(3)Die Erbringung der unter Kapitel 3.6.2 in der Projektbeschreibung genannten Leistungen auf der chinesischen Seite ist die Voraussetzung für die Umsetzung des Punktes 3.4 der Projektbeschreibung.

(4)全国畜牧总站分别与项目示范单位签署协议，此协议是本项目在中国顺利实施的保证，主要内容涉及项目说明3.6.2项的内容。

(4) NAHS schließt mit jedem Demonstrationsbetrieb eine Vereinbarung ab. Dieser Vertrag gewährleistet die Durchführung des Projektes in China. Die Hauptinhalte der Vereinbarung betrifft das Kapitel 3.6.2 in der Projektbeschreibung.

3.3 德方负责的工作

3.3 Leistungen der deutschen Seite für das Projekt

(1)德方的工作与投入以德国农业部提供的资助(以预算资金的可支配性为先决条件)(由GFA代表德国农业部)和在此实施方案1(4)条款中提及的四家德国项目参与企业:德国巴伐利亚遗传物质公司(Bayern-Genetik GmbH)、德国宝牛育种中心(BVN)、德国遗传物质国际有限公司(GGI)和诺丁林种畜基因产品公司(Masterrind)的投入为前提。

(1)Die Beiträge und Leistungen der deutschen Seite setzen sich zusammen aus Mitteln des BMELV (vorbehaltlich der Verfügbarkeit von Haushaltsmitteln), vertreten durch die GFA sowie Leistungen der Hauptwirtschaftspartner Bayern-Genetik GmbH, Besamungsverein Neustadt Aisch e.V. (BVN), German Genetics International (GGI) und Masterrind GmbH und weiteren Wirtschaftspartnern.

(2)德方负责的工作详见项目说明3.6.1。

(2)Eine detaillierte Beschreibung der Leistungen der deutschen Seite ist dem Kapitel 3.6.1 der Projektbeschreibung zu entnehmen.

(3)德国的项目参与方对项目说明3.6.1执行是执行项目说明3.4项的前提。

(3)Die Erbringung der unter Kapitel 3.6.1 in der Projektbeschreibung genannten Leistungen auf der deutschen Seite ist die Voraussetzung für die Umsetzung des Punktes 3.4 der Projektbeschreibung.

3.4 项目专家的选择和解职

3.4 Auswahl und Abberufung der entsandten Fachkräfte

(1)中方专家的选择和解职由全国畜牧总站负责。

(1) Die Auswahl und evtl. Abberufung der chinesischen Fachkräfte erfolgt durch den NAHS.

(2)德方派遣专家的选择和解职由 GFA 和 ADT 共同商讨确定。

(2) Die Auswahl und evtl. Abberufung der deutschen Fachkräfte erfolgt durch die GFA Consulting Group GmbH und die ADT Projekt GmbH.

3.5 项目管理和协调

3.5 Steuerung und Koordination des Projektes

(1)中德畜牧业技术创新中心在中德农业联委会的领导下工作。

(1) Das Zentrum arbeitet unter der Steuerung der deutsch-chinesischen Arbeitsgruppe für Agrar-und Ernährungspolitik.

3.6 其他事项

3.6 Weitere Regelungen

(1)本实施方案以中文和德文两种文字书写,具有同等效力。

(1) Der Text der Vereinbarung ist in deutscher und chinesischer Sprache abgefasst, wobei beide Versionen gleichermaßen gültig sind.

(2)本实施方案未尽事宜,由双方协商解决。

(2) Was in diesem Konzept nicht festgestellt wird, werden beide Seiten im Einvernehmen abstimmen.

(3)本实施方案一式两份,双方各执一份,自签署之日起生效。

(3) Dieses Konzept besteht aus zwei Ausfertigungen. Jede Seite erhält eine Ausfertigung. Das Konzept tritt mit der Unterzeichnung in Kraft.

中方项目执行单位:全国畜牧总站 DURCHFHRUNGSEINHEIT DER CHININESISCHEN SEITE: NATIONAL ANIMAL HUSBANDRY SERVICE (NAHS) 28/11-2013 何新天 全国畜牧总站代表 VERIRETER, NATIONAL ANIMAL HUSBANDRY SERVICE 2013 年 11 月 28 日于北京 28.11.2013	德方项目执行单位:GFA 咨询集团公司 DURCHFHRUNGSEINHEIT DER DEUTSCHEN SEITE: GFA CONSULTING GROUP GMBH Inge Gaerke GFA 咨询集团公司(柏林)项目总监 Programmleiter, GFA CONSULTING GROUP GMBH , Berlin 2013 年 11 月 28 日于北京 28.11.2013
附件:项目说明	Anlagen: Projektbeschreibung

4　中德畜牧业技术创新中心

——中国牛业发展合作

项目说明

（2014 年）

Deutsch-Chinesisches Zentrum für Technologie und Innovation in der Tierzucht

PROJEKTBESCHREIBUNG

Kooperationsprojekt zur Weiterentwicklung der Rinderzucht in China

项目说明书更新于 2013 年 11 月

Aktualisierte Fassung der Projektbeschreibung vom November 2013

4.1 计划简述

4.1 Kurzbeschreibung des Vorhabens

项目名称 Projekttitel	中国牛业发展合作项目 Kooperationsprojekt zur Weiterentwicklung der Rinderzucht in China
主要问题 Zentralproblem	随着中国经济的快速增长,国民对动物食品的需求,尤其是牛奶和牛肉需求的迅速增长,对牛奶和牛肉生产能力的增长提出了新的要求。中国养牛业需要进一步提高产能、质量和资源效益。 Die Volksrepublik China ist seit einigen Jahren von einem spektakulären Wirtschaftswachstum geprägt. Mit steigendem Wohlstand der chinesischen Bevölkerung ist eine erhöhte Nachfrage nach tierischen Lebensmitteln insbesondere nach Milch und Rindfleisch festzustellen. Daher werden neue Anforderungen an die Milch-und Rindfleischerzeugung gestellt, Leistungsfähigkeit, Qualität und Ressourceneffizienz zu verbessern
发展目标 Entwicklungsziel	提高中国养牛业的效益。 Ein Beitrag zur nachhaltigen Effizienzsteigerung der Rinderhaltung in China ist geleistet
项目目标 Projektziel	通过引进德国先进的养牛生产管理技术和优良的遗传物质,帮助中国养牛企业提高牛奶及牛肉质量和资源效益。 Chinesische Rinderhaltungsbetriebe haben die Milch-und Rindfleischerzeugung in ihrer Leistungsfähigkeit, Qualität und Ressourceneffizienz unter Nutzung von deutschem Know-how und deutscher Genetik/Technologie verbessert
预期成果 Geplante Ergebnisse	1.制订项目方案,双方商讨项目的基本结构 1. Projektkonzept entwickelt, von deutscher und chinesischer Seite gemeinsam vereinbart und Projektinfrastruktur aufgebaut 2.项目示范单位(牛场)得到发展,并发挥示范作用 2. Demonstrationsbetriebe im Rahmen des Projektes sind entwickelt und werden zur Demonstration genutzt 3.相关管理和技术人员得到培训 3. Relevante Fach-und Führungskräfte sind weitergebildet 4.就家畜育种和饲养的专业问题进行信息和经验交流 4. Informations-und Erfahrungsaustausch zu fachtechnischen Aspekten der Tierzucht und-haltung ist erfolgt 5.整理总结项目经验,并在其他地域进行推广 5. Projektergebnisse sind aufgearbeitet und in weitere Regionen der Volksrepublik China verbreitet

	6. 2014年开展在养猪、养羊等领域的技术合作。 6. Technische Kooperationsmaßnahmen im Bereich von Schweine-und Schafhaltung in 2014
目标群体 Zielgruppen	中国畜牧业企业 Chinesische Tierhaltungsbetriebe 牛奶和牛肉产业链上的服务商 Dienstleister in der Wertschöpfungskette der Milch-und Rindfleischerzeugung 牛育种组织 Rinderzuchtorganisationen 科研机构 Wissenschaftliche Institute
项目参加单位： Projektbeteiligte 中方 Chinesische Seite	农业部全国畜牧总站、北京三元绿荷奶牛养殖中心、石家庄润通牧业有限公司、新疆呼图壁种牛场有限公司、黑龙江省九三红枫种植有限公司、新疆维吾尔自治区国营乌鲁木齐种牛场、伊犁新褐种牛场以及其他相关畜牧业企业。 Ministerium für Landwirtschaft der Volksrepublik China National Animal Husbandry Service (NAHS), Demonstrationsbetriebe: Beijing SanYuan LvHe Milchviehhaltungszentrum, Shijiazhuang RunTong Tierhaltung GmbH, Xijiang HuTuBi Zuchtstation, Heilongjiang Jiusan HongFeng GmbH, Xijiang Urumqi Staatszuchtstation, Xinjiang Yili XinHe Zuchtstation sowie weitere ausgewählte relevante Tierhaltungsbetriebe
德方 Deutsche Seite	德意志联邦共和国食品、农业和消费者保护部(BMELV)、GFA、ADT、德国巴伐利亚遗传物质公司(Bayern-Genetik)，德国宝牛育种中心(BVN)，德国遗传物质国际有限公司(GGI)和诺丁林种畜基因产品公司(Masterrind)。 Bundesministerium für Ernährung, Landwirtschaft und Verbraucherschutz der Bundesrepublik Deutschland (BMELV); GFA Consulting Group GmbH, ADT Projekt GmbH Bayern-Genetik GmbH, Besamungsverein Neustadt Aisch e. V. (BVN), German Genetics International GmbH (GGI) und Masterrind GmbH
项目实施时间 Durchführungs-zeitraum	2014年1月1日至2014年12月31日：项目实施阶段Ⅱ 01/01/2014—31/12/2014 Projektimplementierung Phase Ⅱ

德国食品、农业和消费者保护部投入的预计支出 Geschätzte Kosten der deutschen Seite	德方由德国农业部和参与项目的德国企业共同投资 Setzen sich aus Mitteln des BMELV und der Wirtschaftspartner zusammen
中方预计支出 Geschätzte Kosten der chinesischen Seite	中方的投入主要由农业部项目资金及中方项目示范单位投入构成。 Setzen sich zusammen aus Mitteln des MfL und den Demonstrationsbetrieben

4.2　立项依据

4.2　Ziel und Begründung des Vorhabens

4.2.1　现状及问题分析

4.2.1　Ausgangssituation, Potenzial-und Problemanalyse

近年来,随着中国经济的快速增长,国民对动物食品的需求,尤其是牛奶和牛肉需求的迅速增长,对牛奶和牛肉生产能力的增长提出了新的要求。中国养牛业需要进一步提高产能、质量和资源效益。

Die Volksrepublik China ist seit einigen Jahren von einem spektakulären Wirtschaftswachstum geprägt. Mit steigendem Wohlstand der chinesischen Bevölkerung ist eine erhöhte Nachfrage nach tierischen Lebensmitteln insbesondere nach Milch und Rindfleisch festzustellen. Daher werden neue Anforderungen an die Milch-und Rindfleischerzeugung gestellt, Leistungsfähigkeit, Qualität und Ressourceneffizienz zu verbessern.

为了推进中国养牛业的健康发展,中方希望利用德国先进的养牛生产管理技术和优良的遗传物质来改进中国的牛奶和牛肉生产。此项合作以德国的德系西门塔尔牛、荷斯坦牛和褐牛为基础,一是通过用引进德系西门塔尔乳肉兼用牛来实现乳肉兼用品种在中国的推广,二是以荷斯坦牛为基础,建立一个生产效率更高的奶牛群体,三是以褐牛为基础,推进中国西部省份褐牛的育种与饲养。

Um die chinesische Rinderhaltung weiter zu entwickeln, möchte die chinesische Seite deutsche Genetik, Technologie und Erfahrungen zur Optimierung der Produktionsverfahren der Milch-und Rindfleischerzeugung wirkungsvoll nutzen. Die Ausgangsbasis der Zusammenarbeit bezieht sich auf drei Rinderrassen, die in Deutschland eine erfolgreiche züchterische Entwicklung genommen haben. Dies umfasst die Einkreuzung und Verbreitung von Fleckvieh als Doppelnutzungsrasse für die kombinierte Milch-und Fleischerzeugung, die Steigerung der Milcherzeugung mit der Etablierung eines intensiven Milchviehbestandes der Rasse Holstein sowie die züchterische Verbesserung von Braunvieh unter den besonderen klimatischen und agro-ökologischen Bedingungen in den westlichen Provinzen Chinas.

在德国联邦食品、农业和消费者保护部（下称“德国农业部”）和中国农业部的倡导下，中德在养牛业方面的合作发展迅速。作为合作伙伴，德国牛育种企业向中国牛场提供了优质的冻精，同时也和一些专业机构开展了经验交流。

Initiiert durch das Bundesministerium für Ernährung, Landwirtschaft und Verbraucherschutz der Bundesrepublik Deutschland (BMELV) und das Ministerium für Landwirtschaft der Volksrepublik China (MfL) wurde in den letzten Jahren die deutsch-chinesische Zusammenarbeit in der Rinderzucht intensiviert. Als Partner dieser Entwicklung stellten deutsche Rinderzuchtunternehmen rinderhaltenden Betrieben in China hochwertige Genetik zur Verfügung und leiteten einen fachlichen Erfahrungsaustausch ein.

为巩固和加强中德双边农业合作关系，促进畜牧业科技和经济交流与合作，中德两国农业部于 2010 年 1 月签署了“中华人民共和国农业部与德意志联邦共和国食品、农业及消费者保护部关于建立中德畜牧业技术创新中心意向书”。双方一致同意在北京建立“中德畜牧业技术创新中心”(以下简称“中心”)。“中心”先期开展“中国牛业发展合作项目”。该项目计划向中国项目示范单位(牛场)提供德国优质的牛遗传物质(冻精和胚胎)和先进的牛场生产管理技术，从而提高牛奶和牛肉的生产效率。“中心”在中德农业联委会领导下开展工作。

Um die bilaterale Zusammenarbeit in der Landwirtschaft zwischen Deutschland und China in der Tierzucht zu stärken und gleichzeitig die Zusammenarbeit in der Tierzucht wissenschaftlich und wirtschaftlich auszubauen, haben das Bundesministerium für Ernährung, Landwirtschaft und Verbraucherschutz der Bundesrepublik Deutschland und dem Ministerium für Landwirtschaft der Volksrepublik China im Januar 2010 eine Absichtserklärung über die Zusammenarbeit in der Tierzucht unterzeichnet. Beide Seiten haben abgestimmt, in Peking ein „Deutsch Chinesisches Zentrum für Technologie und Innovation in der Tierzucht (im Folgenden „Zentrum“ genannt)“ einzurichten. Als erstes Vorhaben wurde das „Deutsch-Chinesische Kooperationsprojekt zur Weiterentwicklung der Rinderzucht und Rinderhaltung in China“ vereinbart. Das Projekt sieht vor, chinesische Demontrationsbetriebe (Rinderzuchtbetriebe) unter Nutzung von deutscher Rindergenetik (Rindersamen und Embryonen), deutscher Technologie und Know-how zu leistungsfähigen Demonstrationsbetrieben zu entwickeln, um die die Effizienz in Milch-und Rindfleischproduktion zu erhöhen. Das Zentrum arbeitet unter der Steuerung der Arbeitsgruppe von Agrar-und Ernährungspolitik.

中方项目的执行和实施单位是全国畜牧总站，德方项目执行单位为 GFA，实施单位是

ADT。作为经济合作项目，其设计和顺利实施需要得到德国巴伐利亚遗传物质公司(Bayern-Genetik GmbH)、德国宝牛育种中心(BVN)、德国遗传物质国际有限公司(GGI)和诺丁林种畜基因产品公司(Masterrind)以及中方项目示范单位的大力支持和积极参与。

Durchführungs-und Umsetzungseinheit auf der chinesischen Seite ist der National Animal Husbandry Service (NAHS). Auf der deutschen Seite trägt die GFA Consulting Group GmbH die Verantwortung für die Durchführung des Projektes und ADT Projekt GmbH für die Umsetzung. Das Projekt ist als Wirtschaftskooperationsprojekt konzipiert. Demnach erfolgt die Projektplanung und-durchführung mit maßgeblicher Unterstützung und aktiver Beteiligung von den deutschen Rinderzuchtunternehmen Bayern-Genetik GmbH, Besamungsverein Neustadt Aisch e. V. (BVN), German Genetics International GmbH (GGI) und Masterrind GmbH sowie den chinesischen Demonstrationsbetrieben.

4.2.2　目标

4.2.2　Zielsetzung

发展目标："中心"旨在促进中德企业界的经贸合作，提高中国畜牧业综合生产能力和畜产品质量安全。

Entwicklungsziel: Das „Zentrum" zielt darauf ab, die Zusammenarbeit auf dem Gebiet von Handel und Wirtschaft zwischen deutschen und chinesischen Unternehmen zu fördern und leistet einen Beitrag, die Gesamtproduktionsleistung der chinesischen Tierhaltung zu erhöhen und die Qualität und Sicherheit der Produkte zu verbessern.

项目目标：通过使用优质的牛遗传物质和先进的牛场生产管理技术，使中国牛奶及牛肉产业链的效率、质量和资源效益得到提高，为中国养牛业的可持续发展做出重要贡献。

Projektziel: Chinesische Rinderhaltungsbetriebe haben die Milch-und Rindfleischerzeugung in ihrer Leistungsfähigkeit, Qualität und Ressourceneffizienz unter Nutzung von deutschem Know-how und deutscher Genetik/Technologie verbessert und leisten einen Beitrag zur nachhaltigen Entwicklung der chinesischen Rinderhaltung.

项目目标(到 2014 年底)：

Objektiv nachprüfbare Indikatoren der Projektziele (bis Ende 2014) sind:

a. 生产水平的提高

a. Verbesserung des Produktionsniveaus

• 示范单位(牛场)每头牛的产奶量年增加 100 kg；

• Die Milchleistung je Kuh steigt im Durchschnitt aller Demonstrationsbetriebe um 100 kg pro Kuh und Jahr an.

• 用德系西门塔尔牛遗传物质的示范单位(牛场)的育肥牛日增重每年增加 25 g。

• Die Tageszunahmen von Mastbullen in Demonstrationsbetrieben mit Fleckviehgenetik steigen jährlich um 25 g an.

b.生产体系质量的提高

b. Verbesserte Qualität der Produktionssysteme

• 示范单位(牛场)的牛奶和牛肉生产流程得到明显优化,其各项指数得到明显提高(例如牛的健康度、初胎年龄、繁殖力、产犊间隔等等)。

• Indikatoren zur Prozessoptimierung der Milch-und Rindfleischerzeugung in den Demonstrationsbetrieben haben sich signifikant verbessert (z. B. Gesundheitsstatus, Erstkalbealter, Fruchtbarkeit, Zwischenkalbezeit usw.)

c.资源效益的提高

c. Verbesserte Ressourceneffizienz

• 部分示范单位(牛场)产奶和产肉的饲料转化效率(每产 1 kg 奶和肉的饲料投入)得到提高。

• Die Futtereffizienz (Futteraufwand je kg Milch und kg Rindfleisch) in der Milch-und Rindfleischerzeugung ist in einigen Demonstrationsbetrieben erhöht.

• 部分示范单位(牛场)在生产牛奶和牛肉的过程当中,其周边的环境承载力得到提高(对此的判断基于对地质、水资源和气候造成影响的评估)。

• Die Umweltverträglichkeit der Milch-und Rindfleischproduktion in einigen Demonstrationsbetrieben ist verbessert (vergleichende Bewertung von Auswirkungen auf Boden, Wasser und Klima).

d. 经济合作的扩展

d. Ausbau der Wirtschaftskooperation

• 通过此次项目合作使中国养牛企业对德方参与企业有进一步的了解,促进双方在中国牛奶和牛肉生产中的长期合作与交流。

• Durch dieses Projekt lernen die chinesischen Rinderhalter die am Projekt teilnehmenden deutschen Unternehmen besser kennen und die langfristige Zusammenarbeit und der langfristige Austausch in der Milch und Rindfleischproduktion werden ausgebaut.

• 2014 年开展在养猪、养羊等领域的技术合作。

• Technische Kooperationsmaßnahmen im Bereich Schweine-und Schafhaltung in 2014

4.2.3 目标群体和执行目标群体

4.2.3 Zielgruppe und Implementalzielgruppe

目标群体狭义上是指希望改进牛奶和牛肉生产体系的中方养牛企业。

Zielgruppe im engeren Sinne sind die Rinderhaltungsbetriebe in China, die ihre Produktionssysteme der Milch-und Fleischerzeugung weiterentwickeln wollen.

执行目标群体是指执行项目的重要联系人,即目标群体的介绍人和传播者。包括国家、地区和地方各级农业部门、科研机构工作人员以及牛奶和牛肉产业链上的服务商都属于执行目标群体。

Implementalzielgruppe und damit wesentliche Ansprechpartner für die Durchführung der Projektmaßnahmen sind Vermittler und Multiplikatoren zur Zielgruppe. Dazu gehören die verschiedenen staatlichen Behörden im Bereich der Landwirtschaft auf föderaler, regionaler und lokaler Ebene, die Mitarbeiter der wissenschaftlichen Institute und Versuchseinrichtungen sowie weitere Dienstleister in der Wertschöpfungskette der Milch-und Rindfleischerzeugung.

4.3 项目结构

4.3 Gestaltung des Vorhabens

4.3.1 项目合作基础

4.3.1 Basis der Projektkooperation

中德两国农业部于 2010 年 1 月签署的“中华人民共和国农业部与德意志联邦共和国食品、农业及消费者保护部关于建立中德畜牧业技术创新中心意向书”为此项目的合作基础。

Das BMELV und das MfL haben im Januar 2010 eine Absichtserklärung über die Zusammenarbeit in der Tierzucht unterzeichnet, das als Basis der Projektkooperation anzunehmen ist.

4.3.2 与其他项目的联系

4.3.2 Zusammenhang mit anderen Vorhaben

加强与甘河农场等中德合作项目的横向联系。

Der Kontakt und der Erfahrungsaustausch mit weiteren deutsch-chinesischen Projekten wie dem Ganhe-Projekt wird verstärkt.

4.3.3 方法

4.3.3 Methodischer Ansatz

按照项目方案，计划与十个示范单位(牛场)进行合作，地域范围包括新疆、内蒙古、黑龙江、吉林、河北和北京。合作始于 2011 年已经确立的六个示范单位(牛场)(包括荷斯坦，德系西门塔尔和褐牛三个品种，每个品种设立两个示范单位(牛场))，示范单位(牛场)的数量将于 2014 年达到十个(其中荷斯坦和德系西门塔尔示范单位(牛场)各四个，褐牛示范单位(牛场)两个)。

Das Projektkonzept sieht eine Zusammenarbeit mit insgesamt zehn Demonstrationsbetrieben in den Provinzen Xinjiang, Innere Mongolei, Heilongjiang, Jilin, Hebei und Peking vor. Die Zusammenarbeit beginnt in 2011 mit sechs Demonstrationsbetrieben (jeweils 2 Betriebe der Rassen Holstein, Fleckvieh und Braunvieh und wird im Jahr 2014 auf zehn Betriebe erweitert (je 4 Betriebe mit Holstein und Fleckvieh und 2 Betriebe mit Braunvieh).

新增示范单位的遴选工作应通过中德双方的密切合作完成。全国畜牧总站按照中德双方共同确定的遴选标准进行初选,然后由中德双方专家对示范场进行现场考察,并最终共同确定示范单位。确定示范单位的过程中要考虑到不同条件(地域性、企业规模等)。

Die Auswahl der weiteren Betriebe erfolgt in enger Abstimmung zwischen der deutschen und chinesischen Seite. Dazu nimmt NAHS nach den von beiden Seiten abgestimmten Kriterien eine Vorauswahl vor. Anschließend werden die vorgewählten Betriebe von Experten beider Seiten gemeinsam besichtigt und zum Schluss identifizieren beide Seiten die Demobetriebe. Die gemeinsame Festlegung der Demobetriebe erfolgt unter einer angemessene Berücksichtigung verschiedener Aspekte (regionale Verteilung, Größe usw.).

2014 年初将为现有的示范单位制定下一步发展方案,以便总结项目成果,并针对示范单位的需求确立后续咨询与培训方案。全国畜牧总站在中方专家组的协助下为每一个示范单位(牛场)建立一份需求方案,方案中涵盖牛场在育种、管理和技术方面的发展目标。德方将对每一份方案就其可实施性进行评估,并就此有针对性的为每一个示范单位(牛场)提供一份支持方案,其中会阐明德方为达到示范单位(牛场)的发展目标所要进行的投入,包括为示范单位(牛场)进行咨询和培训,提供牛遗传物质和管理软件以及可能的其他技术支持。以中德双方签署的项目实施方案为基础,全国畜牧总站将与每一个示范单位签订协议书。中德双方根据确定的评估指标对示范场开展评估工作。

Für die bisherigen Betriebe wird zum Beginn des Jahres 2014 ein Entwicklungskonzept erstellt, in dem die bisherigen Ergebnisse der Zusammenarbeit dargestellt und der Bedarf für weitere Beratungs-und Ausbildungsmaßnahmen erläutert wird. Für die neuen Betriebe stimmt der NAHS mit Unterstützung der chinesischen Experten mit jedem Demonstrationsbetrieb ein individuelles Bedarfskonzept ab, in dem die Zielvorstellungen für die Entwicklung in den Bereichen Zucht, Management und Technologie dargestellt sind. Die deutsche Seite überprüft das Konzept für jeden Demonstrationsbetrieb auf seine Umsetzbarkeit und formuliert den Beitrag der deutschen Seite zur Erreichung der Zielvorstellung in einem Unterstützungskonzept. Dies beinhaltet Beratungs-und Ausbildungsmaßnahmen sowie Sachleistungen in Form von Rindergenetik, Software und ggf. weiterer Technologie. Auf der Grundlage des gemeinsam abgestimmten Bedarfs-und Unterstützungskonzeptes schließt der

NAHS mit jedem Demonstrationsbetrieb eine individuelle Vereinbarung ab. Die deutsche und chinesische Seite werden gemeinsam fortlaufend die Entwicklung der Demobetriebe nach einem von beiden Seiten abgestimmtem Projektmonitoring auswerten.

德方所提供的技术咨询和服务以集中培训或现场指导等方式进行。技术咨询和服务内容涵盖以下领域：

Die technische Beratung und Dienstleistungen der deutschen Seite werden in Form von überbetrieblichen Veranstaltungen für alle Demonstrationsbetriebe sowie in Form von betriebsindividuellen Vor-Ortberatungen für einzelne oder mehrere ausgewählte Demonstrationsbetriebe vorgenommen. Die technische Beratung und Dienstleistungen behandeln im Projektverlauf die folgenden fachlichen Schwerpunkte:

a. 育种方案/选配咨询

a. Zuchtkonzept/Selektionsberatung

b. 饲料/饲喂

b. Futtermittel/Fütterung

c. 繁殖

c. Reproduktion

d. 生产与牛群管理，包括犊牛和后备牛培育

d. Produktions-und Herdenmanagement einschließlich Kälber-und Jungviehaufzucht

e. 养牛的经济效益

e. Wirtschaftlichkeit der Rinderhaltung

德方提供的支持方案以示范单位（牛场）定期提供牛群管理软件使用数据或积极使用德方提供的软件（用于饲喂和牛群管理）并提供使用此软件取得的定期汇总数据为前提条件。除了提供生产数据以外，示范单位还需定期完成评估指标的相关记录工作。对示范单位（牛场）的管理、咨询和人员培训都要用到此软件。在开展定期咨询与培训时，优先考虑示范单位（牛场）的工作人员，如有可能还可为周边与养牛业相关的重要服务商的工作人员提供咨询和培训（包括政府机构管理人员，咨询人员，配种员等）。

Das von der deutschen Seite vorgeschlagene Unterstützungskonzept setzt voraus, dass die Demonstrationsbetriebe die von der deutschen Seite bereitgestellte Software zur Rinderfütterung und Herdenmanagement aktiv anwenden oder regelmäßig Daten aus bereits eingesetzten Herdenmanagementprogrammen zur Verfügung stellen und so regelmäßig ihre Daten zur Verfügung stellen. Neben den produktionsspezifischen Daten leisten die Betriebe regelmäßig die relevanten Beiträge zum fortlaufenden Betriebsmonitoring anhand der Projektmonitoringvorgaben. Diese Software kann somit sowohl für das Management des Demonstrationsbetriebes als auch für Beratungs-und Schulungsmaßnahmen genutzt werden. Die

Mitarbeiter der Demonstrationsbetriebe werden zu den regelmäßigen Beratungs-sowie Fortbildungsmaßnahmen vorrangig einbezogen. Darüber hinaus sollen ggf. auch Mitarbeiter von relevanten Dienstleistern der Rinderhaltung aus dem Umfeld der Demonstrationsbetriebe in die Beratungsmaßnahmen und Schulungen eingebunden werden (staatliche Verwaltung, Beratungskräfte, Besamungsspezialisten usw.).

各个示范单位(牛场)的咨询将由中德双方专家共同进行。咨询内容除了上文提到的专业领域以外还包括针对不同牛场的特别需求所涉及的领域,例如:牛舍设计与构建,草场经济效益,缓解环境压力和牛育肥等。

Einzelbetriebliche Beratung wird gemeinsam von deutschen und chinesischen Experten vorgenommen. Die Beratung erfolgt zu den oben genannten fachlichen Schwerpunkten und richtet sich darüber hinaus auch auf betriebsspezifische Anforderungen aus. Beispiele dafür können sein: Stallplanung und-einrichtung, Weidewirtschaft, Verminderung von Umweltbelastungen, Rindermast.

另外,在项目框架内还会安排中国代表团到德国参观访问,安排中国的专业人士到德国进行短期和长期培训。

Ergänzend zu den Veranstaltungen im Land sollen im Rahmen des Projektes weiterhin Delegations-und Informationsreisen nach Deutschland, aber auch Fortbildungsveranstaltungen für chinesische Fachkräfte in Deutschland durchgeführt werden (Kurz-und Langzeitweiterbildung).

德国的牛育种企业将在项目运作期间向示范单位(牛场)提供德系西门塔尔、荷斯坦和褐牛的冻精,以改进这些牛场牛群的遗传水平。这些种牛是德国历经几十年以先进的方法培育出来的,为牛奶和牛肉生产的巨大发展潜力打下了基础,拥有诸多优良的功能性状,如使用寿命、繁殖力和乳房健康度等。公牛父亲和公牛母亲都来自性能最优异的核心群,青年公牛后裔测定采用独立的性能测定程序,确保高水平的育种成果。

Die deutschen Rinderzuchtunternehmen sind bereit, die Demonstrationsbetriebe in der Projektlaufzeit durch die Bereitstellung von Rindersperma der Rassen Fleckvieh, Holstein und Braunvieh zu unterstützen und so eine verbesserte Rindergenetik in diesen Betrieben aufzubauen. Die zur Verfügung gestellte Rindergenetik basiert auf umfangreichen Zuchtprogrammen, die in Deutschland seit Jahrzehnten nach modernsten Erkenntnissen durchgeführt werden. Sie bilden das Fundament für das hohe Potenzial in den Leistungsmerkmalen der Milch-und Fleischerzeugung und verfügen über exzellente funktionale Merkmale wie Nutzungsdauer, Fruchtbarkeit und Eutergesundheit. Scharfe Selektionskriterien bei der Auswahl der Bullenmütter und Bullenväter sowie ein Testbulleneinsatz mit unabhängiger Leistungsprüfung gewährleisten einen hohen Zuchtfortschritt.

项目的工作目的是让将德系西门塔尔、荷斯坦和褐牛的优异性能在中国不同的生产条件下得以展示。在德系西门塔尔示范单位(牛场)充分展示其乳肉兼用的性能。在荷斯坦示范单位(牛场)充分展示荷斯坦牛的产奶性能,例如提高乳脂、乳蛋白含量和改善功能性特征。在褐牛示范单位(牛场)建立性能优越,适应性很强的母牛群体。为此将为每家示范单位(牛场)设计一个提高遗传水平的育种方案。

Ziel ist es, die Eignung und Leistungsfähigkeit der Rassen Fleckvieh, Holstein und Braunvieh unter verschiedenen Produktionsbedingungen in China zu demonstrieren. In den Demonstrationsbetrieben der Rasse Fleckvieh wird die besondere Eignung als Doppelnutzungsrasse zur kombinierten Milch-und Fleischerzeugung unter Beweis gestellt. In den Demonstrationsbetrieben der Rasse Holstein wird bei einem hohen Milchleistungsniveau eine Verbesserung der Fett-und Eiweißgehalte sowie der funktionalen Leistungsmerkmale angestrebt. In den Demonstrationsbetrieben der Rasse Braunvieh wird der Aufbau eines leistungsstarken Kuhbestandes verfolgt, der sich zudem durch eine hohe Anpassungsfähigkeit auszeichnet. Dazu wird für jeden Demonstrationsbetrieb ein Zuchtkonzept erstellt.

在项目运行过程中与示范单位(牛场)的合作还可以扩大到农业和畜牧业其他科学技术和生产设备方面,为此可以经中德双方协商后吸纳相关的经济合作伙伴加入项目。

Die Zusammenarbeit mit den Demonstrationsbetrieben kann im Projektverlauf um weitere Technologien und Betriebsmittel der Land-und Tierhaltungstechnik erweitert werden. Dazu können in Absprache der deutschen und chinesischen Seite weitere Wirtschaftspartner einbezogen werden.

示范单位(牛场)取得成绩后,可成为培训、进修和咨询的示范场所,接纳其他牛场的工作人员。这些活动也可以在其他的培训机构进行。

Nach erfolgreicher Entwicklung sollen die Betriebe als Demonstrationsbetriebe für weitere Maßnahmen der Aus-und Fortbildung sowie Beratung eingesetzt werden und Mitarbeiter von anderen Betrieben dafür aufnehmen. Neben den Demonstrationsbetrieben können auch andere geeignete Ausbildungseinrichtungen für Aus-und Fortbildungsmaßnahmen genutzt werden.

示范单位(牛场)的领导和管理完全由中方负责。示范单位(牛场)要正确使用德国的牛遗传物质和技术,持续记录存栏牛的性能数据和生产指数,并在项目框架内定期接受评估。示范单位(牛场)定期提供他们的牛场用作项目或参与项目的经济伙伴的示范和培训的场所。

Die Führung und das Management der Demonstrationsbetriebe bleiben in der ausschließlichen Verantwortung der chinesischen Partner. Die Demonstrationsbetriebe erklären sich bereit, die deutsche Rindergenetik und Technik sachgerecht einzusetzen, Leistungsdaten und Produktionskennziffern ihres Rinderbestandes fortlaufend zu erfassen und im Rahmen des Projektes für regelmäßige Auswertungen zur Verfügung zu stellen. Weiterhin erklären sich die Demonstrationsbetriebe bereit, ihre Betriebe regelmäßig für Demonstrations-und Fortbildungsmaßnahmen des Projektes bzw. der beteiligten Wirtschaftspartner zur Verfügung zu stellen.

在项目的实际运作中就具体项目工作德方可以直接与示范单位(牛场)进行交流。

Während der Durchführung des Projektes kann die deutsche Seite bezüglich der konkreten Projektaufgaben die Demonstrationsbetriebe direkt kontaktieren.

示范单位(牛场)相互之间的合作会通过专业技术的信息和经验交流得以补充,将进行有关现代化育种和选配方法的经验交流以及讨论如何建立育种基础设施和为开展育种值评估创造良好的条件。

Die Zusammenarbeit auf der Ebene der Demonstrationsbetriebe wird durch einen Informations-und Erfahrungsaustausch zu fachtechnischen Aspekten der Rinderzucht ergänzt. Dazu werden die Erfahrungen zu modernen Zucht-und Selektionsverfahren ausgetauscht und die Voraussetzungen zum Aufbau einer züchterischen Infrastruktur und Zuchtwertschätzung erörtert.

定期对项目成果进行评估和总结。组织跨区域的专业活动并建立一个网络平台,以此来推广取得的成果。

Die Projektergebnisse werden regelmäßig ausgewertet und aufgearbeitet. Zur Verbreitung der Ergebnisse werden überregionale Fachveranstaltungen durchgeführt und eine Internetplattform eingerichtet.

鉴于中国幅员辽阔和养牛生产体系中遗传改良过程复杂和持久的特点,制定长期合作计划。

Unter Berücksichtigung der Größe des Landes, der Komplexität und Dauer relevanter biologischer Prozesse in Produktionssystemen der Rinderhaltung wird ein längerfristiges Kooperationsvorhaben angestrebt:

• 项目设计阶段:截至 2011 年 6 月,中德双方与项目参与方设计并商定项目;

• Projektentwicklungsphase bis Juni 2011 zur Projektplanung und-abstimmung mit Projektbeteiligten auf der deutschen und chinesischen Seite.

• 项目执行阶段Ⅰ:2011 年 7 月至 2013 年 12 月,确定示范单位(牛场),与之开始合作,实施项目计划;

• Projektimplementierung (Phase Ⅰ) Juli 2011 bis Dezember 2013: Identifizierung der Demonstrationsbetriebe, Ausführung der Projektplanung und Beginn der Zusammenarbeit mit Demonstrationsbetrieben.

• 项目执行阶段Ⅱ:2014 年 1 月至 12 月,实施项目二期计划,继续与示范单位(牛场)合作,促进其发挥带动作用,使德国的牛遗传物质以及科学技术和生产设备在中国得以推广。

• Projektimplementierung (Phase Ⅱ) 01/2014 bis 12/2014 Ausführung der Projektplanung und Fortführung der Zusammenarbeit mit Demonstrationsbetrieben und deren Nutzung zur Demonstration des erfolgreichen Einsatzes deutscher Rindergenetik, Technologien und Betriebsmittel sowie deren Verbreitung in China.

4.3.4 目标及保障措施

4.3.4 Angestrebte Ergebnisse und notwendige Aktivitäten zu deren Erreichung

4.3.4.1 制订项目方案

4.3.4.1 Projektkonzept entwickelt

4.3.4.2 中德示范单位(牛场)得到发展,发挥示范作用。

4.3.4.2 Deutsch-Chinesische Demonstrationsbetriebe sind entwickelt und werden als Demonstrationsbetriebe genutzt

a. 确定荷斯坦、德系西门塔尔和褐牛项目示范单位(牛场)(2011 年底前 6 家,2014 年确定新增加的 4 家)。

a. Demonstrationsbetriebe für die Rassen Holstein und Fleckvieh und für Braunvieh identifizieren (6 Demonstrationsbetriebe bis Ende 2011, 2014 die weiteren 4 Demonstrationsbetriebe identifizieren)

b. 每年提供给每个示范单位(牛场)独立的需求方案和支持方案(育种与管理方面),由中德双方共同探讨确定。

b. Jährlich individuelles Bedarfs-und Unterstützungskonzept für die Demonstrationsbetriebe (Zucht und Management) mit der chinesischen Seite abstimmen.

c. 2014 年为每个示范单位(牛场)提供的现场指导时间不少于 10 天,并提供相应的书面指导材料(由德方专家负责)。

c. Demonstrationsbetriebe beraten und durch entsprechende Unterlagen unterstützen (im Jahr 2014 min. 10 Beratertage pro Betrieb (deutsche Experten);

d. 向示范单位(牛场)提供德国的牛遗传物质或其他技术资料,对其进行有针对性的支持(每年第一季度确定所需,前提条件是中国允许进口德国最新牛遗传物质)。

d. Demonstrationsbetriebe durch die Bereitstellung von deutscher Rindergenetik und ggf. weiteren technischen Sachmitteln gezielt unterstützen (Festlegung des jährlichen Bedarfs im 1. Quartal eines Jahres, die Lieferung erfolgt unter der Voraussetzung, dass die Veterinärbedingungen den Import von aktueller Rindergenetik erlauben)

e. 为示范单位(牛场)提供产奶、产肉等生产数据的统计分析软件,并提供软件使用技术培训;还可提供其他牛群管理软件使用方面的技术服务。

e. Demonstrationsbetriebe mit Software zur Rinderfütterung und Datenerfassung und

Analyse der Milch-und Rindfleischerzeugung ausstatten und im Umgang mit entsprechender Software schulen; Demobetriebe mit weiterem Service zur Herdenmanagementsoftware unterstützen.

f. 中德双方定期对示范单位(牛场)进行评估;根据指标对示范单位(牛场)每半年进行一次检查评估;每年出具一份评估报告,包括已使用的科学技术的评估。

f . Entwicklungsfortschritt in Demonstrationsbetrieben regelmäßig erfassen und auswerten (deutsche und chinesische Seite); halbjährliches Monitoring der Demonstrationsbetriebe anhand ausgewählter Leistungsindikatoren; Erstellung von jährlichen Monitoringberichten inkl. Bewertung der eingesetzten Technologien.

g. 每个示范场独立开展一次技术推广与服务活动,由相关项目参与方予以协助,由总站和德方项目办公室给予指导。

g. Je eine Demonstrationsmaßnahme je Demonstrationsbetrieb durchführen. Die Durchführung erfolgt selbständig durch den Demonstrationsbetrieb unter Mitwirkung der relevanten Projektbeteiligten und wird vom NAHS und dem Projektbüro angewiesen.

4.3.4.3 为示范单位以及相关的服务商和专业机构管理和技术人员进行技术培训。

4.3.4.3 Fach-und Führungskräfte von ausgewählten chinesischen Rinderhaltungsbetrieben (Demonstrationsbetriebe) und zuständigen Dienstleistern und Fachinstitutionen sind weitergebildet.

a. 在中国每年至少举办一次多天的集体培训,培训人数至少 20 人,主要针对示范单位(牛场)、相关畜牧企业、专业研究机构的管理和技术人员。

a. Pro Jahr mindestens ein zentrales, mehrtägiges Seminar für alle Fach-und Führungskräfte der Demonstrationsbetriebe, weiterer Betriebe und von Fachinstitutionen für mindestens 20 Fachkräfte in China durchführen.

b. 每年至少有 14 名管理与技术人员参加德国短期培训,为期 21 天(每个示范单位 1 名,2 名省级管理人员和 2 名总站人员)。

b. Kurzzeit-Weiterbildung für mindestens 14 Fach-und Führungskräfte für 21 Tage in Deutschland durchführen (jeweils 1 Person je Demonstrationsbetrieb, 2 Führungskräfte aus der Provinzebene und 2 Führungskräfte des NAHS).

c. 为来自示范单位(牛场)、全国畜牧总站以及其他项目合作伙伴的专业技术人员在德国提供 60 长期培训(人员需由中德双方负责机构共同确定,且必须具备好的英语水平)。

c. 60-tägige Langzeit-Weiterbildungsmaßnahmen für ausgewählte chinesische Fachkräfte der Demonstrationsbetriebe, des NAHS und weiterer Projektpartner in Deutschland durchführen (Auswahl der Teilnehmer erfordert die volle Zustimmung der beteiligten Institutionen auf der deutschen und chinesischen Seite, eine weitere Voraussetzung sind sehr gute englische Sprachkenntnisse) .

4.3.4.4　开展关于养牛专业问题的信息和经验交流，扩大合作领域。

4.3.4.4　Informations-und Erfahrungsaustausch zu fachtechnischen Aspekten der Rinderzucht ist ausgebaut und Rahmenbedingungen zum Austausch von Rindergenetik sind verbessert.

a. 支持有关养牛业先进的育种和选配方法的经验交流（相关主题纳入中国的专业活动中并组织去德国考察）。

a. Erfahrungsaustausch zu modernen Verfahren der Zucht-und Selektion in der Rinderzucht unterstützen (Thematische Einbeziehung in Fachveranstaltungen in China und Studienreisen nach Deutschland) .

b. 探讨建设育种体系和为开展育种值评估准备必要的工作条件（组织一次德国考察，在中国举办一次专题研讨会）。

b. Voraussetzungen zum Aufbau einer züchterischen Infrastruktur und Zuchtwertschätzung erörtern (Durchführung einer Studienreise nach Deutschland, Durchführung eines Workshops in China) .

c. 对从德国引进牛遗传物质的合作扩展给予支持（近期以牛冻精为主要形式，中期胚胎，远期活体牛）。

c. Ausweitung der Zusammenarbeit zur Einfuhr von Rindergenetik aus Deutschland unterstützen (Rindersamen, mittelfristig Embryonen, langfristig lebende Tiere).

4.3.4.5　定期总结项目经验，并在其他地区进行推广。

4.3.4.5　Projektergebnisse sind regelmäßig aufgearbeitet und in weitere Regionen der Volksrepublik China verbreitet.

a. 支持中德畜牧业技术创新中心举办跨地区的活动（至少每年一次）。

a. überregionale Veranstaltung zum Deutsch-Chinesischen Zentrum für Technologie und Innovation in der Tierzucht unterstützen (mindestens 1 x jährlich).

b. 建立一个网络平台，用来发布项目信息，展示示范单位（牛场）的项目成果以及汇编专业活动资料。

b. Einrichten einer Internetplattform zur Information über das Projekt, Darstellung der Projektergebnisse aus den Demonstrationsbetrieben und Dokumentation der Fachveranstaltungen.

4.3.4.6　养猪与养羊领域技术合作与交流

4.3.4.6　Technische Kooperationsmaßnahmen und Fachaustausch im Bereich von Schweine-und Schafhaltung werden durchgeführt.

a. 确定遴选标准，完成养猪、养羊示范单位的初选工作

a. Festlegung der Auswahlkriterien, Vorauswahl der potenziellen Demobetriebe für Schweine und Schafe

b. 根据初选示范单位具体情况，确立合作方案

b. Erarbeitung und Festlegung von Kooperationskonzepten anhand der tatsächlichen Bedingungen potenzieller Demobetriebe

c. 为中方管理与技术人员安排养猪和养羊业专业技术交流活动各 1 次，每次为期 1 周，每期 5 人（包括一名翻译）。

c. Organisation von 2 einwöchigen Aktivitäten zum technischen Austausch für chinesische Fach-und Führungskräfte zur Schweine-und Schafhaltung nach Deutschland (jeweils 5 Personen inkl. eines Dolmetschers)

d. 为至少 6 名中方管理与技术人员组织安排为期 14 天的德国短期培训（每家示范单位 2 名，总站 2 名）

d. Kurzzeit-Weiterbildung für mindestens 6 Fach-und Führungskräfte für 14 Tage in Deutschland durchführen (jeweils bis zu 2 Personen je potenziellen Demonstrationsbetrieb, 2 Führungskräfte des NAHS).

4.3.5 效果

4.3.5 Wirkungen

4.3.5.1 养牛企业经济效益

4.3.5.1 Wirtschaftlichkeit der Rinderhaltungsbetriebe

通过向中国牛奶和牛肉产业链进行技术转移、提供牛遗传物质和养牛生产技术，使中国的养牛企业能够获取更加稳定和更高的收入。

Das Projekt leistet durch seinen Know-how Transfer und die Bereitstellung deutscher Rindergenetik und Technologie in die Wertschöpfungskette der Milch-und Rindfleischerzeugung einen wesentlichen Beitrag zur Stärkung der rinderhaltenden Betriebe in China, die dadurch in die Lage versetzt werden, stabilere und höhere Einkommen aus der Rinderhaltung zu erzielen.

4.3.5.2 养牛业经济效益

4.3.5.2 Wirtschaftlichkeit der Rinderhaltung

该项目有助于中国牛奶和牛肉生产的效益改进，并降低可能对牛奶和牛肉进口的依赖性。另一方面，通过土地资源的有效改善，减少生产每千克牛奶和牛肉所需饲料用地。

Das Projekt trägt zur Effizienzverbesserung der chinesischen Milch-und Fleischerzeugung bei und verringert die mögliche Abhängigkeit von Importen von Milch und Rindfleisch. Auf der anderen Seite führt die angestrebte Verbesserung der Ressourceneffizienz zu einer Verringerung der benötigten Futterflächen je kg erzeugte Milch und Rindfleisch.

4.3.5.3 社会效益

4.3.5.3 Sozialleistung

该项目支持畜牧业生产方式的转变,有助于稳定农村经济,促进产业发展。

Das Projekt trägt mit der Unterstützung von Umstellung der Produktionsverfahren in der Tierhaltung zur Stabilisierung ländlicher Räume und Tierhaltungsentwicklung bei.

4.3.5.4 生态效益

4.3.5.4 ökologische Leistung

实现牛奶和牛肉生产科学技术的改进,包括提高紧缺资源的使用效益,如土地和水资源,可以降低对环境造成的压力。例如,降低每生产1个单位的牛奶和牛肉所排放的温室气体量。

Die angestrebte Effizienzverbesserung der Produktionsverfahren von Milch und Rindfleisch beinhaltet eine höhere Ressourceneffizienz knapper Ressourcen wie Boden und Wasser und einer geringeren Umweltbelastung, z.B. durch Klimagase, je erzeugte Einheit von Milch und Rindfleisch.

4.3.5.5 风险和与此有关的观点

4.3.5.5 Risiken und diesbezügliche Annahmen

中德双方积极的参与和合作伙伴的大力支持是该项目成功运作的前提。项目方案的成功实施取决于有足够数量的示范单位(牛场)表示愿意进行项目合作。同时,项目最终还会给中德双方参与单位带来效益和利润。

Das Projekt setzt eine aktive Teilnahme und Unterstützung der deutschen und chinesischen Partner voraus. Eine erfolgreiche Realisierung des Projektkonzeptes ist davon abhängig, dass eine ausreichende Anzahl von Demonstrationsbetrieben sich bereit erklären, mit dem Projekt eine Zusammenarbeit einzugehen. Weiterhin wird davon ausgegangen, dass sich die Projektwirkungen sowohl für die Projektbeteiligten auf der deutschen und der chinesischen Seite als auch für die Demonstrationsbetriebe selbst erfolgreich und gewinnbringend entwickeln.

4.3.6 德方和中方的工作

4.3.6 Leistungen der deutschen und chinesischen Seite

中德合作项目的执行需要各个层面支持和积极合作。

Als deutsch-chinesisches Kooperationsprojekt bedarf das Projekt einer vielfältigen Unterstützung und aktiven Zusammenarbeit auf allen Ebenen.

4.3.6.1 德方的工作

4.3.6.1 Leistungen der deutschen Seite

德方的投入和工作由德国农业部对国际合作项目的资助(以预算资金到位为先决条件)和德国企业合作伙伴的工作组成。德方的项目参与者在 2014 年 1 月 1 日至 2014 年 12 月 31 日期间承担以下的工作,这些工作对德方需承担的 3.4 标题下详细列出的工作来说是不可或缺的:

Die Beiträge und Leistungen der deutschen Seite setzen sich zusammen aus Mitteln des BMELV-Kooperationsprogramms (vorbehaltlich der Verfügbarkeit von Haushaltsmitteln) sowie Leistungen der deutschen Wirtschaftspartner. Die Projektbeteiligten auf der deutschen Seite übernehmen im Zeitraum vom Januar 2014 bis Dezember 2014 die folgenden Leistungen, die von deutscher Seite für die Erbringung der unter 3.4 spezifizierten Aktivitäten erforderlich sind:

a. 支付派遣的专业人员的薪酬,负责协调工作和协助派遣的专业人员;

a. Vergütung der entsandten Fachkräfte, Koordinatoren und Betreuung

b. 支付派遣的专业人员往返中国的旅行费用(飞机票,出租车,火车票等),住宿费,每日出差补贴,交通费以及可能产生的其他与德方人员投入相关的费用(不包括在新的示范单位(牛场)现场指导时的食宿费及其周边的交通费);

b. Reisekosten für entsandte Fachkräfte für die Hin-und Rückreise nach China (Flugtickets, Taxis, Eisenbahn etc.), übernachtungs-und Tagegelder, Transport und ggf. weitere im Zusammenhang mit dem deutschen Personaleinsatz entstehende Kosten (ohne übernachtungskosten und Verpflegung bei Vor-Ort Beratungen auf neu ausgewählten Betrieben, ohne lokale Transportkosten im Umfeld der Demonstrationsbetriebe);

c. 承担中方专业人员在德国的旅行费、住宿费、每日出差补贴以及交通费(不包括往返德国的交通费);

c. Reisekosten, Übernachtungsgelder, Tagegelder und Transport von chinesischen Fachkräften in Deutschland (ohne An-und Abreisekosten);

d. 在德国牛育种企业中提供相应的培训机构和进修场地;

d. Bereitstellung von Aus-und Fortbildungsplätzen in entsprechenden Fortbildungseinrichtungen sowie Einrichtungen der Rinderzuchtunternehmen in Deutschland;

e. 负责被委托的项目咨询与执行公司 ADT Projekt GmbH 的支出;

e. Aufwendungen des beauftragten Consultingunternehmens ADT Projekt GmbH;

f. 德方设在北京的项目办公室的初次设备配置和日常支出,包括至少一名当地员工的开销;承担工作人员走访牛场而产生的旅行及停留费用(不包括当地周边的短途交通费);

f. Erstausstattung und laufende Kosten des Projektbüros der deutschen Seite in Peking mit mindestens einem lokalen Mitarbeiter; übernahme der Reise-und Aufenthaltskosten der

Mitarbeiter beim Besuch der Pilotbetriebe (ohne lokale Transportkosten im Umfeld der Demonstrationsbetriebe);

g. 支持旨在推广项目成果的项目活动；

g. Unterstützung von Projektveranstaltungen zur Multiplikation der Projektergebnisse;

h. 免费提供(包括办理使用许可手续的费用)用于混合日粮的计算及统计与评估牛群性能数据的软件(包括软件的汉化处理)，项目的合作期间在示范单位(牛场)和试验牛群中持续使用；

h. Kostenfreie Anpassung und Bereitstellung von Software in chinesischer Sprache (inkl. Lizenzgebühren) zur Rationsberechnung und Erfassung und Auswertung von Leistungsdaten für die Demonstrationsbetriebe bzw. Pilotherden für die Dauer der Zusammenarbeit im Projekt;

i. 提供在中国(在北京进行的部分项目活动)和德国实施项目时所需的翻译人员；

i. Bereitstellung von Dolmetschern für Projektmaßnahmen in Deutschland und anteilig in China (in Peking und anteilig bei Projektveranstaltungen);

j. 根据需要，参与支付项目执行中所需文件的笔译费用(德文-中文)；

j. Je nach Bedarf Beteiligung an Kosten für die übersetzung von Projektdokumenten (deutsch-chinesisch);

k. 定期通过外聘检验方对项目执行进展进行评估；

k. Regelmäßige Evaluierung des Projektfortschritts durch externe Gutachter;

l. 支持此合作项目之前及将来获得的经验成果的运用和推广；

l. Unterstützung bei der Anwendung und weiteren Verbreitung von bisherigen und zukünftigen Ergebnissen von bilateralen Kooperationsvorhaben in der Rinderzucht;

m. 在中国进口政策允许的条件下，为示范单位提供冻精。具体数量在每年第一季度予以确定。承担冻精到达中国第一个接收地(如机场)前产生的运费。

m. Bereitstellung von Rindersperma für die Demobetriebe: Voraussetzung ist, dass die Veterinärbedingungen den Import von Rindersamen von aktueller Rindergenetik nach China ermöglichen. Der Umfang wird jeweils im 1. Quartal eines Jahres festgelegt; übernahme der Kosten für Transport bis erster Anlieferungsort (z. B. Flughafen) in China;.

n. 支持建立和维护中德畜牧业技术创新中心的网络平台(中文、德文)。

n. Vorbereitung, Bereitstellung und Unterhalt einer Internetplattform zum Rinderzuchtprojekt und zum Deutsch-Chinesischen Zentrum für Technologie und Innovation in der Tierzucht (chinesisch, deutsch).

在项目的执行过程中还将吸收与牛育种和饲养相关领域的企业作为合作伙伴，如经营饲料作物的种子公司，经营饲料作物种植和收割的机械设备公司，生产挤奶设备、牛舍建造设备的机械公司，提供牛舍建设技术或人工授精技术的公司。这些合作伙伴的加入要与提供给示范单位(牛场)的需求方案和支持方案的目标一致,并与他们分别签订特殊协议(例如在提供专业人员、生产设备和技术等方面)。

Die Einbeziehung von Leistungen weiterer Unternehmen, wie z. B. aus den Bereichen der Saatgutwirtschaft für Futterpflanzen, Futterernte-und Landtechnik, Melktechnik, Stallbau und Stalltechnik oder Besamungstechnologie, ist im Zuge der weiteren Projektausgestaltung möglich. Die nachträgliche Aufnahme eines weiteren Wirtschaftspartners sollte im Einklang mit dem Bedarfs-und Unterstützungskonzept der Demonstrationsbetriebe stehen und wird jeweils gesondert vereinbart (z. B. hinsichtlich der Zurverfügungstellung von Fachkräften sowie der Bereitstellung von Betriebsmitteln und Technik).

4.3.6.2 中方的工作

4.3.6.2 Leistungen der chinesischen Seite

中方的工作由中国农业部的资金(以中国农业部预算资金额度和可支配性为先决条件)、全国畜牧总站的工作以及示范单位(牛场)的投入和工作组成。中方的项目参与者在2014年1月1日至2014年12月31日期间承担以下工作,这些工作对需中方承担的3.4标题下详细列出的工作来说是不可或缺的:

Die Beiträge und Leistungen der chinesischen Seite setzen sich zusammen aus Mitteln des MfL (vorbehaltlich der Summe und der Verfügbarkeit von Haushaltsmitteln), Leistungen des NAHS sowie aus Beiträgen und Leistungen der Demonstrationsbetriebe. Die Projektbeteiligten auf der chinesischen Seite übernehmen im Zeitraum vom 01. Januar 2014 bis 31. Dezember 2014 die folgenden Leistungen, die von chinesischer Seite für die Erbringung der unter 3.4 spezifizierten Aktivitäten erforderlich sind:

a. 中方的日常支出及工作经费;

a. Alltägliche Ausgabe und Arbeitskosten von der chinesischen Seite;

b. 支付中国专家在中国开展培训、咨询活动的劳务费和差旅费;

b. Reisekosten und Einsatzgebühren für die chinesischen Experten zur Betreuung der Demonstrationsbetriebe, Schulungsmaßnahmen und Veranstaltungen in China;

c. 承担德国专家在中方示范单位(牛场)提供技术服务时周边地区的短途交通费(在省级层面从机场起);

c. Übernahme der lokalen Reisekosten für deutsche und chinesische Experten bei der Vor-Ort-Beratung im Umfeld der Demonstrationsbetriebe (auf Provinzebene ab Flughafen);

d. 免除以下货物的关税:德方向示范单位(牛场)提供的牛遗传物质及其他免费配给的生产设备和技术,如果这些货物进关时不能免税,承担因此而产生的费用;

d. Zollbefreiung für die von der deutschen Seite für die Demonstrationsbetriebe bereitgestellte Rindergenetik sowie gegebenenfalls unentgeltlich zur Verfügung gestellte Betriebsmittel und Technik bzw. übernahme der Kosten, falls diese Lieferungen nicht von der Verzollung befreit werden können;

e. 承担冻精从抵达第一个中方接收地(如机场)之后的运输、通关及其他费用;

e. Übernahme der Kosten für Transport und Abwicklung der Spermalieferung ab ersten Ankunftsort (z. B. Flughafen) in China;

f. 在项目实施过程中协助德方技术人员对项目示范单位进行基本情况调查分析;

f. Unterstützung der deutschen Fachkräften bei der Projektumsetzung, die Grundbedingungen der Demonstrationsbetriebe zu prüfen;

g. 承担中国专业人员到德国考察、培训和进修时的往返程交通费用;

g. Übernahme der An-und Abreisekosten für chinesische Fachkräfte für Studienreisen und/oder überbetrieblichen Aus-und Weiterbildungsmaßnahmen nach Deutschland

h. 如果需要德方专家在中国进行项目技术培训,则由中方负责提供翻译;

h. Wenn erforderlich, Bereitstellung von Dolmetschern für technische Schulungsmaßnahmen auf den Demonstrationsbetrieben in China;

i. 根据需要,中方参与支付或承担项目执行中所需文件的笔译费用(中文-德文/英文);

i. Je nach Bedarf Beteiligung an Kosten oder Übernahme der Übersetzung von Projektdokumenten (chinesisch-deutsch/englisch) ;

j. 提供在中国进行培训和举办项目活动的场地;

j. Bereitstellung von Räumlichkeiten für überbetriebliche Schulungen der Mitarbeiter von Demonstrationsbetrieben und Projektveranstaltungen;

k. 建立和维护中德畜牧业技术创新中心的网络平台(中文、德文;2014 年由德方负责);

k. Vorbereitung, Bereitstellung und Unterhalt einer Internetplattform zum Rinderzuchtprojekt und zum Deutsch-Chinesischen Zentrum für Technologie und Innovation in der Tierzucht (chinesisch, deutsch, in 2014 durch die deutsche Seite);

l. 定期由中国的专家学者对项目成果进行评估;

l. Regelmäßige Evaluierung der Projektergebnisse durch chinesische Wissenschaftler;

m. 支持此合作项目迄今为止及将来获得的经验成果的运用和推广。

m. Unterstützung bei der Anwendung und weiteren Verbreitung von bisherigen und zukünftigen Ergebnissen von chinesisch-deutschen Kooperationsvorhaben in der Rinderzucht;

中方负责示范单位(牛场)的领导和管理,保证示范单位(牛场)的有效运行和经营,为此要完成以下工作:

Die Führung und das Management der Demonstrationsbetriebe bleiben in der ausschließlichen Verantwortung der chinesischen Partner, die eine effiziente Leitung und Bewirtschaftung der Demonstrationsbetriebe sicherstellen. Darüber hinaus erbringen die Demonstrationsbetriebe folgende Leistungen:

a. 要正确使用德国的牛遗传物质和技术；

a. Bereitschaft der Pilotbetriebe zum sachgerechten Einsatz der deutschen Rindergenetik und Technik;

b. 根据需要，使用德方提供的软件定期统计和汇总存栏牛的性能数据和生产指标；

b. Je nach Bedarf regelmäßige Erfassung von Leistungsdaten und Produktionskennziffern des Rinderbestandes (mittels der von der deutschen Seite bereitgestellten Software);

c. 在进行生产技术和经济效益评估和进行咨询时发挥积极的作用；

c. Aktive Mitwirkung des Demonstrationsbetriebes bei produktionstechnischen und ökonomischen Auswertungen sowie Beratungsmaßnahmen;

d. 承担示范单位（牛场）的员工在中国接受培训时的差旅和日常费用；

d. Übernahme der Reise-und Aufenthaltskosten für Mitarbeiter der Demonstrationsbetriebe bei Fortbildungsmaßnahmen in China ;

e. 如果经确定示范单位（牛场）确实需要一定的技术和生产设备，承担由此产生的费用（如果没有通过特别协议由德方提供的技术和生产设备）；

e. Übernahme der Kosten für Technik und Betriebsmittel gemäß dem identifizierten Bedarf auf den Demonstrationsbetrieben (soweit nicht durch eine gesonderte Vereinbarung durch die deutsche Seite zur Verfügung gestellt)

f. 承担示范单位（牛场）的工作人员在德国参加培训时往返德国的费用；

f. Übernahme der An-und Abreisekosten nach Deutschland für Mitarbeiter der Demonstrationsbetriebe bei Fortbildungsmaßnahmen in Deutschland

g. 在条件允许的情况下，项目执行期间提供示范单位（牛场）用于示范和培训活动；

g. Unter den erlaubten Bedingungen regelmäßige Zurverfügungstellung des Demonstrationsbetriebes für Demonstrations-und Fortbildungsmaßnahmen in der Projektimplementierung;

h. 承担项目所需工作场所的费用/在示范单位（牛场）进行咨询和培训时提供住所（包括配备家具）。

h. Übernahme der Kosten und Bereitstellung und Herrichtung von Arbeitsräumen / ggf. Unterkunftsmöglichkeiten für Beratungs-und Schulungsmaßnahmen auf den Demonstrationsbetrieben (inkl. Möblierung).

i. 在现场指导工作中为德方工作人员提供多方面便利。

i. Fachberater bei der Vor-Ort-Beratungen der Demobetriebe vielseitig unterstützen

4.3.7 项目在资助结束后的延续
4.3.7 Fortführung nach Beendigung der Förderung

德国养牛企业已经通过设立子公司和签署合作伙伴协议长期参与到中国的发展中，由此可以确定，项目成果在项目结束之后在中国也会有用武之地，也会在目标群体中产生多方面影响。

Die deutschen Rinderzuchtunternehmen haben sich durch die Gründung von Tochtergesellschaften und den Abschluss von Partnerschaftsverträgen auf ein längerfristiges Engagement in China eingelassen. Insofern ist sichergestellt, dass die Projektergebnisse auch über das Projektende hinaus genutzt und Wirkungen bei den Zielgruppen auslösen werden.

4.4 项目管理
4.4 Projektmanagement

4.4.1 项目负责人
4.4.1 Projektträger

中方项目受“中心”领导小组领导，中方项目办公室具体负责项目组织实施。

Auf der chinesischen Seite wird das Projekt von der chinesische Steuerungsgruppe vom Deutsch-Chinesischem Zentrum für Technologie und Innovation in der Tierzucht gesteuert und das chinesische Projektbüro trägt die Verantwortung für die Organisation und Umsetzung des Projektes.

德国官方负责部门是德国农业部。由于项目是作为经济合作项目设计的，所以项目的领导和实施得到主要的经济伙伴，即四家主要参加项目的德国牛育种企业：德国巴伐利亚遗传物质公司(Bayern-Genetik GmbH)、德国宝牛育种中心 (BVN)、德国遗传物质国际有限公司 (GGI) 和诺丁林种畜基因产品公司(Masterrind) 的大力支持。德方为项目执行成立一个由德国农业部、GFA、ADT 和四家主要参加项目的德国牛育种企业组成的项目领导小组。

Auf deutscher Seite ist das Bundesministerium für Ernährung, Landwirtschaft und Verbraucherschutz der Bundesrepublik Deutschland (BMELV) der politische Projektträger. Da das Projekt als Wirtschaftskooperationsprojekt konzipiert ist, wird die Projektsteuerung und Umsetzung maßgeblich durch die Hauptwirtschaftspartner, die deutschen Rinderzuchtunternehmen Bayern-Genetik GmbH, Besamungsverein Neustadt Aisch e. V. (BVN), German Genetics International GmbH (GGI) und Masterrind GmbH unterstützt, die gemeinsam als operativer Projektträger fungieren. Auf deutscher Seite fungiert für die

Durchführung des Projektes eine Steuerungsgruppe bestehend aus dem BMELV, der GFA Consulting Group, der ADT Projekt GmbH und den vier Hauptwirtschaftspartnern.

4.4.2 项目组织

4.4.2 Projektorganisation

中德农业联委会负责项目政策领导。

Die politische Steuerung des Vorhabens obliegt der deutsch-chinesischen Arbeitsgruppe Ernährungs-und Agrarpolitik.

中方对项目的协调,组织和执行以及项目措施的实施由“中心”中方项目办公室负责,办公室设在全国畜牧总站;

Die operative Projektkoordination und Organisation und Durchführung der Projektmaßnahmen erfolgt auf chinesischer Seite durch das chinesische Projektbüro vom Deutsch-Chinesischen Zentrum für Technologie und Innovation in der Tierzucht, welches im National Animal Husbandry Service (NAHS) eingerichtet wird.

德方的项目协调和执行由主要的企业经济伙伴和 ADT 项目公司进行。德方将在北京设立一个项目办公室,聘用至少一名当地工作人员。

Die Projektkoordination und-durchführung auf deutscher Seite erfolgt durch die Hauptwirtschaftspartner und die Beratungsfirma ADT Projekt GmbH. Auf deutscher Seite wird ein Projektbüro in Peking mit mindestens einem lokalen Mitarbeitern eingerichtet.

4.5 成本估算和筹资

4.5 Kostenschätzung und Finanzierung

中方的经费来自中国农业部、全国畜牧总站和中方项目示范单位(牛场);

Die Beiträge der chinesischen Seite werden aus Mitteln des Ministeriums für Landwirtschaft (MfL) und des NAHS sowie Demonstrationsbetrieben bereitgestellt.

德方的经费来源是德国农业部对国际合作项目的资助,以及四家主要参与项目的牛育种企业和后续将加入到项目中的其他企业的资金,这些德国企业还有各自的投入和要承担的工作。

Die Beiträge der deutschen Seite werden aus den Mitteln aus dem BMELV Kooperationsprogramm sowie aus Mitteln, Leistungen und Beiträgen der vier beteiligten Hauptwirtschaftspartner sowie weiterer Wirtschaftspartner finanziert beziehungsweise bereitgestellt.

中德双方均为各自投入的资金负责。

Die deutsche und die chinesische Seite sind jeweils für die Verwaltung ihrer eigenen

Beiträge zuständig.

4.6 可能出现的项目附加效应

4.6 Mögliche weitere Projektwirkungen

此项目将为加强中德在农业和粮食生产领域中的合作做出贡献。作为建立在中国典型养牛企业和诸多经济伙伴共同运作基础上的联合项目,将增进对现代化牛奶和牛肉生产的共识。双边合作项目拓展到养猪、养羊领域,不仅扩大了项目的影响力,也为中德两国企业间的经济和技术长期合作创造了条件。

Das Projekt leistet einen wichtigen Beitrag dazu, die deutsch-chinesischen Kooperation in der Agrar-und Ernährungswirtschaft zu stärken. Als integriertes Verbundprojekt mit verschiedenen Wirtschaftspartnern auf der Basis von typischen rinderhaltenden Betrieben in China bietet das Vorhaben die Grundlage dafür, das gemeinsame Verständnis einer modernen Milch-und Rindfleischproduktion in China zu verbessern. Mit der Erweiterung auf die Nutztierarten Schwein und Schaf wird die Breitenwirkung des Projektes noch gesteigert und weiteren Partnern der Einstieg in eine langfristige technische und wirtschaftliche Zusammenarbeit geboten.

5　中德畜牧业技术创新中心

——中德畜牧业发展合作项目

实施方案

（2015—2017 年）

Durchführungskonzept zum Deutsch-Chinesischen Zentrum für Technologie und Innovation in der Tierzucht über das Vorhaben „Kooperationsprojekt zur Weiterentwicklung der Tierzucht in China“

中方项目执行单位:全国畜牧总站

DURCHFÜHRUNGSEINHEIT DER CHININESISCHEN SEITE: NATIONAL ANIMAL HUSBANDRY SERVICE (NAHS)

德方项目执行单位:GFA CONSULTING GROUP GMBH 公司

DURCHFÜHRUNGSEINHEIT DER DEUTSCHEN SEITE: GFA CONSULTING GROUP GMBH

2015 年 01 月 16 日

16.01.2015

5.1 项目介绍

5.1 Das Projekt

(1)根据中华人民共和国农业部与德意志联邦共和国食品和农业部(以下简称"德国农业部")签署的《中华人民共和国农业部与德意志联邦共和国食品和农业部关于建立中德畜牧业技术创新中心意向书》精神,项目执行单位中国农业部全国畜牧总站和德国 GFA CONSULTING Group GmbH(以下简称 GFA)经友好协商,针对项目第二期合作制订本实施方案。GFA 是德国农业部直接授权的项目委托方,从事与其他国家在食品和农业方面的双边技术合作。

(1)Gemäß der Absichtserklärung zwischen dem Bundesministerium für Ernährung und Landwirtschaft der Bundesrepublik Deutschland (im folgenden „BMEL") und dem Ministerium für Landwirtschaft der Volksrepublik China (im Folgenden „MfL") über die Zusammenarbeit in der Tierzucht (im Folgenden „Absichtserklärung") und der gemeinsam überarbeiteten Projektplanung wurde das getroffene Konzept für die zweite Phase des Projekts durch einvernehmliche Absprache zwischen den Durchführungseinheiten, NAHS auf der chinesischen Seite und GFA Consulting Group GmbH auf der deutschen Seite, erstellt. GFA ist Generalbeauftragter des BMEL für die bilaterale technische Zusammenarbeit mit dem Ausland auf dem Gebiet der Ernährung und Landwirtschaft.

(2)"中德畜牧业发展合作项目"是中德畜牧业技术创新中心的重要工作内容之一。双方将以此为契机,为在畜牧业领域继续开展广泛合作打下良好的基础。

(2)Das „Kooperationsprojekt zur Weiterentwicklung der Tierzucht in China" ist ein wichtiger Bestandteil des „Deutsch-Chinesischen Zentrums für Technologie und Innovation in der Tierzucht". Beide Seiten bauen anhand dieses Projekts eine gute Basis für weitere Zusammenarbeit in der Tierhaltung auf.

(3)项目目标:通过引进德国先进的畜牧业生产管理技术和优良的遗传物质,帮助中国发展养牛、养猪以及其他畜种的生产,提高动物食品产业链的产能、质量和资源效益,并协助中国畜牧业持续发展。

(3)Das Projektziel lautet: Chinesische Rinder-und Schweinehalter ggf. weitere Tierhalter haben die Produktionskette der tierischen Erzeugung in ihrer Leistungsfähigkeit, Qualität und Ressourceneffizienz unter Nutzung von deutschem Know-how und deutscher Genetik/Technologie verbessert und leisten einen Beitrag zur nachhaltigen Entwicklung der chinesischen Tierhaltung.

(4)中方项目执行和实施单位是农业部全国畜牧总站。项目已确定了 10 家牛业示范单位。2015 年起将遴选确定养猪示范单位。根据项目进展情况,中德双方将共同遴选和增加项目示范单位。德方项目执行单位为 GFA,实施单位为德国 ADT 国际项目管理与咨询公司，目前参加项目的主要德国企业是德国巴伐利亚遗传物质公司（Bayern-Genetik GmbH）、德国宝牛育种中心（BVN）、德国遗传物质国际有限公司（GGI）和诺丁林种畜基因产品公司（Masterrind），今后将根据项目进展情况适时增加参与企业。2015 年起还将确定在养猪业方面的德方主要参与企业，包括猪育种企业和饲养设备企业等。

(4) Der NAHS trägt die Verantwortung für die Durchführung und Umsetzung des Projektes auf der chinesischen Seite. Weiterhin sind bereits zehn Rinderzuchtdemonstrationsbetriebe für die fachliche Zusammenarbeit in China identifiziert. Weitere Demonstrationsbetriebe im Schweinezuchtbereich sollen ab 2015 hinzukommen. Je nach der Projektentwicklung kann die Anzahl der am Projekt teilnehmenden Demonstrationsbetriebe in Abstimmung zwischen der deutschen und chinesischen Seite erhöht werden. Auf der deutschen Seite trägt die GFA Consulting Group GmbH die Verantwortung für die Durchführung des Projektes und die ADT Projekt GmbH für die Umsetzung. Auf deutscher Seite nehmen weiterhin 4 Hauptwirtschaftspartner am Projekt teil: Bayern-Genetik GmbH, Besamungsverein Neustadt Aisch e. V. (BVN), German Genetics International GmbH (GGI) und Masterrind GmbH. Weitere Wirtschaftspartner können in das Projekt aufgenommen werden. Die Hauptwirtschaftspartner für die Durchführung der Komponente „Schweinezucht und-haltung“ sollen im Laufe des Jahres 2015 identifiziert werden. Diese können sowohl Unternehmen der Schweinezucht und/oder der Schweinehaltungstechnik sein.

(5)项目主要内容详见附件——《中德畜牧业发展合作项目说明书》，此附件是本实施方案的组成部分，并将在双方友好协商的基础上，在项目执行过程中根据项目发展需要予以相应更改。

(5) Die Projektinhalte sind der Anlage „Projektbeschreibung des Kooperationsprojektes zur Weiterentwicklung der Tierzucht in China“ zu entnehmen. Die Anlage ist Bestandteil dieses Durchführungskonzeptes. Die Projektbeschreibung kann im Einvernehmen beider Vertragspartner entsprechend den Projekterfordernissen bei der Implementierung angepasst werden.

(6)项目实施分二个阶段：

- 项目实施阶段Ⅰ：2015 年 01 月—2017 年 12 月
- 项目实施阶段Ⅱ：2018 年 01 月—2021 年 12 月

(6) Für das Gesamtvorhaben sind insgesamt zwei Phasen vorgesehen:

- Projektimplementierung Phase I (01/2015 bis 12/2017)
- Projektimplementierung Phase Ⅱ (01/2018 bis 12/2021).

(7)本实施方案在项目实施阶段 I 期间有效，截止日期为 2017 年 12 月 31 日，并以两国农业部预算资金的可支配性为先决条件。

(7) Die vorliegende Vereinbarung wird für die Dauer der Projektimplementierung

Phase I bis zum 31. 12. 2017 abgeschlossen, vorbehaltlich der Verfügbarkeit von Haushaltsmitteln des BMEL und des MfL.

(8)如果项目实施效果良好,中德双方合作伙伴都有继续合作意愿,德国参加项目的企业愿意继续提供支持,并且中德农业部的预算资金可以继续资助本项目,则本项目进入实施阶段Ⅱ。

(8) Vorbehaltlich positiver Ergebnisse der Projektfortschrittskontrollen, des weiterhin bestehenden Interesses der chinesischen und deutschen Partner, der weiteren Bereitschaft der deutschen Wirtschaftspartner zur Unterstützung des Projektes sowie der weiteren Verfügbarkeit von Haushaltsmitteln des BMEL und des chinesischen MfL ist eine Fortführung des Projektes möglich (Projektimplementierung Phase Ⅱ).

(9)如果项目可以进入实施阶段Ⅱ,此协议将相应地延长其有效期。同时,中德双方将共同对项目说明进行更新。

(9) Im Falle einer Fortführung des Projektes in der Projektimplementierungsphase Ⅱ kann die vorliegende Projektvereinbarung um den entsprechenden Zeitraum verlängert werden. In Absprache der deutschen und chinesischen Seite wird dazu eine aktualisierte Projektbeschreibung erstellt.

5.2 中方负责的工作

5.2 Leistungen der chinesischen Seite für das Projekt

(1)中方的工作与投入以中国农业部的资金(以预算资金的可支配性为先决条件)支持和项目示范单位的投入为前提。

(1) Die Beiträge und Leistungen der chinesischen Seite setzen sich zusammen aus Mitteln des Ministeriums für Landwirtschaft (vorbehaltlich der Verfügbarkeit von Haushaltsmitteln), sowie aus Beiträgen und Leistungen der Demonstrationsbetriebe.

(2)中方负责的工作详见项目说明 3.6.2。

(2) Die Leistungen der chinesischen Seite sind dem Kapitel 3.6.2 der Projektbeschreibung zu entnehmen.

(3)中方的项目参与方对项目说明 3.6.2 执行是执行项目说明 3.4 项的前提。

(3) Die Erbringung der unter Kapitel 3.6.2 in der Projektbeschreibung genannten Leistungen auf der chinesischen Seite ist die Voraussetzung für die Umsetzung des Punktes 3.4 der Projektbeschreibung.

(4)全国畜牧总站分别与中方项目示范单位协商,如条件许可将签署项目实施协议,此协议是本项目在中国顺利实施的保证,主要内容涉及项目说明 3.6.2 项的内容。

(4) NAHS wird mit jedem Demonstrationsbetrieb über eine Vereinbarung sprechen.

Wenn die Voraussetzungen erfüllt sind, wird NAHS mit Demobetrieben eine Vereinbarung abschließen. Dieser Vertrag gewährleistet die Durchführung des Projektes in China. Die Hauptinhalte der Vereinbarung betrifft das Kapitel 3.6.2 in der Projektbeschreibung.

5.3 德方负责的工作

5.3 Leistungen der deutschen Seite für das Projekt

(1)德方的工作与投入以德国农业部提供的资助(以预算资金的可支配性为先决条件)(由 GFA 代表德国农业部)和四家德国项目主要参与企业:德国巴伐利亚遗传物质公司(Bayern-Genetik GmbH)、德国宝牛育种中心(BVN)、德国遗传物质国际有限公司(GGI)和诺丁林种畜基因产品公司(Masterrind)的投入为前提。

(1)Die Beiträge und Leistungen der deutschen Seite setzen sich zusammen aus Mitteln des BMEL (vorbehaltlich der Verfügbarkeit von Haushaltsmitteln), vertreten durch die GFA sowie Leistungen der Hauptwirtschaftspartner Bayern-Genetik GmbH, Besamungsverein Neustadt Aisch e.V. (BVN), German Genetics International (GGI) und Masterrind GmbH sowie weiteren Haupt-und Wirtschaftspartnern.

(2)德方负责的工作详见项目说明 3.6.1。

(2)Eine detaillierte Beschreibung der Leistungen der deutschen Seite ist dem Kapitel 3.6.1 der Projektbeschreibung zu entnehmen.

(3)德国的项目参与方对项目说明 3.6.1 执行是执行项目说明 3.4 项的前提。

(3)Die Erbringung der unter Kapitel 3.6.1 in der Projektbeschreibung genannten Leistungen auf der deutschen Seite ist die Voraussetzung für die Umsetzung des Punktes 3.4 der Projektbeschreibung.

5.4 项目专家的选择和解职

5.4 Auswahl und Abberufung der entsandten Fachkräfte

(1)中方专家的选择和解职由全国畜牧总站负责。

(1)Die Auswahl und evtl. Abberufung der chinesischen Fachkräfte erfolgt durch den NAHS.

(2)德方派遣专家的选择和解职由 GFA 和 ADT 共同商讨确定。

(2)Die Auswahl und evtl. Abberufung der deutschen Fachkräfte erfolgt durch die GFA Consulting Group GmbH und die ADT Projekt GmbH.

5.5 项目管理和协调

5.5 Steuerung und Koordination des Projektes

(1)中德畜牧业技术创新中心在中德联委会的领导下工作。

(1) Das Zentrum arbeitet unter der Steuerung der deutsch-chinesischen Arbeitsgruppe für Agrar-und Ernährungspolitik.

5.6 其他事项

5.6 Weitere Regelungen

(1)本实施方案以中文和德文两种文字书写,具有同等效力。

(1) Der Text der Vereinbarung ist in deutscher und chinesischer Sprache abgefasst, wobei beide Versionen gleichermaßen gültig sind.

(2)本实施方案未尽事宜,由双方协商解决。

(2) Was in diesem Konzept nicht festgestellt wird, werden beide Seiten im Einvernehmen abstimmen.

(3)本实施方案一式两份,双方各执一份,自签署之日起生效。

(3) Dieses Konzept besteht aus zwei Ausfertigungen. Jede Seite erhält eine Ausfertigung. Das Konzept tritt mit der Unterzeichnung in Kraft.

中方项目执行单位:全国畜牧总站 DURCHFÜHRUNGSEINHEIT DER CHININESISCHEN SEITE: NATIONAL ANIMAL HUSBANDRY SERVICE (NAHS) 全国畜牧总站代表 IN VERTRETUNG FÜR NATIONAL ANIMAL HUSBANDRY SERVICE 2015 年 01 月 16 日 16.01.2015	德方项目执行单位:GFA 咨询集团公司 DURCHFÜHRUNGSEINHEIT DER DEUTSCHEN SEITE: GFA CONSULTING GROUP GMBH GFA 咨询集团公司(柏林)项目代表 VERTRETER VON GFA CONSULTING GROUP GMBH, BERLIN 2015 年 01 月 16 日 16.01.2015
附件:项目说明 书	Anlagen: Projektbeschreibung

6　中德畜牧业技术创新中心

——中国牛业发展合作

项目说明

（2015—2017 年）

PROJEKTBESCHREIBUNG

项目说明书

Deutsch-Chinesisches Zentrum für Technologie und Innovation in der Tierzucht-Kooperationsprojekt Tierzucht

中德畜牧业技术创新中心—中德畜牧业合作项目

（Kooperation 2015 bis 2017）

（合作期限:2015—2017 年）

2015 年 01 月 16 日

16.01.2015

Inhaltsverzeichnis 目录

前言 Vorwort

作为德国农业部的委托方德国 GFA CONSULTING Group GmbH(以下简称 GFA)承担德国农业部世界范围内各项目的筹划、执行、检查和验收的责任。

Als Generalbeauftragter des Bundesministeriums für Ernährung, Landwirtschaft und Verbraucherschutz (BMEL) ist die GFA Consulting Group GmbH zuständig für die Planung, Auftragsvergabe, Verlaufskontrolle und Endabnahme von Projekten der bilateralen Kooperation des BMEL weltweit.

项目说明书与项目实施方案相关联,可界定项目实施方所需获取的成果。

Die Projektbeschreibung dient der Darstellung der Projektkonzeption sowie der vom Auftragnehmer zu erbringenden Leistungsfelder.

GFA 作为德方项目实施单位,负责与中方协调、沟通,组织德方企业参与项目合作。

Als Projektdurchführungseinheit auf der deutschen Seite ist GFA dafür verantwortlich, das Vorhaben mit der chinesischen Seite zu koordinieren und die Beteiligung der deutschen Wirtschaftspartner am Projekt zu organisieren.

中国农业部全国畜牧总站作为中方项目实施单位,负责与德方协调、沟通,组织中方项目示范单位参与项目合作。

Als Projektdurchführungseinheit auf der chinesischen Seite ist der NAHS dafür verantwortlich, das Vorhaben mit der deutschen Seite zu koordinieren und die Beteiligung der chinesischen Demobetriebe am Projekt zu organisieren.

本说明书是双方合作依据,如需修改,需经双方同意。

Die Projektbeschreibung fungiert als gemeinsame Arbeitsgrundlage, kann jedoch bei nachweislichem Bedarf in Abstimmung von deutscher und chinesischer Seite modifiziert werden.

6.1 计划简述

6.1 Kurzbeschreibung des Vorhabens

项目名称 Projekttitel	中德畜牧业技术创新中心—中德畜牧业合作项目 Deutsch-Chinesisches Zentrum für Technologie und Innovation in der Tierzucht-Kooperationsprojekt Tierzucht
合作背景 Kooperation-shintergrund	随着中国经济的快速增长,国民对动物食品的需求,尤其是对奶和肉需求的迅速增长,对动物食品生产能力的增长提出了新的要求。中国畜牧业需要进一步提高生产效率、质量、资源效益和技术水平 Die Volksrepublik China ist seit einigen Jahren von einem spektakulären Wirtschaftswachstum geprägt. Mit steigendem Wohlstand der chinesischen Bevölkerung ist eine erhöhte Nachfrage nach tierischen Lebensmitteln insbesondere nach Milch und Fleisch festzustellen. Daher werden neue Anforderungen an die Erzeugung tierischer Produkte gestellt, Leistungsfähigkeit, Qualität und Ressourceneffizienz die Arbeitseffizienz zu verbessern und Techniknivau zu erhöhen
发展目标 Entwicklungsz-iel	持续提高中国畜牧业生产效率和生产水平,加强中德企业间的合作与交流 Ein Beitrag zur nachhaltigen Effizienzsteigerung und Erhöhung des Produktionsniveaus der Tierhaltung in China ist geleistet sowie der Austausch zwischen deutschen und chinesischen Unternehmen ist gestärkt
项目目标 Projektziel	通过引进德国先进的生产管理技术和优良的遗传物质,帮助中国畜牧业企业提高整体生产水平,确保持续发展 Chinesische Tierhalter haben das gesamte Produktionsniveau der tierischen Erzeugung unter Nutzung von deutschem Know-how und deutscher Genetik/Technologie verbessert und leisten einen Beitrag zur nachhaltigen Entwicklung der chinesischen Tierhaltung
预期成果 Geplante Ergebnisse	1. 修订项目方案,与合作各方共同确定项目实施计划 1. Das Projektkonzept ist weiterentwickelt und die Projektplanung in Absprache mit den Partnern ausgearbeitet 2. 使项目示范单位管理水平和技术水平得到提高,并发挥示范作用 2. Das Niveau von Management und Technik der Deutsch-Chinesischen Demonstrationsbetriebe (DB) ist erhöht und die DB werden als solche genutzt 3. 相关管理和技术人员得到培训 3. Relevante Fach-und Führungskräfte sind weitergebildet

	4. 交流畜牧业信息和经验，提高养猪和养牛领域的生产与技术水平，提高猪牛遗传物质交流的基础条件 4. Informations-und Erfahrungsaustausch der Tierzucht und-haltung ist ausgebaut; Das Produktions-und Technikniveaus in der Rinder-und Schweinehaltung ist erhöht. Rahmenbedingungen zum Austausch von Rinder-und Schweinegenetik sind verbessert 5. 定期整理总结项目成果，并在中国其他区域进行推广 5. Projektergebnisse sind regelmäßig aufgearbeitet und in weitere Regionen der Volksrepublik China verbreitet
目标群体 Zielgruppen	中德畜牧生产企业 Deutsche und chinesische Produktionsbetriebe in der Tierhaltung 猪牛（和其他畜种）育种与饲养产业链上的服务商 Dienstleister in der Wertschöpfungskette der Rinder-und Schweinezucht und-haltung (ggf. weitere Tierarten) 猪牛（和其他畜种）育种组织 Rinder-und Schweinezuchtorganisationen (ggf. zuständige Organisationen für weitere Tierarten) 科研机构 Wissenschaftliche Institute
项目参加单位 Projektbeteiligte 德方 Deutsche Seite	德意志联邦共和国食品和农业部（BMEL）、GFA、项目实施单位、主要德国参与企业：德国巴伐利亚遗传物质公司（Bayern-Genetik）、德国宝牛育种中心（BVN）、德国遗传物质国际有限公司（GGI）、诺丁林种畜基因产品公司（Masterrind）、梅明根育种中心、DSP软件公司、凯斯乐耳标企业、德国农业协会。其他项目参与企业会在项目执行过程中予以确认 Bundesministerium für Ernährung und Landwirtschaft der Bundesrepublik Deutschland (BMEL); GFA Consulting Group GmbH, eine durch das Vergabeverfahren ermittelte Durchführungsorganisation. Hauptwirtschaftspartner (HWP): Bayern-Genetik GmbH, Besamungsverein Neustadt Aisch e. V. (BVN), German Genetics International GmbH (GGI), Masterrind GmbH, weitere Wirtschaftspartner (WP): RBG Memmingen, dsp-Agrosoft, Caisley, DLG-International GmbH, weitere Wirtschaftspartner werden im Laufe des Projekts nach Bedarf identifiziert.
中方 Chinesische Seite	中国农业部、农业部全国畜牧总站、项目示范单位：北京首农畜牧发展有限公司——绿荷奶牛养殖中心、石家庄润通牧业有限公司、新疆呼图壁种牛场有限公司、黑龙江省九三红枫种植有限公司、新疆维吾尔自治区国营乌鲁木齐种牛场、伊犁新褐种牛场、张北华田科技有限公司、北京首农畜牧发展有限公司奶牛中心、北京中地畜牧科技有限公司、四川阳平种牛场，以及其他待遴选的猪示范单位和相关畜牧业企业

	Ministerium für Landwirtschaft der Volksrepublik China (MfL) National Animal Husbandry Service (NAHS) Demonstrationsbetriebe: Beijing SanYuan LvHe Milchviehhaltungszentrum, Shijiazhuang RunTong Tierhaltung GmbH, Xijiang HuTuBi Zuchtstation, Heilongjiang Jiusan HongFeng GmbH, Xijiang Urumqi Staatszuchtstation, Xinjiang Yili XinHe Zuchtstation、Zhangbei HuaTian GmbH, BDCC/Besamungsstation Beijing, Sinofarm Beijing GmbH, Sichuan YangPing Zuchtstation, die noch zu identifizierenden Schweinedemobetriebe sowie weitere ausgewählte relevante Tierhaltungsbetriebe
预计执行时间 Voraussichtlicher Zeitplan	实施阶段Ⅰ:2015 年 1 月至 2017 年 12 月（36 个月） Phase Ⅰ: Januar 2015 bis Dezember 2017 (36 Monate)
德方预计支出 Geschätzte Kosten des der deutschen Seite	由德国农业部和项目参与企业投入构成 Setzen sich aus Mitteln des BMEL und der Wirtschaftspartner zusammen
中方预计支出 Geschätzte Kosten der chinesischen Seite	中方的投入主要由农业部和全国畜牧总站项目资金及中方项目示范单位投入构成 Setzen sich aus Mitteln des MfL, NAHS und den DB zusammen

6.2　立项依据

6.2　Ziel und Begründung des Vorhabens

6.2.1　现状、潜力及问题分析

6.2.1　Ausgangssituation, Potenzial-und Problemanalyse

近年来，随着中国经济的快速增长，国民对动物食品的需求，尤其是牛奶、牛肉和猪肉需求的迅速增长，对牛奶、牛肉和猪肉生产能力的增长提出了新的要求。中国畜牧业需要进一步提高产能、质量和资源效益。

Die Volksrepublik China ist seit einigen Jahren von einem spektakulären Wirtschaftswachstum geprägt. Mit steigendem Wohlstand der chinesischen Bevölkerung ist eine erhöhte Nachfrage nach tierischen Lebensmitteln insbesondere nach Milch, Rind-und Schweinefleisch festzustellen. Daher werden neue Anforderungen an die Milch-, Rindfleisch-und

Schweinefleischerzeugung gestellt, dass die chinesische Tierhaltungsbranche ihre Leistungsfähigkeit, Qualität und Ressourceneffizienz zu verbessern hat.

为了推进中国畜牧业的健康发展,中方希望利用德方先进的畜牧生产管理技术和优良的遗传物质来优化中国的牛奶、牛肉和猪肉生产。进一步深化中国和德国农业部共同资助立项的牛业育种项目。德方主要的四家企业参与“中国牛业发展合作项目”①(以下称“中德牛业项目”):德国巴伐利亚遗传物质公司(Bayern-Genetik),德国宝牛育种中心(BVN),德国遗传物质国际有限公司(GGI)和诺丁林种畜基因产品公司(Masterrind),这四家企业为中国牛业示范单位提供优质遗传物质,同时也和一些专业机构开展了经验交流。

Um die chinesische Tierhaltung weiter zu entwickeln, möchte die chinesische Seite deutsche Genetik, Technologie und Erfahrungen zur Optimierung der Produktionsverfahren der Milch-und Rindfleischerzeugung und Schweinefleischerzeugung wirkungsvoll nutzen. Initiiert durch das Bundesministerium für Ernährung und Landwirtschaft der Bundesrepublik Deutschland (BMEL) und das Ministerium für Landwirtschaft der Volksrepublik China (MfL) wurde die deutsch-chinesische Zusammenarbeit in der Rinderzucht vertieft und intensiviert. Als Partner dieser Entwicklung stellten vier deutsche Rinderzuchtunternehmen, Bayern-Genetik GmbH, Besamungsverein Neustadt Aisch e. V. (BVN), German Genetics International GmbH (GGI) und Masterrind GmbH als Hauptwirtschaftspartner (HWP) des bilateralen „Deutsch-Chinesischen Kooperationsprojekts zur Weiterentwicklung der Rinderzucht und Rinderhaltung in China“ 1 (im Folgenden auch „Rinderzuchtprojekt“ genannt) den ausgewählten chinesischen Rinderzuchtbetrieben hochwertige Genetik zur Verfügung und leiteten einen fachlichen Erfahrungsaustausch ein.

中德牛业项目致力于使用德国遗传物质和先进的科学技术,协助示范单位提高生产水平。2012 年和 2013 年针对德国的德系西门塔尔牛、荷斯坦牛和褐牛共计遴选出 6 家示范单位,另外在项目的框架下针对产奶和产肉在育种和生产技术方面为示范单位实施了诸多培训和现场指导工作。

Das Projekt arbeitet daran, ausgewählte chinesische Rinderzuchtbetriebe unter Nutzung von deutscher Rindergenetik, deutscher Technologie und deutschem Know-how zu leistungsfähigen Demonstrationsbetrieben zu entwickeln. In 2012 und 2013 erstreckte sich die Zusammenarbeit auf 6 Demonstrationsbetriebe der Rassen Holstein, Fleckvieh und Braunvieh. Im Rahmen des Projektes wurde ein umfangreiches Programm an Ausbildungs- und Vor-Ort Beratungsmaßnahmen der Demonstrationsbetriebe zu züchterischen und

---

① S. http://www.adt-rinderzucht－china.net/

produktionstechnischen Aspekten der Milch-und Rindfleischerzeugung umgesetzt.

2013 年初示范单位获得中德牛业项目中的冻精和耳标，当年项目冻精已陆续在示范单位投入使用，2014 年春季开始已有犊牛陆续出生。

Anfang des Jahres 2013 erfolgte die erste Lieferung Rindergenetik und die erste Lieferung Doppelohrmarken. Im Laufe des Jahres 2013 wurde mit dem Einsatz des deutschen Spermas begonnen, so dass die ersten Kälber deutscher Genetik im Frühjahr 2014 geboren wurden.

2014 年未能向中国示范单位提供牛业合作遗传物质。但参与中德牛业合作项目的主要德国项目企业有意愿为中德畜牧业发展合作项目继续提供协助。

Zum Stand Ende 2014 kann keine aktuelle Rindergenetik nach China geliefert werden. Die an dem Rinderzuchtprojekt beteiligten Hauptwirtschaftspartner sind jedoch bereit, die Zusammenarbeit im Rahmen des neuen „Deutsch-Chinesischen Kooperationsprojekts zur Weiterentwicklung der Tierzucht in China“ fortzusetzen.

目前确定的其他的德国项目企业包括梅明根育种中心（褐牛遗传物质）、DSP 软件公司（饲喂和牛群管理软件）、凯斯乐（耳标）和德国农业协会（展览会）。另外，还有相关的行业企业如饲料种子、饲料种植与收割机械、挤奶设备、群舍建设、育种配种技术企业等也有意参与项目，并参加了历届年终研讨会，与示范单位相互进行了介绍与交流。

Weitere Wirtschaftspartner, die mit dem Projekt zusammenarbeiten, sind z. Zt. die Firmen RBG Memmingen (Braunviehgenetik), dsp-Agrosoft (Herdemanagement Software), Caisley (tierindividuelle Doppelohrmarken) sowie DLG-International (Ausstellungen). An einer zukünftigen Zusammenarbeit sind weitere Unternehmen aus den Bereichen der Saatgutwirtschaft für Futterpflanzen, Futterernte-und Landtechnik, Melktechnik, Stallbau und Stalltechnik oder Besamungstechnologie interessiert, die punktuell bereits in Projektveranstaltungen einbezogen wurden und ihre Produktsortiment den Demonstrationsbetrieben vorstellen konnten.

鉴于中德双方将共同建立中德农业中心，双方决定将合作予以深化，扩大在畜牧业领域的合作，自 2015 年起“中德畜牧业合作项目”将纳入中德农业中心，作为独立的项目持续执行。(2015—2017 年)增加双方在养猪业方面的合作，如果具备养羊业合作的条件，双方也将扩大在养羊等其他畜种领域的合作。

Mit Hinblick auf die Gründung des Deutsch-Chinesischen Agrarzentrums (DZC) wurde die Ausweitung der Zusammenarbeit geprüft. Beide Seiten haben sich in diesem Zusammenhang für eine Ausweitung des Vorhabens auf weitere Tierarten ausgesprochen. Ab Januar 2015 soll ein bilaterales „Deutsch-Chinesisches Kooperationsprojekt zur Weiterentwicklung der Tierzucht in China“ beginnen, das unter dem Dach des DCZ koordiniert, aber eigenständig durchgeführt wird. 2015—2017 soll die Schweineproduktion zusätzlich zur Rinderproduktion bearbeitet werden. Die bilaterale Zusammenarbeit kann auch auf Schafproduktion und Produktion mit anderen Tierarten erweitert werden, sobald die Voraussetzungen dazu gegeben sind.

中方项目执行与实施单位是中国农业部全国畜牧总站(以下称"总站"),德方项目执行与实施单位是 GFA 和 ADT。

Durchführungs-und Umsetzungseinheit auf der chinesischen Seite ist der National Animal Husbandry Service (NAHS). Auf der deutschen Seite ist GFA die Durchführungseinheit und ADT die Umsetzungseinheit.

作为经济合作项目,中德畜牧业合作项目可以接纳其他相关行业企业,以便为项目提供更多支持与协助。

Das „Deutsch-Chinesische Kooperationsprojekt zur Weiterentwicklung der Tierzucht in China" ist als Wirtschaftskooperationsprojekt konzipiert. Im Zuge der weiteren Projektausgestaltung ist die Aufnahme weiterer Wirtschaftspartner vorgesehen. Demnach erfolgt die Projektplanung und-durchführung mit maßgeblicher Unterstützung und aktiver Teilnahme der beteiligten Unternehmen.

6.2.2 目标

6.2.2 Zielsetzung

发展目标:旨在持续提高中国畜牧业生产水平,扩大中德畜牧企业间的合作与交流。

Entwicklungsziel: Ein Beitrag zur nachhaltigen Steigerung der Produktionseffizienz der Tierhaltung in China und zum Ausbau der Zusammenarbeit und des Austausches zwischen deutschen und chinesischen Unternehmen sind geleistet.

发展目标建立在促进中德企业界经贸合作,提高中国畜牧业综合生产能力的基础上。

Das Projekt basiert auf der Förderung der Zusammenarbeit auf dem Gebiet von Handel und Wirtschaft zwischen deutschen und chinesischen Unternehmen sowie der Erhöhung der Gesamtproduktionsleistung der chinesischen Tierhaltung.

项目目标:通过使用德国优质的遗传物质和先进的生产管理技术,加强两国间的专业技术交流,使中国畜产品产业链的效率、质量和资源效益得到提高,为中国畜牧业的可持续发展做出贡献。

Projektziel: Chinesische Tierhalter haben die Produktionskette der tierischen Erzeugung in ihrer Leistungsfähigkeit, Qualität und Ressourceneffizienz unter Nutzung von deutschem Know-how und deutscher Genetik/Technologie verbessert, der fachliche Austausch zwischen beiden Staaten ist verstärkt und leisten einen Beitrag zur nachhaltigen

Entwicklung der chinesischen Tierhaltung.

项目目标的可测指标：

Nachprüfbare Indikatoren des Projektziels sind:

a）优化生产水平

a) Verbesserung des Produktionsniveaus

• 从 2015 年起，示范单位（牛场）每头牛的产奶量每年增加 100 kg；

• Die Milchleistung je Kuh steigt aller Demonstrationsbetriebe (DB) ab 2015 um 100 kg je Kuh und Jahr an.

• 从 2015 年起，用德系西门塔尔牛遗传物质的示范单位（牛场），育肥牛年日增重提高 25 g。

• Die Tageszunahmen von Mastbullen in DB mit Fleckviehgenetik steigen ab 2015 jeweils um 25 g an.

• 在遴选出生猪生产示范单位并确定协助发展方案后，养猪业合作评估指标将于 2015 年由双方商定。

• Die Indikatoren für die Effizienz der Schweinhaltung sind im Jahr 2015 zu formulieren, wenn klar ist, welche Demobetriebe ausgewählt sind und welche Entwicklungsstrategie gewählt wurde.

b）生产体系质量的提高

b) Verbesserte Qualität der Produktionssysteme

• 示范单位的牛奶、牛肉、猪养殖（或其他畜种）生产流程得到明显优化，其各项指数得到明显提高（例如健康度、初胎年龄、繁殖力、产犊间隔、每年每头母猪断奶活仔数等等）

• Prozesskennzahlen der Demonstrationsbetriebe der Milch-und Rindfleischerzeugung, der Schweinehaltung ggf. weiterer Tierarten haben sich signifikant verbessert (z. B. Gesundheitsstatus, Erstkalbealter, Fruchtbarkeit, Zwischenkalbezeit, Anzahl der abgesetzten Ferkel pro Jahr/Sau).

c）资源效益的提高

c) Verbesserte Ressourceneffizienz

• 2016 年为示范牛场制定粪污处理与利用方案，2017 年底过半数的示范牛场实施此方案；2017 年为示范猪场制定粪污处理与利用方案。

• Es liegen für alle DB der Rinderhaltung bis 2016 und für alle DB der Schweinehaltung bis 2017 Gülleverwertungskonzepte vor; bis 2017 sind die Gülleverwertungskonzepte in der Hälfte der DB der Rinderhaltung dem jeweiligen Konzept entsprechend umgesetzt.

d）扩展经济合作

d) Ausbau der Wirtschaftskooperation

• 接纳其他相关企业参与项目

- Aufnahme weiterer Wirtschaftspartner in die Projektarbeit
- 加强中德养牛业、养猪业和其他畜种生产上遗传物质和机械设备的贸易往来
- Umfang des deutsch-chinesischen Handels mit Rindergenetik und mit Technologien für die Rinder-und Schweinehaltung ggf. weitere Tierarten

6.2.3 目标群体和执行目标群体

6.2.3 Zielgruppe und Implementalzielgruppe

目标群体狭义上是指希望改进生产体系的中方养牛、养猪企业，其他畜种企业（如养羊、养马等）如条件满足也可以纳入其中。

Zielgruppe im engeren Sinne sind die Rinder-und Schweinehaltungsbetriebe in China, die ihre Produktionssysteme der Milch-und Fleischerzeugung weiterentwickeln wollen. Andere Tierarten (z. B. Schafe, Pferde usw.) können gegebenenfalls hinzukommen.

执行目标群体是指执行项目的重要联系人，即目标群体的介绍人和传播者。包括国家、地区和地方各级农业部门、科研机构工作人员以及牛奶、牛肉和猪肉产业链上的服务商。

Implementalzielgruppe und damit wesentliche Ansprechpartner für die Durchführung der Projektmaßnahmen sind Vermittler und Multiplikatoren zur Zielgruppe. Dazu gehören die verschiedenen staatlichen Behörden im Bereich der Landwirtschaft auf föderaler, regionaler und lokaler Ebene, die Mitarbeiter der wissenschaftlichen Institute und Versuchseinrichtungen sowie weitere Dienstleister in der Wertschöpfungskette der Milch-, Rindfleisch- und Schweinefleischerzeugung.

6.3 项目结构

6.3 Gestaltung des Vorhabens

6.3.1 计划与筹备工作

6.3.1 Bisherige Aktivitäten zur Vorbereitung und Planung

中德两国农业部于2010年1月签署的“中华人民共和国农业部与德意志联邦共和国食品及农业保护部关于建立中德畜牧业技术创新中心意向书”为此项目的合作基础。

Das BMEL und das MfL haben im Januar 2010 eine Absichtserklärung über die Zusammenarbeit in der Tierzucht unterzeichnet, das als Basis der Projektkooperation anzunehmen ist.

6.3.2 与其他项目的联系

6.3.2 Zusammenhang mit anderen Vorhaben

在中德农业中心框架下，加强与其他中德合作项目之间的沟通与交流。

Der Kontakt und der Erfahrungsaustausch mit weiteren deutsch-chinesischen Projekten, die im Rahmen des Deutsch-Chinesischen Agrarzentrums (DCZ) durchgeführt werden, werden verstärkt.

6.3.3 方法

6.3.3 Methodischer Ansatz

按照项目方案,计划与10家示范单位(牛场)进行合作,地域范围包括新疆、黑龙江、河北、北京、四川等。合作始于2011年已经确立的6家示范单位(牛场)(包括荷斯坦,德系西门塔尔和褐牛3个品种,每个品种设立2家示范单位(牛场)),2014年示范单位(牛场)的数量将已达到10家(其中荷斯坦和德系西门塔尔示范单位(牛场)各4家,褐牛示范单位(牛场)2家)。2015年至2017年至少确定2家养猪示范单位。

Das Projektkonzept sieht eine Zusammenarbeit im Rinderbereich mit insgesamt zehn Demonstrationsbetrieben in den Provinzen Xinjiang, Heilongjiang, Hebei, Peking und Sichuan usw. vor. Die Zusammenarbeit wurde in 2011 mit sechs Demonstrationsbetrieben (jeweils 2 Betriebe der Rassen Holstein, Fleckvieh und Braunvieh) begonnen und wurde im Jahr 2014 auf mindestens zehn Betriebe erweitert (je 4 Betriebe mit Holstein und Fleckvieh und 2 Betriebe mit Braunvieh). 2015—2017 werden mindestens 2 Demonstrationsbetriebe in der Schweineproduktion ausgewählt und betreut.

示范单位的挑选应通过中德双方的密切合作来完成。由全国畜牧总站根据中德双方共同确立的筛选标准进行初选。由中德双方专家共同考察初选出的示范单位,最终由中德双方共同确定示范单位。在确定示范单位时需要多方面考虑(如地域性、规模等)。

Die Auswahl der weiteren Betriebe erfolgt in enger Abstimmung zwischen der deutschen und chinesischen Seite. Dazu nimmt NAHS nach den von beiden Seiten abgestimmten Kriterien eine Vorauswahl vor. Anschließend werden die vorgewählten Betriebe von Experten beider Seiten gemeinsam besichtigt und zum Schluss identifizieren beide Seiten die Demonstrationsbetriebe. Die gemeinsame Festlegung der DB erfolgt unter einer angemessenen Berücksichtigung verschiedener Aspekte (regionale Verteilung, Größe usw.).

2014年初,已为现有的示范单位确定了发展方案,在方案中阐述了合作成果和对专家现场指导及项目培训的需求。总站在中方专家的协助下为每一家新遴选出的示范单位建立一份需求方案,方案中涵盖牛场在育种、管理和技术方面的发展目标。德方将对每一份方案就其可行性进行评估,并就此有针对性的为每一个示范单位提供一份支持方案,其中会阐明德方为达到示范单位(牛场)的发展目标所要进行的投入,包括为示范单位(牛场)进行咨询和培训,提供牛遗传物质和管理软件以及可能的其他技术支持。以中德双方共同为示范单位制定的需求和支持方案为基础,全国畜牧总站将与示范单位协商,如条件具备可与示范单位签订协议书。如果示范单位对生产设备和农机有商业需求,可与相应的德国企业直接签订协议。中德双方将根据双方议定的项目评估指标对示范单位的发展做出评估。

Für die bisherigen Betriebe wurde zum Beginn des Jahres 2014 ein Entwicklungskonzept erstellt, in dem die bisherigen Ergebnisse der Zusammenarbeit dargestellt und der Bedarf für weitere Beratungs-und Ausbildungsmaßnahmen erläutert wird. Für die neuen Betriebe stimmt der NAHS mit Unterstützung der chinesischen Experten mit jedem Demonstrationsbetrieb ein individuelles Bedarfskonzept ab, in dem die Zielvorstellungen für die Entwicklung in den Bereichen Zucht, Management und Technologie dargestellt sind. Die deutsche Seite überprüft das Konzept für jeden Demonstrationsbetrieb auf seine Umsetzbarkeit und formuliert den Beitrag der deutschen Seite zur Erreichung der Zielvorstellung in einem Unterstützungskonzept. Dies beinhaltet Beratungs-und Ausbildungsmaßnahmen sowie Sachleistungen in Form von Genetik, Software und ggf. weiterer Technologie. Auf der Grundlage des gemeinsam abgestimmten Unterstützungskonzeptes stimmt sich der NAHS mit den Demobetriebe ab. Wenn sich die Voraussetzungen ergeben, kann der NAHS eine Vereinbarung abschließen. Wenn die Demobetriebe Bedarf an Produktions-und Landtechnik haben, können sie gegebenenfalls direkt mit den relevanten deutschen Unternehmen eine Vereinbarung schließen. Die deutsche und chinesische Seite werden gemeinsam fortlaufend die Entwicklung der Demonstrationsbetriebe nach einem von beiden Seiten abgestimmtem Projektmonitoring auswerten.

德方所提供的技术咨询和服务以集中培训、现场指导和培训等方式进行。技术咨询和服务内容涵盖以下领域：

Die technische Beratung und Dienstleistungen der deutschen Seite werden in Form von überbetrieblichen Veranstaltungen für alle Demonstrationsbetriebe sowie in Form von betriebsindividuellen Vor-Ortberatungen (VOB)/Schulungsmaßnahmen vorgenommen. Die technische Beratung und Dienstleistungen behandeln im Projektverlauf die folgenden fachlichen Schwerpunkte:

a）育种方案/选配咨询

a）Zuchtkonzept/Selektionsberatung

b）饲料/饲喂

b）Futtermittel/Fütterung

c）繁殖

c）Reproduktion

d）生产与牛群管理，包括犊牛和后备牛培育

d）Produktions-und Herdenmanagement einschließlich Kälber-und Jungviehaufzucht

e）牛场、猪场建设，包括粪污处理与利用

e) Stallbau von Rinder-und Schweinebetrieben einschließlich Gülleverwertung

f) 饲养体系、动物舒适度和健康度

f) Haltungssysteme, Tierkomfort und Tierwohl

g) 养猪养牛的经济效益

g) Wirtschaftlichkeit der Rinder-und Schweinehaltung

其他的专业内容可以在项目实施过程中由合作各方确定。

Weitere fachliche Schwerpunkte können zwischen den Partnern im Laufe der Projektdurchführung vereinbart werden.

德方提供的支持方案以示范单位积极使用德方提供的软件并提供使用此软件定期进行汇总取得的数据为前提条件。除了与生产相关的特殊数据以外,示范单位还应持续提供项目评估所需的评估指标数据。对示范单位的管理、咨询和人员培训都要用到此软件。在进行定期咨询与培训时,首先会将示范单位的工作人员纳入其中,其次,可能还给周边与养猪养牛业相关的重要服务商的工作人员提供咨询和培训(包括政府机构管理人员、咨询人员、配种员等)。

Das von der deutschen Seite vorgeschlagene Unterstützungskonzept setzt voraus, dass die Demonstrationsbetriebe die von der deutschen Seite bereitgestellte Software aktiv anwenden oder regelmäßig Daten aus bereits eingesetzten Herdenmanagementprogrammen zur Verfügung stellen und so regelmäßig ihre Daten zur Verfügung stellen. Neben den produktionsspezifischen Daten leisten die Betriebe regelmäßig die relevanten Beiträge zum fortlaufenden Betriebsmonitoring anhand der Projektmonitoringsvorgaben. Diese Software kann somit sowohl für das Management des Demonstrationsbetriebes als auch für Beratungs-und Schulungsmaßnahmen genutzt werden. Die Mitarbeiter der Demonstrationsbetriebe werden zu den regelmäßigen Fachberatungs-sowie Fortbildungsmaßnahmen vorrangig einbezogen. Darüber hinaus sollen ggf. auch Mitarbeiter von relevanten Dienstleistern der Rinder-und Schweinehaltung aus dem Umfeld der Demonstrationsbetriebe in die Beratungsmaßnahmen und Schulungen eingebunden werden (staatliche Verwaltung, Beratungskräfte, Besamungsspezialisten usw.).

各个示范单位的咨询将由中德双方专家共同进行。咨询内容除了上文提到的专业领域以外还包括针对不同示范单位的特别需求所涉及的领域,例如:畜舍设计与构建、畜群管理、草场经济效益、缓解环境压力、猪牛育肥、动物健康和舒适度等。

Einzelbetriebliche Beratung wird gemeinsam von deutschen und chinesischen Experten vorgenommen. Die Beratung erfolgt zu den oben genannten fachlichen Schwerpunkten und richtet sich darüber hinaus auch auf betriebsspezifische Anforderungen aus. Beispiele dafür können sein: Stallplanung und-einrichtung, Herdenmanagement, Weidewirtschaft, Verminderung von Umweltbelastungen, Rinder-und Schweinemast, Tiergesundheit und Tierwohl.

另外,在项目框架内,安排中方管理与技术人员到德国和欧盟其他国家参观交流和访问;安排中方的专业技术人员到德国进行短期(2～3周)和长期培训(6～8周)。

Ergänzend zu den Veranstaltungen im Land sollen im Rahmen des Projektes unter Finanzunterstützung der deutschen Seite weiterhin Fachinformationsreisen (FIF) nach Deutschland und anderen Ländern der EU, aber auch Fortbildungsveranstaltungen in Form von Kurzzeitschulungen (ca. 2～3 Wochen) und Praxisschulungen (ca. 6～8 Wochen) für chinesische Führungs-und Fachkräfte in Deutschland durchgeführt werden.

德国的牛育种企业将在项目运作期间向示范单位提供德系西门塔尔、荷斯坦和褐牛的冻精,以改进这些牛场牛群的遗传水平。这些种牛是德国历经几十年以先进的方法培育出来的,为牛奶和牛肉生产的巨大发展潜力打下了基础,拥有诸多优良的功能性状,如使用寿命、繁殖力和乳房健康度等。公牛父亲和公牛母亲都来自性能最优异的核心群,青年公牛后裔测定采用独立的性能测定程序,确保高水平的育种成果。

Die deutschen Rinderzuchtunternehmen sind bereit, die Demonstrationsbetriebe in der Projektlaufzeit durch die Bereitstellung von Rindersperma der Rassen Fleckvieh, Holstein und Braunvieh zu unterstützen und so eine verbesserte Rindergenetik in diesen Betrieben aufzubauen. Die zur Verfügung gestellte Rindergenetik basiert auf umfangreichen Zuchtprogrammen, die in Deutschland seit Jahrzehnten nach modernsten Erkenntnissen durchgeführt werden. Sie bilden das Fundament für das hohe Potenzial in den Leistungsmerkmalen der Milch-und Fleischerzeugung und verfügen über exzellente funktionale Merkmale wie Nutzungsdauer, Fruchtbarkeit und Eutergesundheit. Scharfe Selektionskriterien bei der Auswahl der Bullenmütter und Bullenväter sowie ein Testbulleneinsatz mit unabhängiger Leistungsprüfung gewährleisten einen hohen Zuchtfortschritt.

项目工作目的是将德系西门塔尔、荷斯坦和褐牛的优异性能在中国不同的生产条件下得以展示。在德系西门塔尔示范单位(牛场)充分展示其乳肉兼用的性能。在荷斯坦示范单位(牛场)充分展示荷斯坦牛的产奶性能,例如提高乳脂、乳蛋白含量和改善功能性特征。在褐牛示范单位(牛场)建立性能优越,适应性很强的母牛群体。为此将为每家示范单位(牛场)设计一个提高遗传水平的育种方案。

Ziel ist es, die Eignung und Leistungsfähigkeit der Rassen Fleckvieh, Holstein und Braunvieh unter verschiedenen Produktionsbedingungen in China zu demonstrieren. In den Demonstrationsbetrieben der Rasse Fleckvieh wird die besondere Eignung als Doppelnutzungsrasse zur kombinierten Milch-und Fleischerzeugung unter Beweis gestellt. In den Demonstrationsbetrieben der Rasse Holstein wird bei einem hohen Milchleistungsniveau eine Verbesserung der Fett-und Eiweißgehalte sowie der funktionalen Leistungsmerkmale angestrebt. In den Demonstrationsbetrieben der Rasse Braunvieh wird der Aufbau eines leistungsstarken Kuhbestandes verfolgt, der sich zudem durch eine hohe Anpassungsfähigkeit auszeichnet. Dazu wird für jeden Demonstrationsbetrieb ein Zuchtkonzept erstellt.

自 2015 年起，养猪业合作内容也纳入项目，但因两国对此的贸易协定还未达成，目前还不能提供遗传物质（种猪活体），因而合作初期只能限于育种技术、饲养管理、饲喂营养、健康和舒适度等方面。协助示范单位（猪场）发展的方案将会在项目实施过程中予以确定。

Ab 2015 wird auch die Schweinehaltung in das Projekt aufgenommen. Die Unterstützung durch die Lieferung von Genetik (Zuchttiere) ist derzeit noch nicht möglich, da entsprechende Veterinärabkommen noch nicht abgeschlossen sind. In diesem Bereich stehen deswegen zuerst Zuchttechnik, Haltung, Fütterung, Tiergesundheit und Tierwohl im Vordergrund. Die Entwicklungsstrategien werden im Zuge der Arbeit auf den Demonstrationsbetrieben entwickelt.

在项目运行过程中与示范单位的合作还可以扩大到农业和畜牧业其他科学技术和生产设备方面，为此可以经中德双方协商后吸纳相关的经济合作伙伴加入项目。

Die Zusammenarbeit mit den Demonstrationsbetrieben kann im Projektverlauf um weitere Technologien und Betriebsmittel der Land-und Tierhaltungstechnik erweitert werden. Dazu können in Absprache der deutschen und chinesischen Seite weitere Wirtschaftspartner einbezogen werden.

示范单位取得成绩后，可成为培训、进修和咨询的示范场所，接纳其他牛场的工作人员。这些活动也可以在其他培训机构进行。

Nach erfolgreicher Entwicklung sollen die Betriebe als Demonstrationsbetriebe für weitere Maßnahmen der Aus-und Fortbildung sowie Beratung eingesetzt werden und Mitarbeiter von anderen Betrieben dafür aufnehmen. Neben den Demonstrationsbetrieben können auch andere geeignete Ausbildungseinrichtungen für Aus-und Fortbildungsmaßnahmen genutzt werden.

从 2015 年起需加强对合作项目的宣传工作。已有的合作成果可以进行推广。示范单位负责组织宣传活动，向媒体推荐项目成果，在行业会议和活动中介绍项目。

Die öffentlichkeitsarbeit des Projekts soll in der nächsten Durchführungsphase ab 2015 ein stärkeres Gewicht bekommen. Es gibt bereits Empfehlungen, die verbreitet werden können. Die Demonstrationsbetriebe werden Veranstaltungen organisieren und das Projekt wird seine Empfehlungen in den Medien und auf Fachveranstaltungen vorstellen.

示范单位的组织和管理由中方负责。示范单位要正确使用德国的牛遗传物质和技术，持续记录存栏牲畜的生产性能数据，并在项目框架内定期接受评估。示范单位定期提供他们的牧场用作项目或参与项目的经济伙伴的示范和培训的场所。

Die Organisation und das Management der Demonstrationsbetriebe bleiben in der ausschließlichen Verantwortung der chinesischen Partner. Die Demonstrationsbetriebe erklären sich bereit, die deutsche Genetik und Technik sachgerecht einzusetzen, Leistungsdaten ihres Tierbestandes fortlaufend zu erfassen und im Rahmen des Projektes für regelmäßige Auswertungen zur Verfügung zu stellen. Weiterhin erklären sich die Demonstrationsbetriebe bereit, ihre Betriebe regelmäßig für Demonstrations-und Fortbildungsmaßnahmen des Projektes bzw. der beteiligten Wirtschaftspartner zur Verfügung zu stellen.

示范单位相互之间的合作会通过专业技术的信息和经验交流得以补充，将进行有关现代化育种和选配方法的经验交流以及讨论如何建立育种基础设施和为开展育种值评估创造良好的条件。为提高项目示范效果，双方将探讨建立畜牧技术培训基地。

Die Zusammenarbeit auf der Ebene der Demonstrationsbetriebe wird durch einen Informations-und Erfahrungsaustausch zu fachtechnischen Aspekten der Tierzucht ergänzt. Dazu werden die Erfahrungen zu modernen Zucht-und Selektionsverfahren ausgetauscht und die Voraussetzungen zum Aufbau einer züchterischen Infrastruktur und Zuchtwertschätzung erörtert. Um die Demonstrationswirkung zu erhöhen, werden beide Seiten gemeinsam prüfen, eine Fortbildungseinrichtung in der Tierhaltung einzurichten.

定期对项目成果进行评估和总结。组织跨区域的专业活动并建立一个网络平台，以此来推广和更新取得的成果。

Die Projektergebnisse werden regelmäßig ausgewertet und aufgearbeitet. Zur Verbreitung der Ergebnisse werden überregionale Fachveranstaltungen durchgeführt und eine Internetplattform eingerichtet bzw. Aktualisiert.

鉴于中国幅员辽阔和养牛生产体系中遗传改良过程复杂和持久的特点，力求制定一个 6～8 年的长期计划。该计划分为两个阶段：

Unter Berücksichtigung der Größe des Landes, der Komplexität und Dauer relevanter biologischer Prozesse in Produktionssystemen der Tierhaltung wird ein längerfristiges Vorhaben von etwa 6 bis 8 Jahren angestrebt. Das Projekt gliedert sich in zwei Projektphasen:

• 项目实施阶段Ⅰ：3～4 年，截至 2014 年，中德双方已确定了 10 家养牛生产示范单位。本方案实施期间（2015—2017 年），将继续遴选新的示范单位，将项目合作扩展到养猪业和其他畜种（如：养羊业和养马业）。

• 3～4 jährige Projektimplementierung (Phase Ⅰ) Bis Ende 2014 wurden 10 Demobetriebe in der Rinderzucht identifiziert. In der Phase 2015—2017 werden weitere Demobetriebe identifiziert werden und Ausweitung der Projektarbeit auf Schweine, weitere Tierarten (z. B. Schaf und Pferd)

• 项目实施阶段Ⅱ:3～4 年,2018 年到 2020/2021 年。继续发挥示范单位的示范功能,在中国展示和推广德国遗传物质、科学技术和设备。

• 3～4 jährige Projektimplementierung (Phase Ⅱ) 2018 bis 2020/2021: Nutzung der Betriebe als Demonstrationsbetriebe für den erfolgreichen Einsatz deutscher Rindergenetik, Technologien und Betriebsmittel sowie deren Verbreitung in China

6.3.4 目标及保障措施

6.3.4 Angestrebte Ergebnisse und notwendige Aktivitäten zu deren Erreichung

成果 1:合作方共同细化项目方案,并持续实施

Ergebnis 1: Das Projektkonzept ist weiterentwickelt und die Projektplanung in Absprache mit den Partnern detailliert ausgearbeitet.

指标:与中方一起遴选出其他示范单位

Indikatoren: Weitere Demonstrationsbetriebe sind gemeinsam mit den chinesischen Projektpartnern identifiziert

中德双方遴选出示范单位后全国畜牧总站将与示范单位协商,如条件具备可与示范单位签订协议书。

Nach dem gemeinsam durchgeführten Abstimmungsprozess stimmt sich der NAHS mit den Demobetrieben ab. Wenn sich die Voraussetzungen ergeben, kann der NAHS eine Vereinbarung mit DB abschließen.

制定建立牛业培训基地的方案,与总站一起确立其他畜种的合作方案

Ein Konzept für eine Fort-und Weiterbildungseinrichtung für den Bereich Rinderproduktion liegt vor; Konzepte für weitere Tierarten werden gemeinsam mit NAHS kontinuierlich entwickelt

新增参与项目的企业数量及其参与力度

Anzahl der Wirtschaftspartner, die sich neu an dem Projekt beteiligen und Umfang der Beiträge der neuen WP

项目内容:

Aktivitäten:

a) 就示范单位所在地区进行职业培训调查分析,与中方一起从专业层面探讨建立培训基地事宜。

a) Analyse der Weiterbildung im Umfeld der Demonstrationsbetriebe und) Projektkonzept zum Thema Schulungseinrichtung mit chinesischen Partnern auf fachlicher Ebene erarbeiten.

b) 每年与总站共同评估项目执行情况

b) Jährliches gemeinsames Monitoring und Auswertung der Projektumsetzung erstellen

c) 与总站共同商定每年的项目实施计划

c) Jährliche Operationsplanung gemeinsam mit NAHS ausarbeiten

d) 根据中德农业中心框架协调制定中德畜牧业项目实施方案

d) Projektkonzept des Tierzuchtprojekts mit dem Deutsch-Chinesischen Agrarzentrums (DCZ) abstimmen.

e) 与其他德国企业沟通参与项目

e) Weitere Wirtschaftspartner ansprechen und einbeziehen.

f) 每年在项目管理小组会议上评估并汇报是否其他畜种应该纳入项目。

f) Jährliche überprüfung und Berichtserstattung in den Sitzungen der Projektsteuerungsgruppe (StG), ob weitere Tierarten in die Projektarbeit einbezogen werden sollen.

成果 2：示范单位得到进一步发展，并发挥示范功能

Ergebnis 2: Deutsch-chinesische Demonstrationsbetriebe (DB) sind entwickelt und werden als solche genutzt

指标：与至少 10 家示范单位确定合作，根据需要总站与示范单位签订合作协议

Indikatoren: Zusammenarbeit mit mindestens 10 Demonstrationsbetrieben abgestimmt und nach Bedarf Kooperationsvereinbarungen zwischen NAHS und Demonstrationsbetrieben (DB) geschlossen,

2015 年中期确立并提供至少 10 家养牛业示范单位的企业介绍和发展方案

Betriebsbeschreibungen und Entwicklungskonzepte für mindestens 10 DB im Bereich Rinderhaltung liegen bis Mitte 2015 vor

提供至少 10 家示范单位的年度发展计划

Jahresplanungen für mindestens 10 DB liegen vor

2017 年底前确立并提供至少 2 家养猪业示范单位的企业介绍和发展方案

Betriebsbeschreibungen und Entwicklungskonzepte für mindestens 2 DB im Bereich Schweinezucht und-haltung liegen bis Ende 2017 vor

自 2016 年起每年 12 月份前提供至少 10 家养牛业示范单位和至少 2 家养猪业示范单位的评估报告

Jährliche Monitoringsberichte zu mindestens 10 DB im Bereich Rinderhaltung und mindestens 2 DB im Bereich Schweinezucht und-haltung (ab 2016) liegen bis Dezember des Jahres vor

德国项目企业已提供的投入(给示范单位提供的需评估的基础投入)和专业咨询天数(平均每家示范单位每年驻地至少 10 天)按计划完成

Der Input der Wirtschaftspartner (Grundbeitrag sowie an DB gelieferter Input, der auch monetär bewertet wird) und Input an Fachkrafttagen (durchschnittlich mindestens 10 Fachkrafttage vor Ort / Jahr / Unternehmen) erfolgen gemäß Plan

提供至少 2 家猪育种和饲养企业的介绍和发展分析

Mindestens 2 Betriebsbeschreibung und Analysen liegen im Bereich Schweinezucht und-haltung vor

每年准备发表至少 2 项实用技术文章

Mindestens 2 Technologien /Best Practice werden pro Jahr beschrieben und zur Veröffentlichung vorbereitet

项目内容：

Aktivitäten:

a）与中方一起为至少 10 家牛业示范单位和至少 2 家猪业示范单位确立育种和管理方面的需求和扶持方案，并于每年 12 月份进行更新和延续

a) Individuelle Bedarfs-und Unterstützungskonzept für mind. 10 Demonstrationsbetriebe im Bereich Rinderhaltung (Zucht und Management) und mindestens 2 Demonstrationsbetrieb im Bereich Schweinehaltung (Zucht und Management) werden mit der chinesischen Seite abgestimmt und werden für alle DB jährlich im Dezember des Vorjahres fortgeschrieben (Jahresplanung)

b）遴选猪业示范单位

b) Demonstrationsbetriebe im Bereich Schweinezucht/haltung identifizieren

c）对牛业产奶和产肉和猪业生产提供咨询指导，并提供相应报告材料

c) Die Demonstrationsbetriebe in der Milch-und Rindfleischerzeugung und Schweinproduktion beraten und durch entsprechende Unterlagen unterstützen

d）德国项目企业为示范单位提供养牛业和养猪业（如有可能还包括其他畜种）遗传物质和其他物资（每年第一季度确定需求；检疫条款允许向中国出口时供货）

d) Die Demonstrationsbetriebe durch die Bereitstellung von deutscher Rindergenetik und ggf. Schweinegenetik und ggf. weiteren Sachmitteln durch Wirtschaftspartner unterstützen (Festlegung des jährlichen Bedarfs im 1. Quartal eines Jahres; die Lieferung erfolgt unter Voraussetzung, dass die Veterinärbedingungen den Import von aktueller Genetik erlauben)

e）培训示范单位使用养牛和养猪饲料营养软件、利用软件总结牛业产奶产肉数据和管理养猪场，并提供咨询服务。

e) Ausgewählte Demonstrationsbetriebe im Umgang mit Software zur Rinder-und Schweinefütterung und Datenerfassung der Milch-und Rindfleischerzeugung und dem Management von Schweinebetrieben schulen und bei der Umsetzung beraten

f）总结和评估示范单位的工作内容和发展进程；每年根据筛选出的生产性能指标对

示范单位进行检查评估。

f）Aktivitäten und Entwicklungsfortschritt in Demonstrationsbetrieben erfassen und auswerten；jährliches Monitoring der Demonstrationsbetriebe anhand ausgewählter Leistungsindikatoren einrichten

g）对在示范单位使用成熟的技术进行系统评估，并存档记录使用效果。（每年在年度计划中确定所涉及到的技术）

g）Technologien，die auf den DB zum Einsatz kommen und ausgereift sind，werden systematisch bewertet und die Ergebnisse dokumentiert（welche Technologien in Frage kommen，wird in der Jahresplanung festgelegt）

成果 3：培训养牛业和养猪业示范单位、相关服务机构和行业专业机构的管理人员和技术人员

Ergebnis 3：Fach-und Führungskräfte von ausgewählten chinesischen Rinder-und Schweinehaltungsbetrieben（Demonstrationsbetriebe）und zuständigen Dienstleistern und Fachinstitutionen sind weitergebildet

指标：示范单位和相关机构每年各有 30 位和 50 位工作人员参加培训课程

Indikatoren：An Praxiskursen in China haben pro Jahr 30 Mitarbeiter（MA）von DB und 50 MA von Institutionen und anderen Betrieben teilgenommen

2016 年示范单位和相关机构总计 15 人参加德国牛业短期培训，为期 2～3 周。

An der Kurzzeitschulung（KZS，ca. 2～3 Wochen）Rind in Deutschland in 2016 haben 15 MA von DB und MA von Institutionen teilgenommen

2015 年至 2017 年示范单位和相关机构总计至少 10 人参加德国猪业短期培训，为期各 2～3 周。

An den KZS Schwein（jeweils ca. 2～3 Wochen）in Deutschland haben von 2015 bis 2017 mindestens 10 MA von DB und MA von Institutionen teilgenommen

至少 2 次由管理人员参加的德国（含欧盟成员国）畜牧业专业技术合作交流，各约 10 天，总计约 14 人。

Mindestens 2 weitere Fachinformationsfahrten（FIF，ca. 10 Tage）für ca. 14 chinesische Leitungskräfte der Tierzucht und Tierhaltung sind in Deutschland（bzw. EU）durchgeführt

每年安排 2 位专业人员参加在德国的长期培训（4～8 周）。

Insgesamt haben 2 Fachkräfte pro Jahr eine Praxisschulung（ca. 4～8 Wochen）in Deutschland absolviert

项目内容：

Aktivitäten：

a）与总站和示范单位共同确定在中国和德国的培训和考察的年度计划

a) Jahresplanungen zu Schulungen und Praxiskursen in China sowie Schulungen und Fachinformationsfahrten in Deutschland werden mit NAHS und DB abgestimmt

b) 至少每年在中国境内举办一次针对示范单位和相关专业机构管理人员和专业技术员的集体培训

b) Mindestens einen zentralen Praxiskurs pro Jahr für Fach-und Führungskräfte der Demonstrationsbetriebe und von Fachinstitutionen in China durchführen

c) 在中国境内每年进行至少 1 次针对示范单位或示范单位周边企业管理人员和专业技术员的培训

c) Mindestens 1 betriebsbezogener Schulungskurs pro Jahr in China für die Führungskräfte der DB bzw. benachbarten Betriebe wird durchgeführt

d) 为管理人员和专业技术员每年组织一次德国短期培训(每家示范单位 1 位,省级和总站管理层各 2 位),猪业和牛业短期培训交替进行。

d) Eine Kurzzeitschulung (KZS) pro Jahr für Fach-und Führungskräfte in Deutschland durchführen (jeweils 1 Person je Demonstrationsbetrieb, 2 Führungskräfte aus der Provinzebene und 2 Führungskräfte des NAHS). Themen zur Schweine-und Rinderhaltung wechseln sich voraussichtlich ab)

e) 为专业技术员每年组织一次德国长期培训(4～8 周),参加人员资格需由参与组织培训的中德各方共同确定,除此之外,需要参训人员具备一定的德语或英语水平。

e) Praxisschulungen (4～8 Wochen/Jahr) für chinesische Fachkräfte in Deutschland durchführen. Die Auswahl der Teilnehmer erfordert die volle Zustimmung der beteiligten Institutionen auf der deutschen und chinesischen Seite, eine weitere Voraussetzung sind deutsche bzw. englische Sprachkenntnisse auf bestimmten Niveau.

f) 至少 2 次由畜牧业管理人员参加的德国专业技术合作交流,每次约 10 天,每次约 7 人。

f) Mindestens 2 weitere Austausch über technische Zusammenarbeit (FIF, ca. 10 Tage) für chinesische Leitungskräfte der Tierzucht-und-haltung (ca. jeweils 7 Personen) werden durchgeführt

成果 4:促进双方养牛业信息和经验的交流,创造条件扩大养牛业和养猪业遗传物质进口

Ergebnis 4: Informations-und Erfahrungsaustausch zu fachtechnischen Aspekten der Rinderzucht und-haltung ist ausgebaut; Rahmenbedingungen werden geschaffen, um den Import von Rinder-und Schweinegenetik zu vergrößern.

指标:每年在中国境内举办一次有 100 位企业和机构人员参加的专业活动

Indikatoren: Eine zentrale Fachveranstaltung pro Jahr in China mit mindestens 100

Teilnehmern aus Betrieben und Institutionen ist durchgeführt

关于养牛业和养猪业遗传物质进口中国等专项问题与相关专业机构进行讨论

Fachthemen zum Import von Rinder-und Schweinegenetik u. a. nach China sind mit Fachinstitutionen diskutiert

项目内容：

Aktivitäten：

a）与总站和示范单位共同确定项目专业活动年度计划（专业内容、时间、参加者等）

a）Jahresplanungen zu Fachveranstaltungen （Themen，Zeitpunkt，Teilnehmer，etc.） werden mit NAHS und DB abgestimmt

b）每年组织有关现代化牛业育种和养猪生产以及示范单位发展成果的专业项目活动（活动专题与德国考察相结合）

b）Eine zentrale Fachveranstaltung pro Jahr zu Themen der modernen Rinderzucht und Schweineproduktion und zu den Ergebnissen aus dem Demonstrationsbetrieben wird unterstützt （Thematische Einbeziehung in Fachveranstaltungen in China und Fachinformationsfahrten nach Deutschland）

c）支持拓展进口德国的养牛业和养猪业遗传物质出口到中国（牛冻精、中期牛胚胎、猪精、长期活牛、活猪和活羊）

c）Ausweitung der Zusammenarbeit zur Einfuhr von Rinder-und Schweinegenetik aus Deutschland unterstützen （Rindersamen，mittelfristig Embryonen，Schweinsamen，langfristig lebende Tiere，auch Schweine und Schafe）

成果 5：定期总结项目成果并在中国其他地区进行推广

Ergebnis 5：Projektergebnisse sind regelmäßig aufgearbeitet und in weitere Regionen der Volksrepublik China verbreitet

指标：在每年的项目专业活动上（参见成果 4）向媒体公布相关信息

Indikatoren：Auf der jährlichen zentralen Projektveranstaltung in China （s. Ergebnis 4） werden Pressemitteilungen herausgegeben.

媒体和会议有关项目的报道量

Anzahl der Beiträge in Medien oder Kongressen

项目示范活动由示范单位自行组织举办，由项目执行和实施单位协助

Anzahl der Demonstrationsaktivitäten die von den DB mit der Unterstützung vom Projekt selbständig durchgeführt werden

2016 年中德双方共同组织编写现代化牛养殖和乳肉兼用牛生产与管理专业资料；2017 年在中国出版现代化猪育种方法专业书籍。

2016 werden Publikation über moderne Produktion und modernes Management der

Rinderhaltung und Haltung der Doppelnutzungsrasse von Rindern von beiden Seiten gemeinsam publiziert; 2017 werden Publikationen über modernes Schweinezuchtverfahren in China publiziert.

项目内容:

Aktivitäten:

a）项目成果每年通过项目专业活动和媒体得以宣传和推广

a）Die Projektergebnisse werden jährlich auf der zentralen Fachveranstaltung und auf Pressekonferenzen vorgestellt

b）建立和维护网络项目平台（可以与中德农业中心相关工作结合），提供项目信息和专业活动资料，宣传示范单位成果。

b）Einrichten und Pflege einer Internetplattform (ggf. in Zusammenarbeit mit dem Deutsch-Chinesischen Zentrum für Ernährung und Landwirtschaft) zur Information über das Projekt. Darstellung der Projektergebnisse aus den Demonstrationsbetrieben und Dokumentation der Fachveranstaltungen

c）项目成果通过第三方媒体、专业活动（如会议、展会等）和出版物得以推广

c）Die Projektergebnisse werden in Medien und Fachveranstaltungen Dritter (Konferenzen, Messen etc.) sowie durch Publikationen verbreitet

d）总站协助总结成编项目资料

d）Unterstützung des NAHS bei der Erstellung einer Projektdokumentation

e）双方共同商议筹建培训基地事宜

e）(ggf.) Pilotmaßnahme zur Weiterbidlungseinrichtung von beiden Seiten diskutiert und geplant

6.3.5 项目效果、风险和相关的项目内容

6.3.5 Projektwirkungen, Risiken und diesbezügliche Annahmen im Projektansatz

6.3.5.1 效果

6.3.5.1 Wirkungen

通过此项目将强化中德双方在农业和食品业方面的双边合作，借助德国企业和中国典型牛场的参与可以加强双方在现代化牛奶和牛肉生产方面的相互沟通和理解，借助在养猪和养羊（可能还包括其他畜种）方面的合作可以扩大项目的影响力，并为参与项目的企业在技术和经济效益方面长期合作提供平台。

Das Projekt leistet einen wichtigen Beitrag dazu, die deutsch-chinesischen Kooperation in der Agrar-und Ernährungswirtschaft zu stärken. Als integriertes Verbundprojekt mit verschiedenen Wirtschaftspartnern auf der Basis von typischen rinderhaltenden Betrieben in

China bietet das Vorhaben die Grundlage dafür, das gemeinsame Verständnis einer modernen Milch-und Rindfleischproduktion in China zu verbessern. Mit der Erweiterung auf die Nutztierarten Schwein und Schaf ggf. auf die weiteren Tierarten wird die Breitenwirkung des Projektes noch gesteigert und weiteren Partnern der Einstieg in eine langfristige technische und wirtschaftliche Zusammenarbeit geboten.

合作项目在经济效益、社会效益和生态效益方面的影响

Im Einzelnen ist mit den folgenden wirtschaftlichen, sozialen und ökologischen Wirkungen zu rechnen:

a）畜牧业经济效益

a）Wirtschaftlichkeit der Tierhaltung

该项目有助于提高中国奶和肉类生产的效益，满足人们对优质动物蛋白的营养需求。

Das Projekt trägt zur Effizienzverbesserung der chinesischen Milch-und Fleischerzeugung bei. Damit leistet es einen Beitrag zur Abdeckung der steigenden Nachfrage und Verfügbarkeit von hochwertigem tierischem Eiweiß für die menschliche Ernährung.

通过向中国行业产业链进行技术服务、提供遗传物质和生产技术，使中国的畜牧业企业能够获取更加稳定和更高的收入。

Das Projekt leistet durch seinen Know-how und die Bereitstellung deutscher Genetik und Technologie in die Produktions-und Wertschöpfungskette der tierischen Erzeugung einen wesentlichen Beitrag zur Stärkung der tierhaltenden Betriebe in China, die dadurch in die Lage versetzt werden, stabilere und höhere Einkommen aus der Tierhaltung zu erzielen.

b）社会效益

b）Sozialleistung

该项目支持畜牧业生产方式的转变，有助于促进产业发展。

Das Projekt trägt mit der Unterstützung zur Weiterentwicklung der Produktionsverfahren in der Tierhaltung bei.

c）生态效益

c）ökologische Leistung

实现牛奶、牛肉和猪肉生产科学技术的改进，包括提高紧缺资源的使用效益，如土地和水资源，可以降低对环境造成的压力。例如，降低每生产一个单位的牛奶、牛肉和猪肉所排放的温室气体量。

Die angestrebte Effizienzverbesserung der Produktionsverfahren der Milch-und Rindfleischerzeugung und Schweinefleischerzeugung beinhaltet eine höhere Ressourceneffizienz knapper Ressourcen wie Boden und Wasser und einer geringeren Umweltbelastung, z. B. durch Klimagase, je erzeugte Einheit von Milch und Rind-und Schweinefleisch.

d）动物健康和舒适度

d) Tiergesundheit und Tierwohl

现代化畜牧业生产方式对有机生物安全性和畜群健康提出了很高的挑战,因而国际和国内就动物健康和舒适度对饲养技术、畜群管理和工作人员的专业水平提出了相应要求。中国引入德国在这些方面长期努力所获得的经验会为行业发展带来裨益。

Moderne Tierhaltungsverfahren stellen hohe Anforderungen an die Biosicherheit und an die Gesundheit der Tierbestände. Die erfolgreiche Umsetzung von nationalen und internationalen Standards im Bereich Tierwohl erfordert entsprechende Investitionen in tiergerechte Stallhaltungssysteme und stellt höhere Anforderungen an das Haltungsmanagement und die Qualifikation der Mitarbeiter. Die Erfahrungen aus Deutschland in diesen Bereichen sollen die langfristige Entwicklung des Sektors in China sichern.

6.3.5.2 风险和与此有关的观点

6.3.5.2 Risiken und diesbezügliche Annahmen

中德双方积极的参与和合作伙伴的大力支持是该项目成功运作的前提。项目方案的成功实施取决于有足够数量的示范单位表示愿意进行项目合作。同时,项目最终还会给中德双方参与单位带来效益和利润。

Das Projekt setzt eine aktive Teilnahme und Unterstützung der deutschen und chinesischen Partner voraus. Eine erfolgreiche Realisierung des Projektkonzeptes ist davon abhängig, dass eine ausreichende Anzahl von Demonstrationsbetrieben sich bereit erklären, mit dem Projekt eine Zusammenarbeit einzugehen. Weiterhin wird davon ausgegangen, dass sich die Projektwirkungen sowohl für die Projektbeteiligten auf der deutschen und der chinesischen Seite als auch für die Demonstrationsbetriebe selbst erfolgreich und gewinnbringend entwickeln.

德方为项目所做努力的重要一项是为示范单位提供遗传物质(精液和活体),但目前牛遗传物质进口中国受限,猪遗传物质进口中国还未达成双边协议,为项目的成功实施需要尽快解决牛业遗传物质进口受限的问题,中期需要努力促成猪羊遗传物质进口事宜。

Ein wichtiger Teil der Leistungen der deutschen Seite besteht aus der Lieferung von genetischem Material (Sperma, Zuchttiere). Derzeit ist der Import von Rinder-und Schweinegenetik nur eingeschränkt oder für Schweinegenetik überhaupt nicht möglich. Für den Projektfortschritt ist es notwendig, dass die Importbeschränkung von Rindergenetik kurzfristig aufgehoben wird. Die Möglichkeit Schweine-und Schafgenetik von Deutschland nach China zu exportieren wird mittelfristig angestrebt.

6.3.6 德方和中方的工作

6.3.6 Leistungen der deutschen und chinesischen Seite

此中德合作项目的执行需要各个层面的多方面支持和积极合作。

Als deutsch-chinesisches Kooperationsprojekt bedarf das Projekt einer vielfältigen Unterstützung und aktiven Zusammenarbeit auf allen Ebenen.

6.3.6.1 德方的工作

6.3.6.1 Leistungen der deutschen Seite

德方的投入和工作由德国农业部对国际合作项目的资助(以预算资金到位为先决条件)和德国项目参与企业的工作组成。德国的项目参与方在 2015 年 1 月至 2017 年 12 月期间承担以下的工作,这些工作对德方需承担的 3.4 标题下详细列出的工作来说是不可或缺的:

Die Beiträge und Leistungen der deutschen Seite setzen sich zusammen aus Mitteln des BMEL-Kooperationsprogramms (vorbehaltlich der Verfügbarkeit von Haushaltsmitteln) sowie Leistungen der deutschen Wirtschaftspartner. Die Projektbeteiligten auf der deutschen Seite übernehmen im Zeitraum vom Januar 2015 bis Dezember 2017 die folgenden Leistungen, die von deutscher Seite für die Erbringung der unter 3.4 spezifizierten Aktivitäten erforderlich sind:

a) 支付派遣的专业人员的薪酬,负责协调工作和协助派遣的专业人员;

a) Vergütung der entsandten Fachkräfte, Koordinatoren und Betreuung

b) 支付派遣的专业人员往返中国的旅行费用(飞机票,出租车,火车票等),住宿费,每日出差补贴,交通费以及可能产生的其他与德方人员投入相关的费用(不包括在示范单位周边的交通费);

b) Reisekosten für entsandte Fachkräfte für die Hin-und Rückreise nach China (Flugtickets, Taxis, Eisenbahn etc.), Übernachtungs-und Tagegelder, Transport und ggf. weitere im Zusammenhang mit dem deutschen Personaleinsatz entstehende Kosten (ohne übernachtungskosten und Verpflegung bei Vor-Ort Beratungen/Schulungen auf Demonstrationsbetrieben, ohne lokale Transportkosten im Umfeld der Demonstrationsbetriebe)

c) 中方管理和专业技术人员在德国的旅行费、住宿费以及交通费(不包括往返德国的交通费,以机场为准);

c) Reisekosten, Übernachtungsgelder und Transport von chinesischen Führungs-und Fachkräften in Deutschland (ohne An-und Abreisekosten bis und ab dem Flughafen in Deutschland)

d) 由德国畜牧业企业和专业行业机构提供相应的培训机构和进修场地;

d) Bereitstellung von Aus-und Fortbildungsplätzen in entsprechenden Fortbildungseinrichtungen sowie Einrichtungen der Tierzuchtunternehmen in Deutschland

e) 负责受委托执行和实施项目公司/机构的支出；

e) Aufwendungen der beauftragten Durchführungsorganisation

f) 德方设在北京的项目办公室的初次设备配置和日常支出，包括至少一名当地员工的开销；承担工作人员走访示范单位而产生的旅行及逗留费用（不包括当地的交通费）；

f) Erstausstattung und laufende Kosten des Projektbüros der deutschen Seite in Peking mit mindestens einem lokalen Mitarbeiter; übernahme der Reise-und Aufenthaltskosten der Mitarbeiter beim Besuch der Demonstrationsbetriebe (ohne lokale übernachtungskosten und Transportkosten im Umfeld der Demonstrationsbetriebe)

g) 支持旨在推广项目成果的项目活动；

g) Unterstützung von Projektveranstaltungen zur Multiplikation der Projektergebnisse

h) 免费提供（包括办理使用许可手续的费用）用于混合日粮的计算及统计与评估牛群性能数据的软件，项目的合作期间在示范单位和实验畜群中持续使用；

h) Kostenfreie Anpassung und Bereitstellung von Software in chinesischer Sprache (inkl. Lizenzgebühren) zur Rationsberechnung und Erfassung und Auswertung von Leistungsdaten für die Demonstrationsbetriebe bzw. Pilotherden für die Dauer der Zusammenarbeit im Projekt

i) 提供在中国（在北京进行的部分项目活动）和德国实施项目时所需的口译人员；

i) Bereitstellung von Dolmetschern für Projektmaßnahmen in Deutschland und in China

j) 根据需要，参与支付项目执行中所需文件的笔译费用（德文-中文）；

j) Je nach Bedarf Beteiligung an Kosten für die übersetzung von Projektdokumenten (deutsch-chinesisch)

k) 定期通过外聘检验方对项目执行进展进行评估；

k) Regelmäßige Evaluierung des Projektfortschritts durch externe Gutachter

l) 支持此畜牧业合作项目迄今为止及将来获得的经验成果的运用和推广；

l) Unterstützung bei der Anwendung und weiteren Verbreitung von bisherigen und zukünftigen Ergebnissen von bilateralen Kooperationsvorhaben in der Tierzucht

m) 为示范单位提供猪牛精液，前提是双边兽医检疫条款允许将新生产的精液进口到中国。进口数量每年第一季度双方共同确定；承担到达中国第一个接收地（如机场）前产生的运输费用；

m) Bereitstellung von Rindersperma bzw. Schweinesamen für die DB. Voraussetzung ist, dass die Veterinärbedingungen den Import von Spermen von aktueller Genetik nach

China ermöglichen. Der Umfang wird jeweils im 1. Quartal eines Jahres festgelegt; übernahme der Kosten für Transport bis erster Anlieferungsort (z. B. Flughafen) in China

n）在双方确定的范围内为示范单位提供科学技术和设备以及培训所需技术资料（部分情况下以优惠价格提供）

n) Bereitstellung von Technik/Technologien bzw. technischen Anlagen für Demonstrations-bzw. Trainingsmaßnahmen (ggf. Preisnachlass) für Demobetriebe im vorab abgestimmten Umfang

o）支持建立和维护与中德农业中心相结合的中德畜牧业技术创新中心的网络平台（中文、德文）

o) Vorbereitung, Bereitstellung und Unterhalt einer Internetplattform zum Tierzuchtprojekt und zum Deutsch-Chinesischen Zentrum für Technologie und Innovation in der Tierzucht in Abstimmung mit dem DCZ (auf Chinesisch und Deutsch).

6.3.6.2　中方的工作

6.3.6.2　Leistungen der chinesischen Seite

中方的工作由中国农业部的资金（以中国农业部预算资金额度和可支配性为先决条件）、全国畜牧总站的工作以及示范单位（牛场）的投入和工作组成。中国项目参与方在2015年1月至2017年12月期间承担以下工作，这些工作对需中方承担的3.4标题下详细列出的工作来说是不可或缺的：

Die Beiträge und Leistungen der chinesischen Seite setzen sich zusammen aus Mitteln des MfL (vorbehaltlich der Verfügbarkeit von Haushaltsmitteln), Leistungen des NAHS sowie aus Beiträgen und Leistungen der Demonstrationsbetriebe. Die Projektbeteiligten auf der chinesischen Seite übernehmen im Zeitraum vom Januar 2015 bis Dezember 2017 die folgenden Leistungen, die von chinesischer Seite für die Erbringung der unter 3.4 spezifizierten Aktivitäten erforderlich sind:

a）中方项目办公室的日常支出及工作经费；

a) Alltägliche Ausgabe und Arbeitskosten von der chinesischen Seite

b）支付中国专家在中国开展培训、咨询活动的劳务费和差旅费；

b) Reisekosten und Einsatzgebühren für die chinesischen Experten zur Betreuung der Demonstrationsbetriebe, Schulungsmaßnahmen und Veranstaltungen in China

c）承担德国和中国专家在中方示范单位周边地区的短途交通费（在省级层面从机场起）；

c) Übernahme der lokalen Reisekosten in kurzer Strecke für deutsche und chinesische Experten bei der Vor-Ort-Beratung/Schulungen im Umfeld der Demonstrationsbetriebe (auf Provinzebene ab Flughafen) d）承担相应的关税：德方向示范单位提供的遗传物质及其他免费配给的生产技术设备和资料，如果这些货物进关时不能免税，承担因此而产生的费用；

d) Übernahme der Verzollungskosten für die von der deutschen Seite für die Demonstrationsbetriebe bereitgestellte Genetik sowie gegebenenfalls unentgeltlich zur Verfügung gestellte Betriebsmittel und Technik bzw. übernahme der Kosten, falls diese Lieferungen nicht von der Verzollung befreit werden können

e）承担精液从抵达第一个中方接收地（如机场）之后的运输、通关及其他费用；

e) Übernahme der Kosten für Transport und Abwicklung der Spermalieferung ab ersten Ankunftsort (z.B. Flughafen) in China

f）在项目实施过程中协助德方专业人员对项目实施情况和示范单位的基本情况进行调查分析；

f) Unterstützung der deutschen Fachkräften bei der Projektumsetzung, die Grundbedingungen der Demonstrationsbetriebe zu prüfen

g）承担中国管理和专业技术人员到德国考察、培训和进修时的往返程交通费用（以德国机场为基准）及其他相关杂费（如：伙食费、公杂费、保险费、护照和签证费等）；

g) Übernahme der An-und Abreisekosten (bis und ab dem Flughafen in Deutschland) sowie relevant anderen Kosten (wie z.B. Teil der Essenskosten, Versicherung, Kosten zur Erstellung von Pässen und zum Visumantrag usw.) für chinesische Führungs-und Fachkräfte für Fachinformationsfahrten (FIF) und/oder überbetrieblichen Aus-und Weiterbildungsmaßnahmen nach Deutschland

h）如有需要，中方负责提供在示范单位进行技术培训的翻译；

h) Wenn erforderlich, Bereitstellung von Dolmetschern für technische Schulungsmaßnahmen auf den Demonstrationsbetrieben in China

i）根据需要，中方参与支付或承担项目执行中所需文件的笔译费用（中文-德文/英文）

i) Je nach Bedarf Beteiligung an Kosten oder übernahme der übersetzung von Projektdokumenten (chinesisch-deutsch/englisch)

i）中德畜牧业合作项目信息定时在总站的网站上进行更新

i) Veröffentlichungen von Informationen zum Tierzuchtprojekt auf der NAHS Webseite

l）定期由中国的专家学者对项目成果进行评估；

l) Regelmäßige Evaluierung der Projektergebnisse durch chinesische Wissenschaftler

m）支持此畜牧业合作项目迄今为止及将来获得的经验成果的运用和推广；

m) Unterstützung bei der Anwendung und weiteren Verbreitung von bisherigen und zukünftigen Ergebnissen von chinesisch-deutschen Kooperationsvorhaben in der Tierzucht

中方负责示范单位的领导和管理，保证示范单位的有效运行和经营，为此要完成以下工作：

Die Führung und das Management der Demonstrationsbetriebe bleiben in der ausschließlichen Verantwortung der chinesischen Partner，die eine effiziente Leitung und Bewirtschaftung der Demonstrationsbetriebe sicherstellen. Darüber hinaus erbringen die Demonstrationsbetriebe folgende Leistungen：

a）根据需要，在遗传物质、畜舍改造和技术设备购置等方面与德方协商进行投入（如果不是由德国项目企业实施）；

a）Je nach Bedarf Bereitschaft für vereinbarte Investitionen in Tiergenetik，Stallumbau und Technikeinkauf（soweit nicht durch deutsche Wirtschaftspartner erfolgt），

b）正确使用德国的遗传物质和技术；

b）Bereitschaft der Demonstrationsbetriebe zum sachgerechten Einsatz der deutschen Genetik und von deutscher Seite zur Verfügung gestellten Technik

c）根据需要，优先使用德方提供的软件定期统计和汇总存栏畜群的性能数据和生产指标；

c）Je nach Bedarf regelmäßige Erfassung von Leistungsdaten und Produktionskennziffern des Tierbestandes（prioritieren：mittels der von der deutschen Seite bereitgestellten Software）；

d）在进行生产技术和经济效益评估和进行咨询时发挥积极的作用；

d）Aktive Mitwirkung des Demonstrationsbetriebes bei produktionstechnischen und ökonomischen Auswertungen sowie Beratungsmaßnahmen

e）承担示范单位的员工在中国接受培训时的差旅和日常费用；

e）Übernahme der Reise-und Aufenthaltskosten für Mitarbeiter der Demonstrationsbetriebe bei Fortbildungsmaßnahmen in China

f）如果经确定示范单位确实需要一定的技术和生产设备，承担由此产生的费用（如果没有通过特别协议由德方提供的技术和生产设备）；

f）Übernahme der Kosten für Technik und Betriebsmittel gemäß dem identifizierten Bedarf auf den Demonstrationsbetrieben（soweit nicht durch eine gesonderte Vereinbarung durch die deutsche Seite zur Verfügung gestellt）

g）承担示范单位的工作人员在德国参加培训时往返德国的费用以及其他相关杂费（如：伙食费、公杂费、保险费、护照和签证费等）（以德国机场为基准）；

g）Übernahme der An-und Abreisekosten（bis und ab dem Flughafen in Deutschland）sowie relevant anderen Kosten（wie z. B. Teil der Essenskosten，Versicherung，Kosten zur

Erstellung von Pässen und zum Visumantrag usw.) nach Deutschland für Mitarbeiter der Demonstrationsbetriebe bei Fortbildungsmaßnahmen in Deutschland

h）项目执行期间定期提供用于示范和培训活动的场地；

h) regelmäßige Zurverfügungstellung von Standort für Demonstrations-und Fortbildungsmaßnahmen in der Projektimplementierung;

i）多方面协助专家开展现场指导和培训。

i) Fachberater bei der Vor-Ort-Beratungen/Schulungen der DB vielseitig unterstützen.

6.4　项目组织与管理

6.4　Projektsteuerung und-organisation

6.4.1　项目负责人和项目伙伴

6.4.1　Projektträger und Partner

中方负责部门是中国农业部，由全国畜牧总站实施项目。

Politischer Projektträger auf der chinesischen Seite ist das Ministerium für Landwirtschaft der Volksrepublik China (MfL). Operativer Projektträger ist der National Animal Husbandry Service (NAHS).

德方官方负责部门是德国农业部(德国 GFA 公司受德国农业部委托执行项目)，项目实施由德国 ADT 国际项目管理与咨询公司负责。因为以经济项目立项，所以项目管理和实施由项目参与企业协助。

Auf deutscher Seite ist das Bundesministerium für Ernährung und Landwirtschaft der Bundesrepublik Deutschland (BMEL) der politische Projektträger (vertreten durch den Generalbeauftragten für das Bilaterale Kooperationsprogramm, GFA Consulting Group GmbH). ADT Projekt GmbH trägt die Verantwortung für die operative Projektumsetzung. Da das Projekt als Wirtschaftskooperationsprojekt konzipiert ist, soll die Projektsteuerung und Umsetzung maßgeblich durch Wirtschaftspartner unterstützt werden.

在畜牧业双边合作的牛业合作项目中目前已确定德方 4 家育种企业作为主要项目参与企业：德国巴伐利亚遗传物质公司(Bayern-Genetik GmbH)、德国宝牛育种中心(BVN)、德国遗传物质国际有限公司(GGI) 和诺丁林种畜基因产品公司(Masterrind) 。这 4 家企业均属于德方中德畜牧业中心的成员企业，已多年来为中德两国畜牧业做出了巨大贡献，并有意愿持续为中德牛业合作项目做出积极的努力。

Als Hauptwirtschaftspartner der Projektkomponente „Rinderzucht“ sind bisher die deutschen Rinderzuchtunternehmen Bayern-Genetik GmbH, Besamungsverein Neustadt Aisch e.V. (BVN), German Genetics International GmbH (GGI) und Masterrind GmbH bereits identifiziert. Sie sind weiterhin bereit, sich aktiv in die laufende Projektsteuerung einzubringen und das Vorhaben weiter zu unterstützen. Die Unternehmen sind zudem Mitglied im Deutsch-Chinesischen Tierzuchtzentrum e. V. (DCT e. V), der sich seit Jahren für eine engere Zusammenarbeit zwischen Deutschland und China in Bereich der Tierzucht einsetzt.

在养猪业双边合作方面,2015 年还需要确定德方参与企业,包括猪育种企业,养猪机械设备企业等。

Die Hauptwirtschaftspartner für die Durchführung der Komponente „Schweinezucht und-haltung" sollen im Laufe des Jahres 2015 identifiziert werden. Diese können sowohl Unternehmen der Schweinezucht und/oder der Schweinehaltungstechnik usw. sein.

德方主要的项目企业会积极参与项目管理(如参加项目领导小组会议和项目计划的制定)和实施(如为示范单位提供专业指导),除此之外,这些企业还为项目出资,参与项目规划,聘请管理与技术人员,提供所需物资(如遗传物质、机械设备等)。

Hauptwirtschaftspartner bringen sich aktiv in die Projektsteuerung ein (u. a. Teilnahme an Sitzungen des Projektsteuerungskomitees und der Besprechungen zur Projektplanung) und unterstützen fachlich die Durchführungsorganisation in der laufenden Betreuung der Demobetriebe. Weiterhin leisten sie einen finanziellen Grundbeitrag zur Deckung der Projektinfrastruktur und stellen maßnahmenbezogene Managementpersonal und Techniker und Sachleistungen (z. B. Tiergenetik, Haltungstechnik) bereit.

另外,双边合作中也会接纳其他企业参与,如德国农业企业,与项目实施方案中某些措施相关的财务公司、人员(如专家)管理公司和物资投资公司(如遗传物质、饲养牲畜和管理畜群的技术设备、收割设备、饲料处理设备等)。

Darüber hinaus können sich weitere Wirtschaftspartner am Vorhaben beteiligen. Es handelt sich dabei um Unternehmen der deutschen Agrarwirtschaft, die maßnahmenbezogene Finanz-, Personal-(z. B. Fachberater) und Sachleistungen (z. B. Tiergenetik, Haltungstechnik, Haltungsmanagement, Erntetechnik, Futterbergetechnik) erbringen.

这些其他企业参与项目的前体是示范单位对这些企业有相应的需求和合作意愿,这些企业应当经过中德双方项目管理部门确认。

Die Beteiligung weiterer Wirtschaftspartner setzt voraus, dass ein entsprechender Bedarf und Interesse seitens der Demobetriebe vorliegt. Diese Wirtschaftspartner sollen von beiden Seiten bestätigt werden.

德国企业如何参与项目和如何协调这些项目企业由具体实施项目的公司或组织负责,并需要与负责相应畜种合作的主要的项目参与企业对此共同协调确定,同时需确保这些企业按照其规模公平合理地对项目进行投资,为项目做出贡献。

Die Abstimmung und Koordination der Teilnahme und Beiträge der Wirtschaftspartner an dem Projekt liegt im Verantwortungsbereich der Durchführungsorganisation und ist mit dem für die Tierart zuständigen Hauptwirtschaftspartner abzustimmen. Es ist dabei sicherzustellen, dass bei der Gestaltung der Beiträge der Wirtschaftspartner eine Gleichbehandlung gewährleistet ist, die die Größe der Unternehmen berücksichtigt.

6.4.2 目前其他潜在项目参与企业的确定情况

6.4.2 Stand der Abstimmung mit weiteren potentiellen Projektpartnern

以下企业已表达了参与项目的意愿：

An der Projektbeteiligung haben bereits die folgenden Haupt-und Wirtschaftspartner Interesse geäußert:

德国巴伐利亚遗传物质公司(猪牛遗传物质)、德国宝牛育种中心(猪牛遗传物质)、大荷兰人(饲养技术设备)、BHZP(猪遗传物质)、BvL(混料车、取料车)、凯斯乐(耳标)、克拉斯(农机)、DSP(软件)、FAN/Bauer(粪污处理设备)、Findeisen(修蹄车)、Förster(犊牛自动喂奶机)、德国国际遗传物质公司(牛遗传物质)、梅明根育种中心(牛遗传物质)、诺丁林种畜基因产品公司(牛遗传物质)、KWS(种子)、Pöttinger(收割设备)、Siloking(混料车、取料车)、Zoetis(动物健康)。

Bayern-Genetik GmbH (Rinder-und Schweinegenetik), Besamungsverein Neustadt Aisch e.V. (BVN, Rinder-und Schweinegenetik), Big Dutchman (Stallhaltungstechnik), BHZP (Schweinegenetik), BvL (Futtermisch-und Entnahmetechnik), Caisley (Tierkennzeichnungsmittel), Claas (Futtererntetechnik), dsp agrosoft (Software), FAN/Bauer Group (Gülleseparation), Findeisen (Klauenpflegestände), Förster-Technik (Kälbertränkeautomaten), German Genetics International GmbH (GGI, Rindergenetik), RBG Memmingen (Rindergenetik), Masterrind GmbH (Rindergenetik), KWS (Saatgut), Pöttinger (Erntetechnik), Siloking (Futtermisch-und Entnahmetechnik), Zoetis (Tiergesundheit).

德国农业部和 GFA 公司继续保持与这些企业的对话，并将与这些企业进行进一步沟通如何参与项目。

Die bereits von dem BMEL und der GFA initiierten Gespräche mit den weiteren potentiellen Wirtschaftspartnern auf der deutschen Seite über Teilnahme an dem Projekt werden fortgesetzt.

6.4.3 项目管理

6.4.3 Projektsteuerung

中德农业联委会负责项目的领导。

Die politische Steuerung des Vorhabens obliegt der deutsch-chinesischen Arbeitsgruppe Ernährungs-und Agrarpolitik.

项目领导小组负责监管项目的实施，应每年根据所需分别在中国和德国进行一次会晤。领导小组成员由双方育种组织代表、双边合作项目代表和国际事务负责人组成，领导小组成员的选定工作在德方由德国农业部和GFA公司负责，在中方由中国农业部和全国畜牧总站负责。

Für die operative Projektsteuerung ist eine Steuerungsgruppe eingerichtet. Die Steuerungsgruppe soll mindestens einmal jährlich sowie nach Bedarf im beiderseitigen Einvernehmen abwechselnd in China oder in Deutschland zusammentreffen. Die Steuerungsgruppe wird mit Vertretern der Tierzucht, für bilaterale Projekte sowie internationale Angelegenheiten zuständige Stellen der beiden Seiten paritätisch besetzt. Die Auswahl der Vertreter der Steuerungsgruppe auf deutscher Seite obliegt dem BMEL/GFA, auf chinesischer Seite obliegt die Auswahl der Vertreter der Steuerungsgruppe dem MfL/NAHS.

项目的执行与实施在德方由德国ADT国际项目管理与咨询公司和主要项目参与企业负责，在中方由“中德畜牧业技术创新中心”中方项目办公室，即全国畜牧总站项目办公室负责。

Die Projektkoordination und-durchführung auf deutscher Seite erfolgt durch ADT Projekt GmbH und die Hauptwirtschaftspartner.

Auf chinesischer Seite erfolgt die Projektkoordination sowie Organisation und Durchführung der Projektmaßnahmen durch das chinesische Projektbüro des „Deutsch-Chinesischen Zentrums für Technologie und Innovation in der Tierzucht“, welches im National Animal Husbandry Service (NAHS) angesiedelt ist.

6.5 成本估算和筹资

6.5 Kostenschätzung und Finanzierung

德方的经费来源是德国农业部对国际合作项目的资助，以及四家主要参与项目的牛育种企业和后续将加入到项目中的其他企业的资金，这些德国企业还有各自的投入和要承担的工作(参见3.6.1)。

Die Beiträge der deutschen Seite werden aus den Mitteln des BMEL-Kooperationsprogramms sowie aus Mitteln, Leistungen und Beiträgen der beteiligten Haupt-und Wirtschaftspartner finanziert beziehungsweise bereitgestellt (siehe auch Pkt.3.6.1).

中方的经费来源是中国农业部、全国畜牧总站和示范单位(参见3.6.2)。

Die Beiträge und Leistungen der chinesischen Seite setzen sich zusammen aus Mitteln des MfL, Leistungen des NAHS sowie aus Beiträgen und Leistungen der Demonstrationsbetriebe (siehe auch Pkt.3.6.2).

6.5.1 德国项目参与企业对项目的估算投资

6.5.1 Geschätzter Beitrag der deutschen Wirtschaftspartner

德国项目主要参与企业和其他参与企业在人员、财务和物资方面的投资与德国农业部的投资相近。

Der Umfang von Personal-, Finanz-und Sachleistungen der Haupt-und Wirtschaftspartner im Tierzuchtprojekt soll in etwa dem von dem BMEL geleisteten Beitrag entsprechen.

其他畜种合作项目中的德国主要参与企业和其他企业的投资可以在沟通确定后纳入项目(参见 4.1)。

Beiträge weiterer Haupt-und Wirtschaftspartner können nach Vereinbarung zusätzlich in das Projekt mit aufgenommen werden (siehe auch Pkt. 4.1)

6.6 项目前景与展望

6.6 Projektausblick

本项目通过近 5 年的实施,得到了中德项目参与部门及企业的高度评价,也收到了良好的经济和社会效益。双方一致认为,本项目应得到中德农业部的进一步支持,使优异的项目成果能够得以持续发挥作用。

Nach einer fast 5jährigen Laufzeit wird das Projekt von beteiligenden Behörden/Organisationen und Unternehmen auf beiden Seiten sehr gut bewertet. Das Projekt hat vielfältige wirtschaftliche und soziale Leistungen erbracht. Beide Seiten sind der Meinung, dass das Projekt von den Ministerien beider Staaten weiter unterstützt werden soll, damit die guten Projektergebnisse nachhaltig ausgebaut weiter können.

附录二　专题报告

1 中国奶业与兼用牛

张　沅
中国农业大学

2014年11月27日 于北京

中国奶业

——形势、前景与挑战

中国奶业发展形势

❖当前奶业发展是历史最好的时期，也是监管最严格的时期，更是大有作为的战略机遇期

➢奶牛存栏稳定

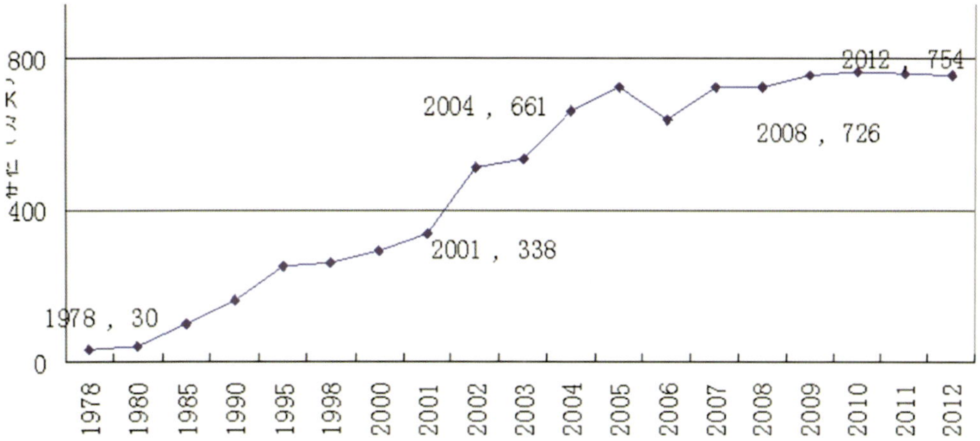

➢牛奶总产量稳中有增

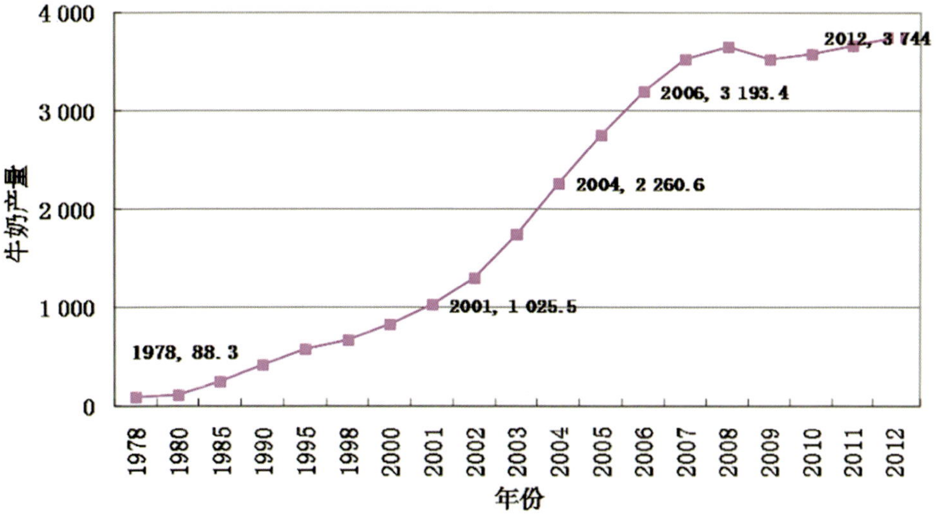

➢养殖规模和机械化水平明显提高

60头以上成母牛场比例

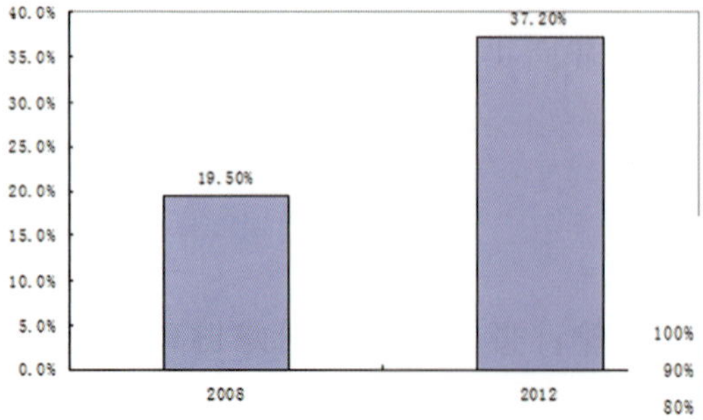

机器挤奶比例

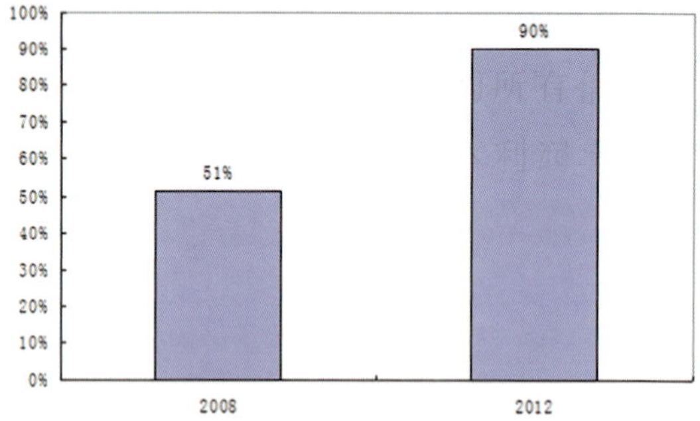

➢奶牛养殖效益稳定向好

—2012年,每头泌乳牛年平均盈利约1 600元，其中规模牧场收益可达4 000元以上。

2012年奶农盈利情况

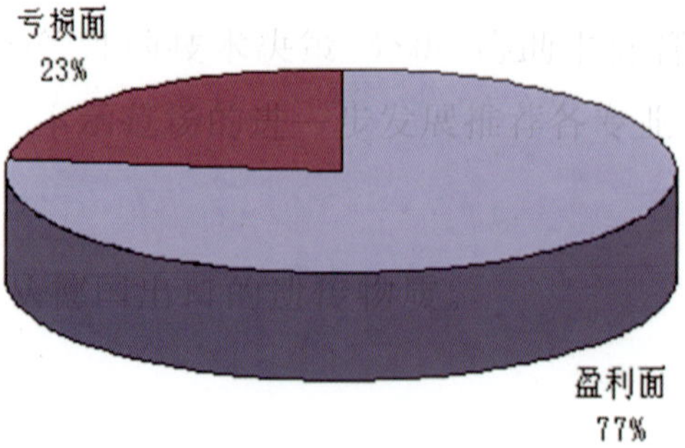

➤乳制品生产消费增长加快

— 国内乳制品产量生产：

2012年比2008年增长**41%**。

— 乳制品进口：

2012年比2008年增加了**2.3倍**。

— 人均消费支出

2012年比2008年增长**34%**。

➤奶品安全监控更加严格

— 检测范围覆盖全部奶站和运输车、涵盖国家公布的所有违禁添加物。

— 抽检指标：从6项增加到12项。

2009年以来，全国抽样检测分布

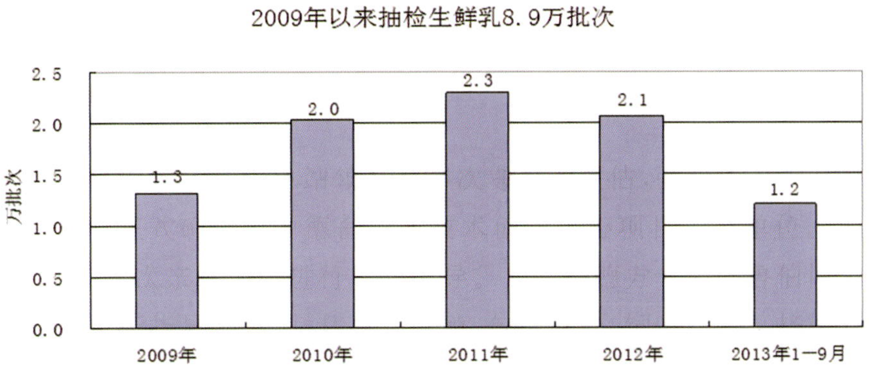

➢扶持政策密集出台，资金数量大幅增加

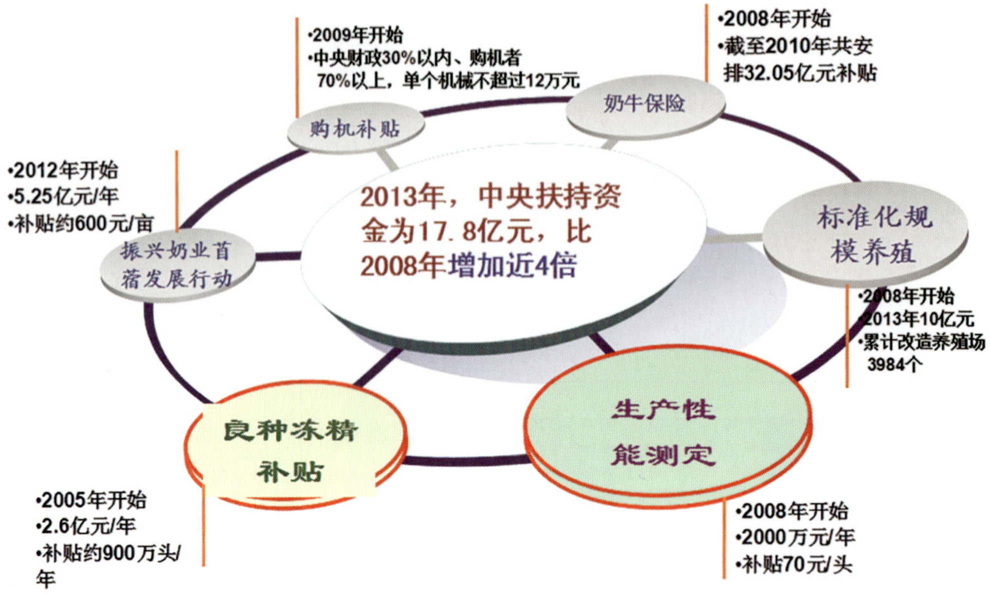

➢ 奶牛生产性能测定规模稳步扩大

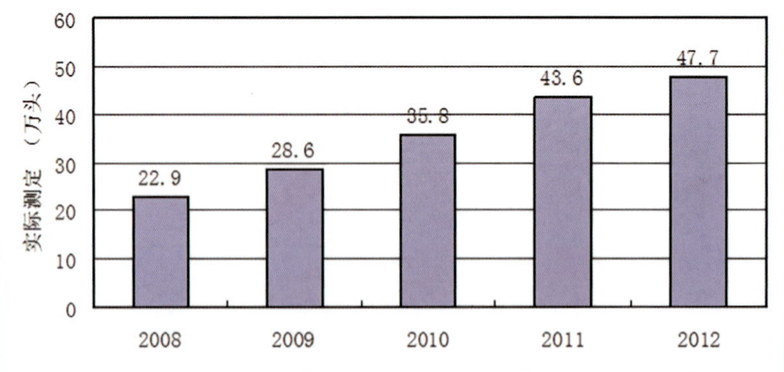

☛ 2012年参测牛头数为总存栏成母牛的7%

➤奶牛生产性能水平提高，效益明显

— 据2012年生产性能测定数据，参测奶牛平均胎次产量达到7 573 kg，比2008年增加了820 kg；乳蛋白率由3.26%增加到3.28%

— 推广了先进的管理经验和实用配套新技术提高了奶牛的生产效率，增加了奶农收入

☛促进了奶业由数量扩张型到质量效益型转变

➤国际交流合作不断扩大

— 中德畜牧科技合作项目运转良好，收效颇丰

— 与荷兰、新西兰建立了奶业科技合作关系

— 新西兰、澳大利亚成功举办了5届政府间奶业对话会

— 组织牧场一线养殖人员到瑞典、荷兰学习和培训

— 组团参加世界奶业博览会、西门塔尔大会等

— 中澳奶制品0关税协定，展现了国际合作的新模式

中国奶业发展前景

➢奶业市场潜力巨大

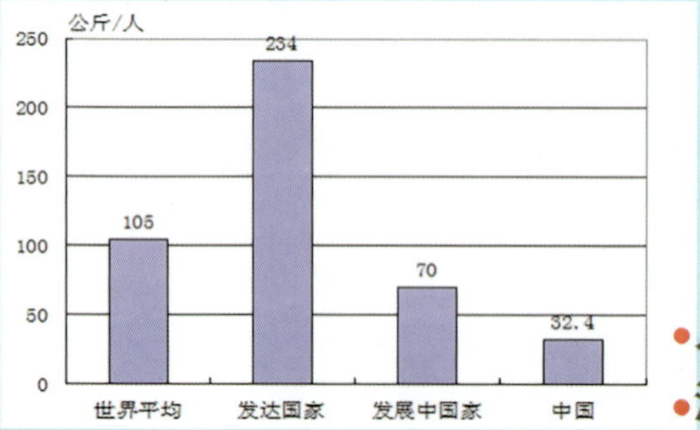

我国人均奶类占有量与世界的比较，2011

- 人均消费水平不断增加
- 消费群体不断扩大
- 人口每年增加600万人
- 每年转移城镇人口1 500万人

数据来源：FAO

➢人均收入水平增长空间大

—人均收入每增长1%，可带动乳品消费量增加0. 8%。

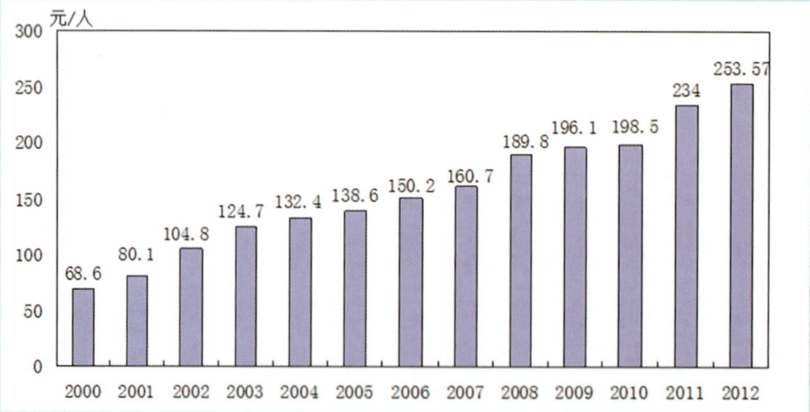

全国城镇居民人均乳制品消费支出额，2000—2012

数据来源：中国统计局

➢奶业科技水平不断提高

- 科技对奶业发展的贡献率超过50%
- 装备饲喂机械的牛场比例超过80%
- 投建粪污处理配套设施的牛场超过60%
- 建立了一支奶业科技队伍，取得了一批关键技术成果

➢法律法规不断完善

2008—2012年密集出台数十项有关奶业的法律法规

- 国务院《关于促进奶业持续健康发展的意见》
- 农业部《中国奶牛群体遗传改良计划（2008—2020年）》
- 国务院《乳品质量安全监督管理条例》
- 国务院办公厅《奶业整顿和振兴规划纲要》
- 农业部《生鲜乳生产收购管理办法》
- 农业部《全国奶牛优势区域布局规划（2008—2015年）》
- 国家公布《生乳》等66项新标准
- 农业部等《全国奶业发展规划（2009—2013年）》
- 国办《关于进一步加强乳品质量安全工作的通知》
- 农业部《生鲜乳生产收购记录和进货查验制度》、《生鲜乳质量安全异地抽检制度》等五项制度
- 农业部等九部委《关于进一步加强婴幼儿配方乳粉质量安全工作的意见》，《婴幼儿配方奶粉行业企业兼并重组方案》

奶业发展面临的困难与挑战

- 奶制品安全事故不断

  国内三鹿事件、黄曲霉毒素、高龄奶牛激素奶、早产奶、汞超标、性早熟等；国外双氰胺、肉毒杆菌、硝酸盐超标

- 养殖成本上升

  2011年以来，养殖成本上涨20%，包括饲料、水、电、劳动力价格上涨

- 优质饲草料资源缺乏，环境约束趋紧

  青贮玉米种植面积不足， 优质商品苜蓿缺口很大；粪污处理对生态环境压力

- 产业利益链接机制不完善

  养殖与加工管理分割，利益链接不协调

- 进口乳制品数量剧增

兼用牛

兼用牛的概念

- 兼用牛定义
  - —同时用于产奶和产肉的品种
  - —牛也用于使役的年代，这些品种就是“三用”或“多用”
  - —利用方式：
    - 养殖母牛用于产奶
    - 公牛或淘汰母牛用于产肉
- 兼用牛的发展历程
  - —历史上的兼用品种，目前多按两个育种方向培育成乳用和/或肉用品系，例如：短角牛
  - —在大规模产业中，专用品种效率更高
    - 奶牛：注重奶量、乳蛋白、乳脂，不需要产肉
    - 肉牛：不需要母牛像奶牛般产奶，造成成本增加和浪费

兼用牛的有关概念

- 兼用牛在小规模养殖中的重要作用
  - —适合放牧型养殖
  - —母牛除给自己的犊牛哺乳外还可以再照顾其他
  - —由于群体小，公犊牛和淘汰母牛的价值和获利有更重要的意义
    - 公犊牛在一般育肥条件下生长速度可与肉牛相比
    - 公犊牛经育肥，具有较好的肉用价值
- 兼用牛的普遍问题
  - —生产性能趋于中庸，但综合养殖效益好
  - —在群体规模、遗传评定强度、验证公牛数量等方面均不及荷斯坦牛
  - —具有通过杂交改良品种的育种灵活性

世界主要兼用牛的品种

- 世界著名兼用牛品种
  - —瑞士褐牛
  - —短角牛
  - —北欧红牛（挪威红牛、丹麦红牛、瑞典红牛）
  - —诺曼底牛
  - —西门塔尔牛（德系西门塔尔牛、蒙贝利亚牛等）

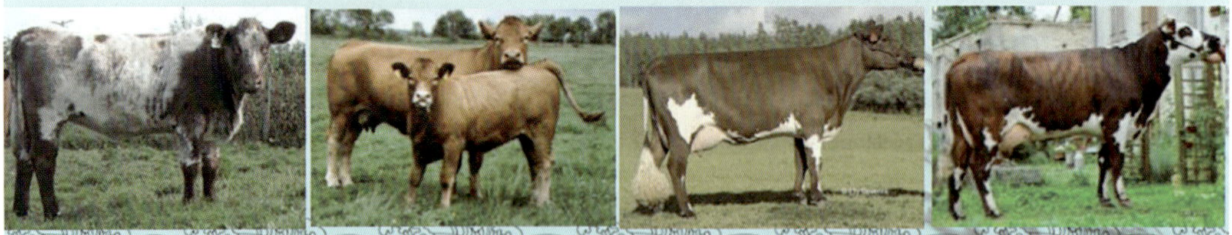

瑞士褐牛

- 原产地瑞士，乳肉兼用品种
- 毛色：为褐色，由浅褐、灰褐至深褐色
- 经美国选育，更乳用性能突出，产奶量逾8 000 kg，乳脂率3.8%，乳蛋白逾3.3%
- 欧洲仍为传统兼用方向，瑞士、德国、奥地利三国联合育种产奶量6 000 kg以上，成年母牛550～800 kg，成年公牛1 000～1 100 kg

短角牛

provided by Hoard's Dairyman

- 原产于英国，乳肉兼用品种
- 毛色：红色、白色、沙毛
- 北美—乳用；澳洲—兼用
- 主要性能：
  - —母牛550～750 kg；公牛1 000～1 100 kg
  - —屠宰率50%；日增重1.8 kg
  - —育肥5个月，48%胴体达AAA级
  - —305天产奶量可达9 000 kg以上
  - —乳脂率3.8%，乳蛋白3.3%～3.5%

北欧红牛

- 挪威红牛、丹麦红牛、瑞典红牛
- 以爱尔夏为基础，引进多个品种杂交培育而成
- 毛色：全红、红白花，黑白花（占30%）
- 中等体型，母牛550～650 kg；公牛900～1 000 kg
- 生产性能：
  - —产奶量6 500 kg，乳脂4.2%，乳蛋白3.3%
  - —后测公牛日增重1.4 kg

诺曼底牛

- 原产法国-乳肉兼用（奶酪品种）
- 红黑白三色，花片不规则
- 生产性能：
  - —产奶量7 326 kg，乳脂率4.28%，乳蛋白3.63%
  - —成年体重母牛750 kg；公牛：900～1 100 kg
  - —公牛最高增重可达2.2 kg

世界最优秀的兼用牛——西门塔尔牛

- 原产瑞士
- 世界上分布最广的兼用牛品种
- 经各国培育形成各具特色的品系
- 欧洲以乳肉兼用为主，北美、澳洲以肉用为主
- 乳肉兼用品种生产性能：
  - * 产奶量6 500～7 500 kg，乳脂3.6%～4.0%；乳蛋白3.5%
  - * 公牛后测日增重1.2～1.5 kg，母牛体重650~750 kg，公牛体重1 200～1 300 kg

世界西门塔尔牛的分布和育种方向

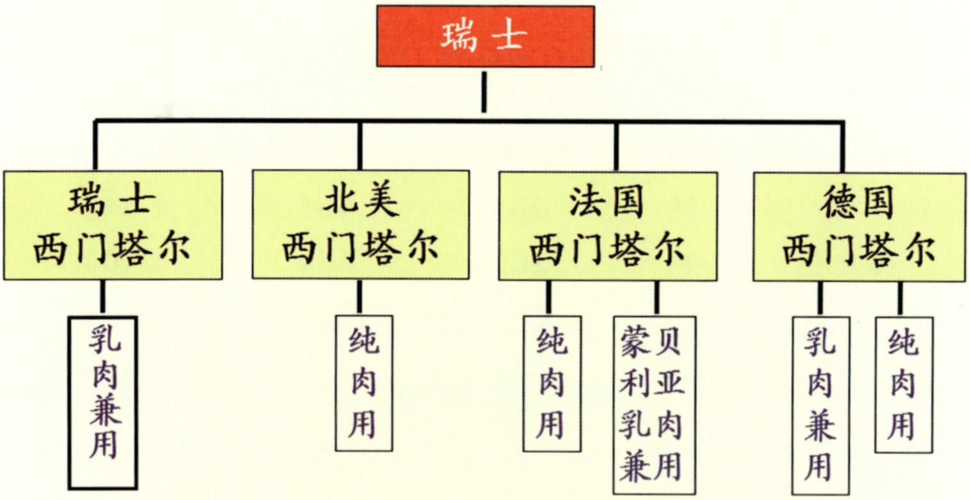

信息来源：《Fleckvieh-Entwicklung zu einer Weltrasse（德系西门塔尔 – 发展成为世界级的品种）》
出版者：ASR南德牛种培育及授精组织协会，2001年，慕尼黑

欧洲八国西门塔尔牛泌乳性能统计

国家	2006年				2001年			
	产奶天数	产奶量/kg	乳脂/%	乳蛋白/%	产奶天数	产奶量/kg	乳脂/%	乳蛋白/%
斯洛文尼亚	305	5 023	4.17	3.29	305	4 588	4.22	3.39
瑞士 SIM	297	5 681	3.88	3.30	—	5 464	3.87	3.29
捷克共和国	294	6 162	4.08	3.46	—	5 612	4.22	3.41
奥地利	305	6 483	4.18	3.43	—	5 975	4.15	3.43
意大利	293	6 528	3.92	3.41	—	5 972	3.89	3.39
瑞士 FT	299	6 847	3.99	3.24	298	6 595	3.95	3.23
德国	—	6 854	4.14	3.48	—	6 430	4.15	3.50
法国	296	6 907	3.91	3.46	—	6 531	3.86	3.42

5年间产奶量提高200～500 kg，乳脂率稍降、乳蛋白率稳定

*注：资料来源世界西门塔尔牛协会（http://www.WSFF.info）
SIM：肉乳兼用型；FT：乳肉兼用型

2006年欧洲七国西门塔尔牛生长性能统计

国家	出生重 /kg	200天体重 /kg	365天体重 /kg	青年公牛 日增重/kg
斯洛文尼亚	45	276	—	—
捷克共和国	39	284	531	1.348
奥地利	44	285	445	1.103
德国	41	286	525	1.326
瑞士 SIM	43	311	—	1.469
瑞典	48	342	610	1.470
* 丹麦	47	355	636	1.900

*注：资料来源世界西门塔尔牛协会（http://www.WSFF.info） SIM：肉乳兼用型；

德系西门塔尔牛(Fleckvieh)起源

—乳肉兼用牛品种

—原产地瑞士Simmental地区（自14世纪）

—19世纪初引进德国，分布于德国南部

—经与德国地方品种集进杂交及导入杂交，形成独具特色的乳肉兼用品种

—属西门塔尔牛品种在德国的类群或品系

☛德系西门塔尔牛不是“培育出的新品种”

我国的兼用牛培育的历史沿革

- 18世纪始，受俄罗斯等国影响、通商口岸
- 新中国成立前，国际合作署援助、国民党政府和民间引进，其中包括兼用牛品种西门塔尔牛、褐牛、短角牛、丹麦红牛等
- 建国至20世纪70年代，国家设立新品种培育协作组，有意识地多次引进牛品种，经级进杂交、横交固定，后选育提高
- 从80年代中期始，至今审定5个国家（省区）级品种

❖中国西门塔尔牛

- 由上世纪50年代、70年代末和80年代初引进的德系、苏系和奥系西门塔尔牛在中国的生态条件下与本地牛（蒙古牛，复州牛，三河牛，宣汉牛、大别山牛、晋南牛、哈萨克牛）进行级进杂交后，对高代改良牛的优秀个体进行选种选配培育而成。国外兼用西门塔尔牛血液占87.5%- 96.9%。2002年审定为新品种
- 广泛分布在全国各地，

中国草原红牛

- 从20世纪50年代初开始在吉林、内蒙古、河北等地的草原地区引进短角牛公牛与当地蒙古牛级进杂交改良，形成了大量级进二代和三代杂种牛，在此基础上进行横交固定、自群选育而育成的乳肉兼用牛品种。1985年审定为新品种

兼用短角牛♂

×

蒙古牛♀

→

草原红牛

- 主要分布在吉林、内蒙古和河北三个省（区）。

图片来自张国梁2010年课题总结会报告

蜀宣花牛

—以宣汉黄牛为母本，选用西门塔尔牛和荷斯坦牛为父本，通过杂交创新、横交固定和4个世代选育，历经30多年培育的乳肉兼用型牛。蜀宣花牛血缘来源清楚，含西门塔尔血缘81.25%，荷斯坦牛血缘12.5%，宣汉黄牛血缘6.25%。2011年通过品种审定。

—适应四川省高温高湿和低温高湿的自然气候及农区较粗放饲养管理条件的兼用型牛群

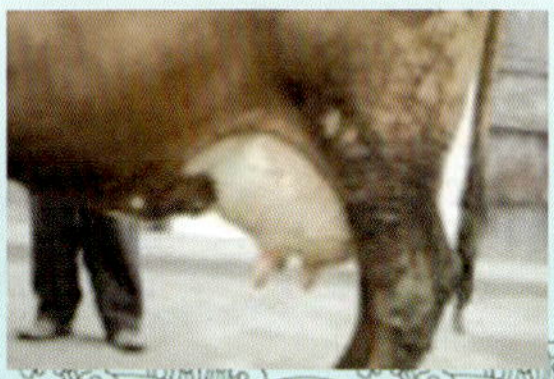

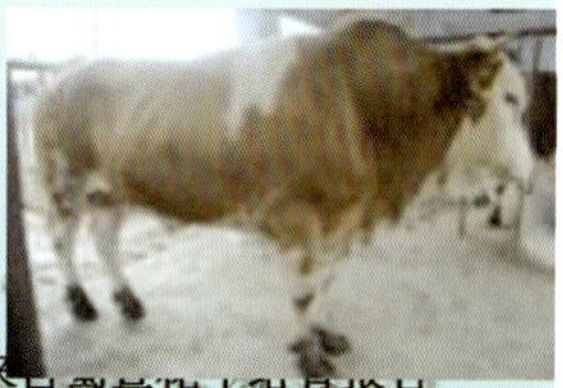

三河牛

—曾称滨洲牛和北满牛，是我国培育的第一个乳肉兼用品种牛。因育成于大兴安岭西麓额尔古纳市的三河地区（根河、得勒布尔河、哈布尔河）及呼伦贝尔市境内滨洲铁路沿线而得名。育成血统复杂，有10个品种之多，其中主要是由俄国引进的西门塔尔系列的几个杂种牛品种与当地蒙古牛杂交或互相杂交，1986年品种鉴定验收，

—三河牛具有耐粗饲、宜牧、抗寒、适应性强的特点

—主要分布在呼伦贝尔地区

新疆褐牛

- 新疆褐牛是以当地哈萨克牛为母本，引入瑞士褐牛、阿拉托乌牛及少量的科斯特罗姆牛与之杂交改良，经过长期的选育而成。1986年审定为新品种
- 主要分布于新疆北部，伊犁河谷地区存栏规模~ 90万头

谢谢

努力共创中国奶业美好明天！

2 中国奶业发展现状与未来
The Current Development of China Dairy Industry and its Sustainable Development

李胜利
Li Shengli
中国农业大学
China Agricultural University

内容
Contents

1. 近年来中国奶业的发展

The development of dairy industry in China in recent years

2. 影响中国奶业生产的因素

Factors affecting dairy productivity in China

3. 中国奶业可持续发展的策略

Strategies for sustainable development of Chinese dairy industry

1.近年来中国奶业发展
The development of China dairy industry in recent years

•奶类在畜产品中增长最快
•Milk Production keeps the fastest growth rate in livestock products

- 2014年，肉、蛋和奶的产量
- In 2014, meat, egg and milk production were 87.07, 28.94 and 38.5 million tons respectively, and 2, 2.6 and 7.1 more times than in 1990.

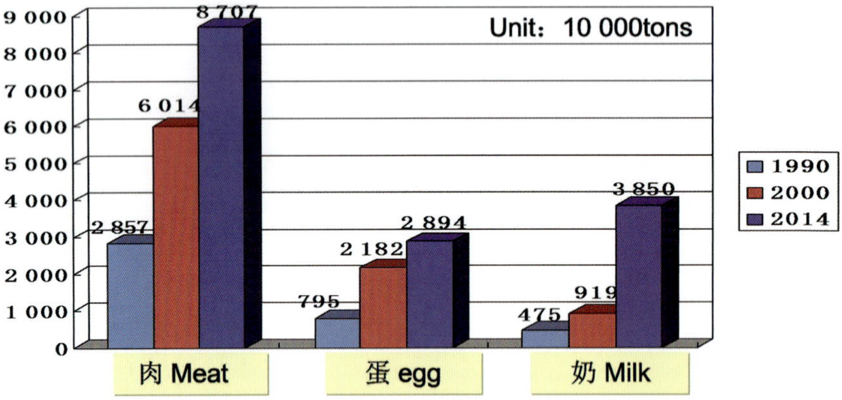

● 奶业发展经历的三个阶段
● Dairy industry in the transitional period

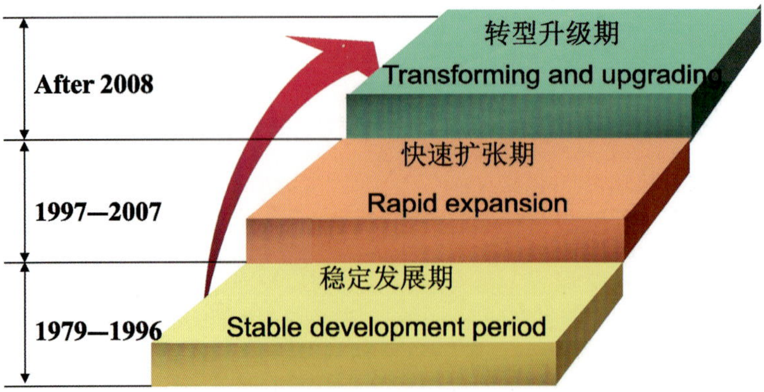

中国主要的奶牛场模式
Main dairy models of China

类型 Model		规模牧场 Large-scale	养殖小区 Cooperative	家庭牧场 Household
奶牛存栏 herd size		>200	>100	5~30
牛群比例 herd structure		15:30:55	18:23:59	27:14:59
平均产奶量 average yield		>6.5 Ton	>6.0 ton	>5.5 ton
乳成分 Milk composition	乳脂肪 milk fat	3.50%~3.80%	3.40%~3.60%	3.30%~3.70%
	乳蛋白 milk protein	3.00%~3.30%	2.90%~3.20%	2.80%~3.10%
	体细胞数 SCC	100 000~400 000/mL	300 000~700 000/mL	No detected

● 奶牛存栏与奶类总产量
The number of cows and raw milk production

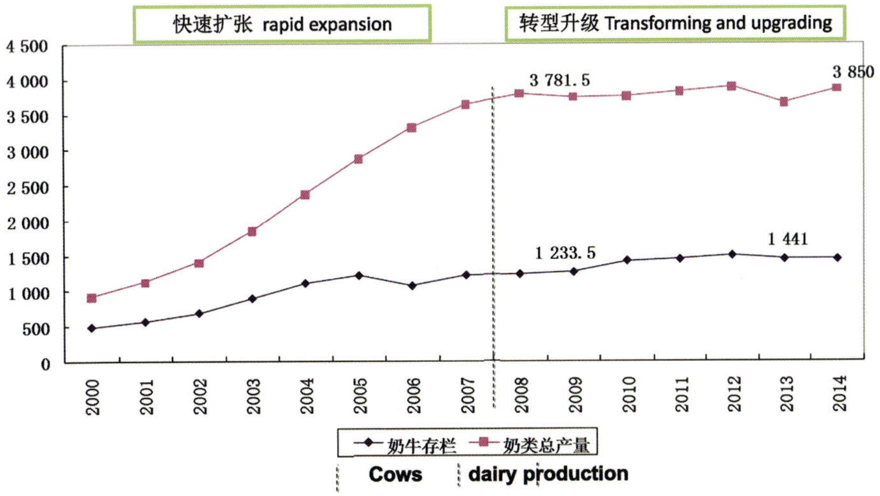

➢The amount of milk yield in 2014 reach to 37.25 million tons in China, accounting for 5.9% of that in world

➢The milk production in China rank the third of world, behind India and US

● 奶产量保持更快的增长
Milk yield keeps a higher increase

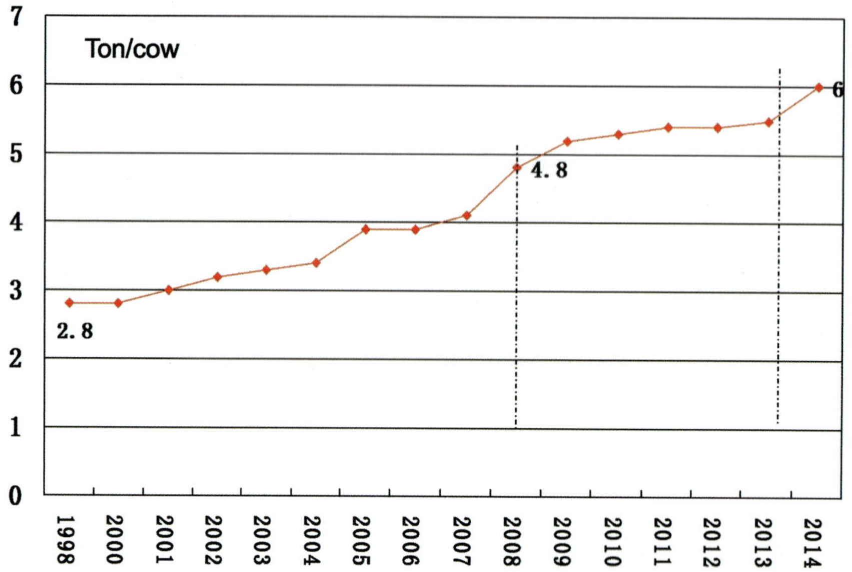

● 规模牧场的比例持续增长
The scale dairy farm percentage is increasing

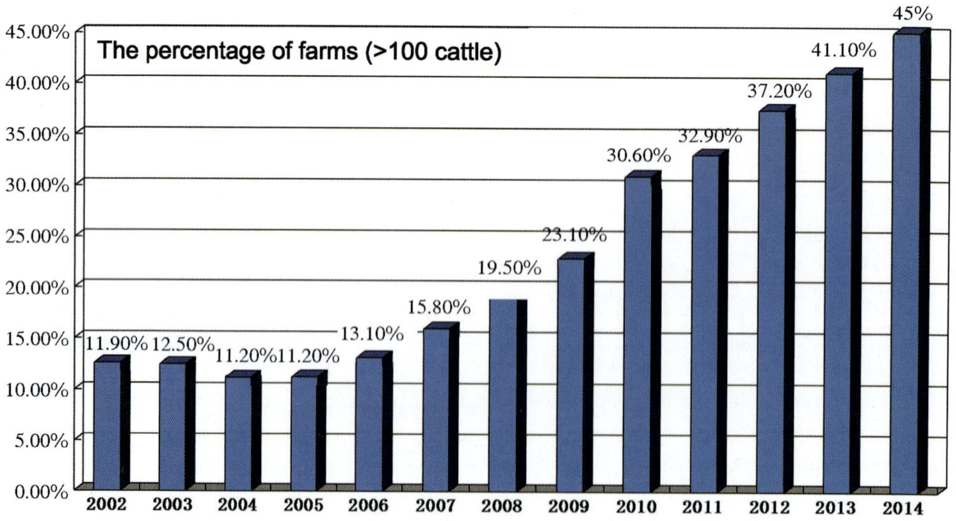

世界上单体规模最大的奶牛场
The Largest dairy farm in the world(>40 000 head)

清洁的牛舍和奶牛
Clean barn and clean dairy cow

粪污处理 Waste treatment

沙子的回收利用
Sand recycling

犊牛饲养
Calf rearing

2. 影响中国奶牛养殖效率的因素
Factors affecting dairy productivity in China

- 与发达国家相比，产奶量、乳蛋白、饲料和氮的利用率偏低
- milk yield, milk protein, feed and N efficiency is lower than developed countries

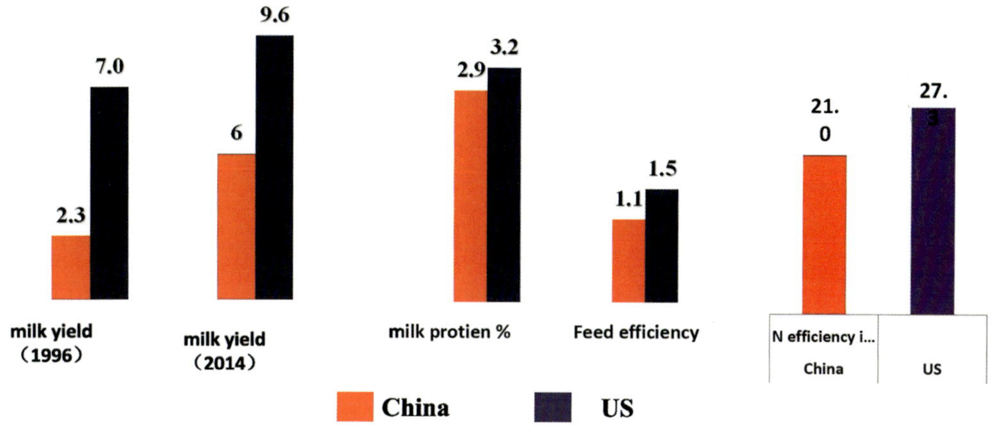

From：FAO，USDA，中国奶业年鉴等

From: Jian-Xin Liu,2014;
王中华,2011,etc

甲烷、氮、磷的排放

The emission of CH_4, N, P

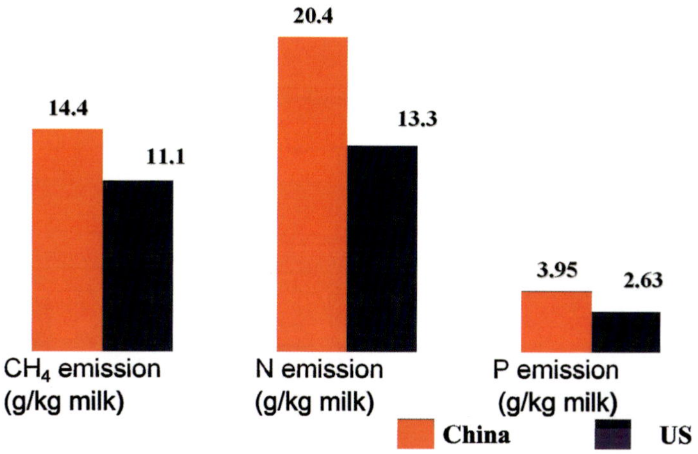

From：FAO，USDA，中国奶业年鉴等

● 土地资源已经成为限制性因素
Land has become the limiting factor

奶牛养殖规模应当与饲料种植用地相匹配
Cropping farming and dairy farming should be matched

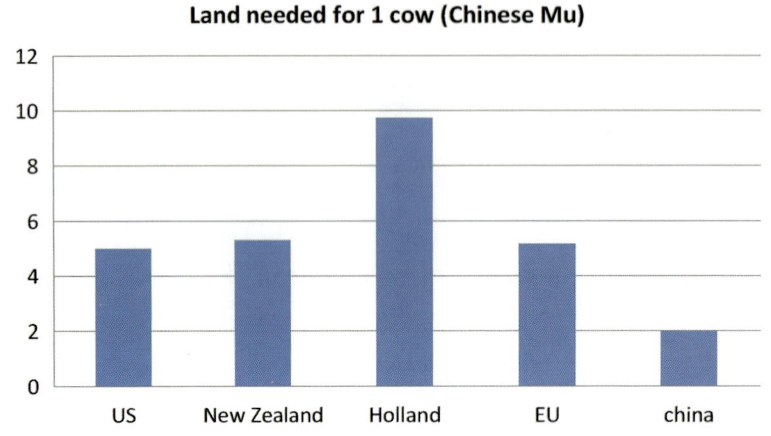

mu = 0.066 7 hectares

土地和饲料需求是将来奶牛养殖生产的巨大挑战
Demands for land and feeds of dairy production is a big challenge in future.

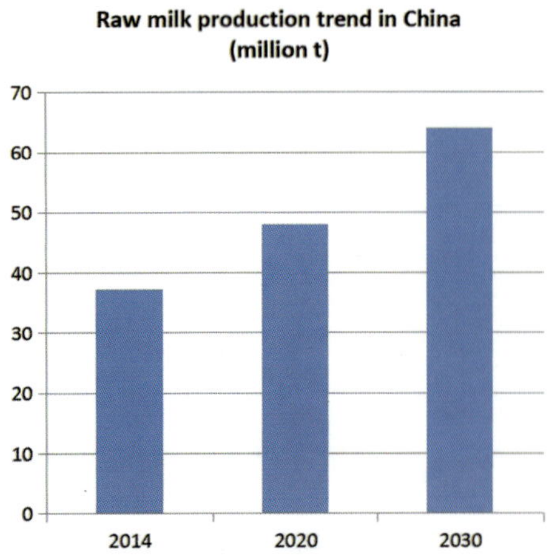

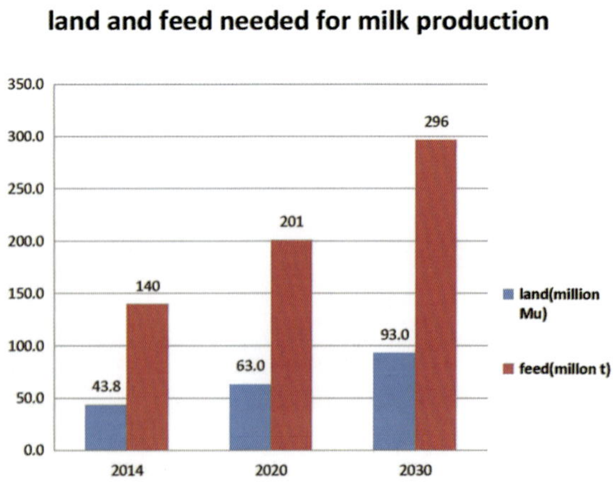

● 劳动力成本迅速上升
The labor cost has increased fast

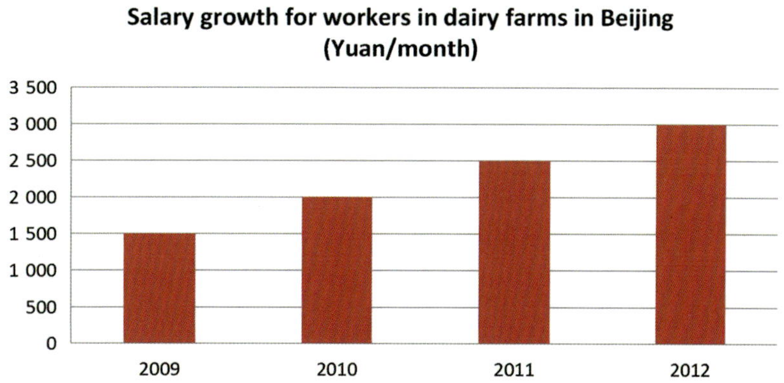

☐ On dairy farm, young labor become less and less, the labor cost is higher and higher, raising costs become higher. It is predicted in 2020, labor shortages in China will reach 30 million people.

18

● 饲料进口增长迅速
The feed import going up quickly

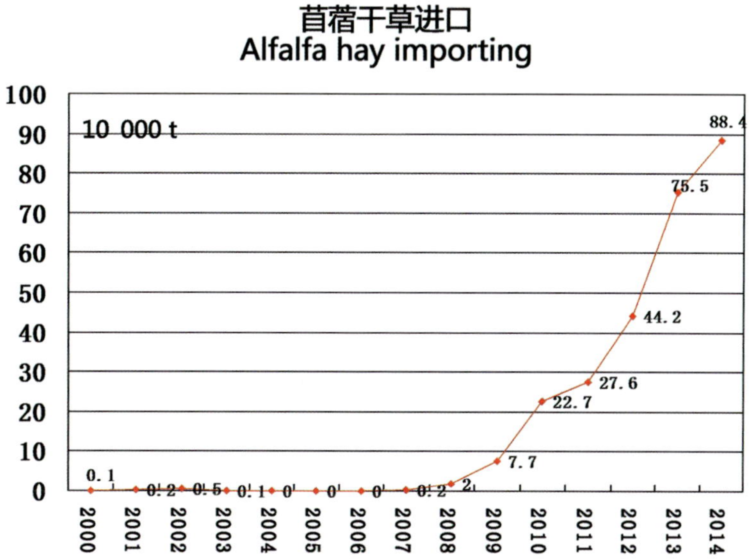

苜蓿干草的进口价格

The importing price of alfalfa hay (dollar/ton)

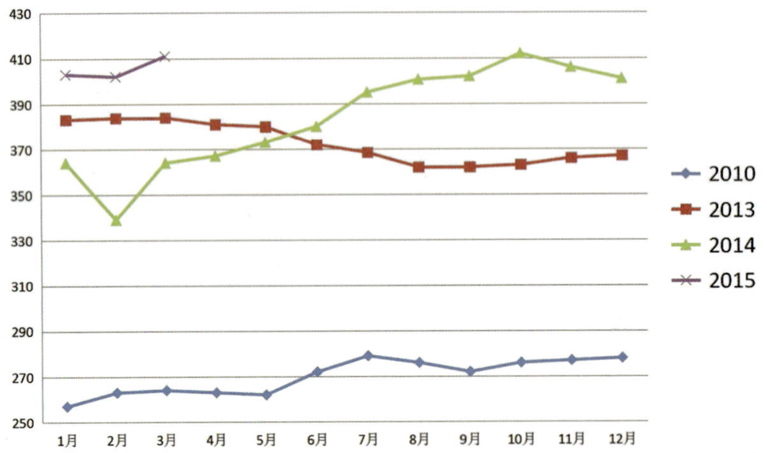

苜蓿的进口来源 Import sources of Alfalfa

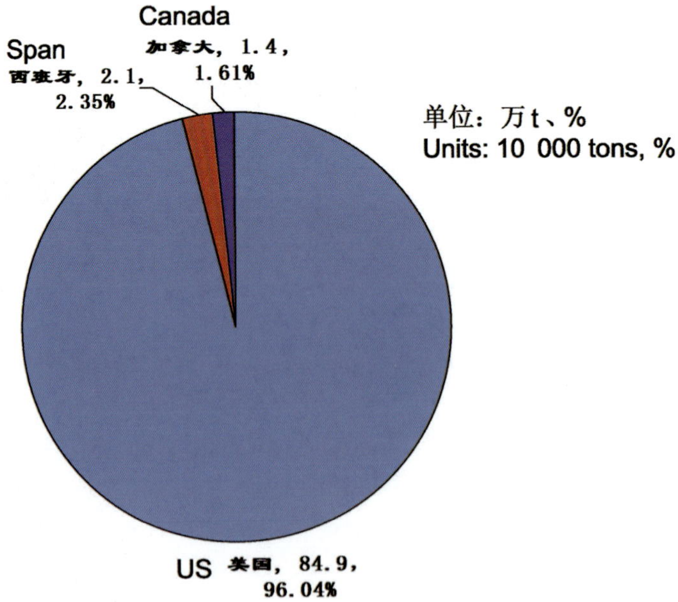

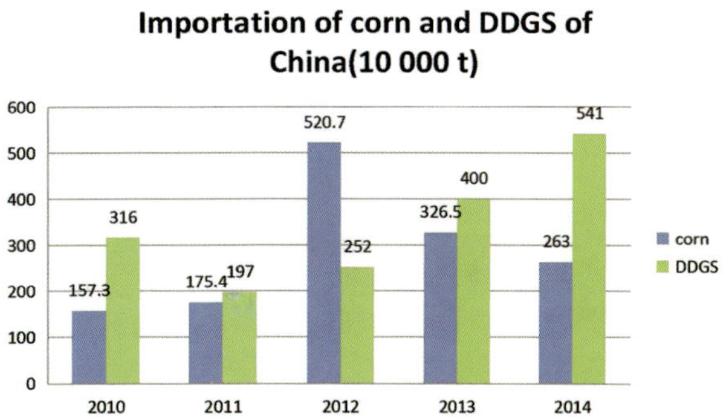

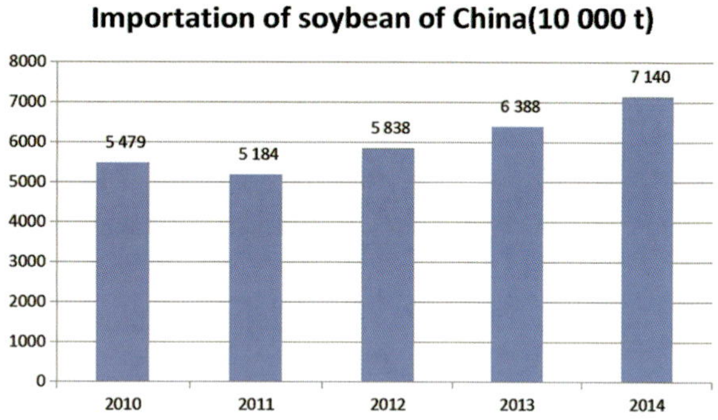

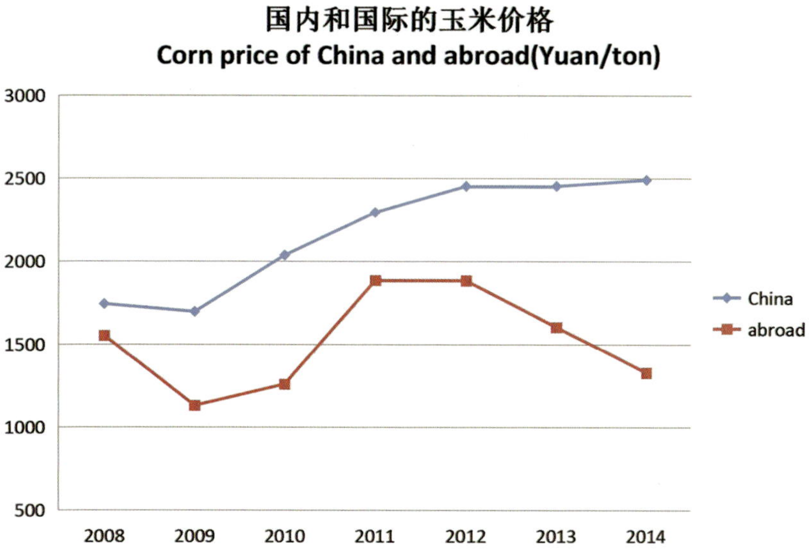

From：NDITS；孙玉婷,2014

规模牧场的原料奶价格（2015年10月）
The raw milk price of larger dairy farms in October 2015

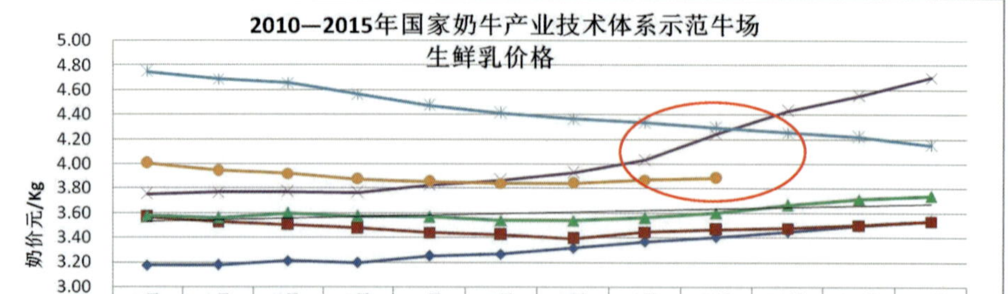

	1月	2月	3月	4月	5月	6月	7月	8月	9月	10月	11月	12月
2010年	3.18	3.18	3.21	3.19	3.25	3.27	3.32	3.37	3.41	3.45	3.50	3.54
2011年	3.57	3.53	3.50	3.48	3.44	3.43	3.40	3.45	3.47	3.48	3.50	3.53
2012年	3.58	3.56	3.60	3.57	3.57	3.54	3.54	3.56	3.60	3.67	3.71	3.74
2013年	3.75	3.77	3.77	3.77	3.83	3.87	3.93	4.03	4.24	4.43	4.56	4.70
2014年	4.75	4.69	4.66	4.56	4.47	4.41	4.37	4.34	4.30	4.26	4.22	4.15
2015年	4.01	3.95	3.92	3.87	3.86	3.84	3.85	3.87	3.89	**3.94**		

国家奶牛产业技术体系牛场原料奶生产的饲料成本（2010-2015）
The total feeding cost for 1 kg of raw milk on dairy farm of national dairy industry technology system from 2010 to 2015

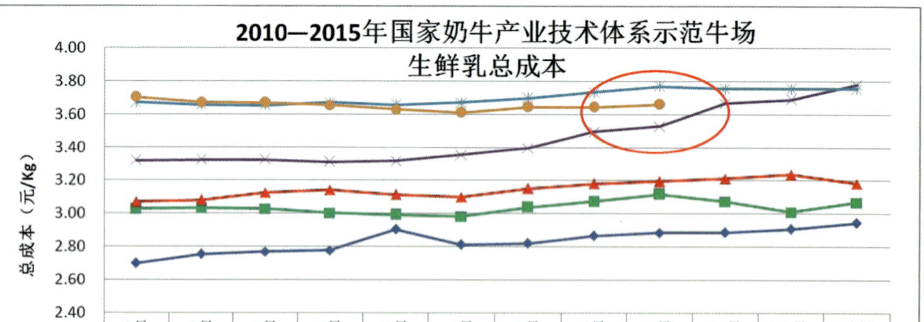

	1月	2月	3月	4月	5月	6月	7月	8月	9月	10月	11月	12月
2010年	2.70	2.75	2.77	2.78	2.90	2.81	2.82	2.87	2.89	2.89	2.91	2.95
2011年	3.03	3.03	3.03	3.00	2.99	2.98	3.04	3.07	3.12	3.07	3.01	3.07
2012年	3.07	3.08	3.12	3.14	3.11	3.10	3.15	3.18	3.19	3.21	3.24	3.18
2013年	3.32	3.32	3.32	3.31	3.32	3.35	3.40	3.50	3.53	3.67	3.69	3.78
2014年	3.67	3.66	3.65	3.67	3.66	3.67	3.70	3.73	3.77	3.75	3.75	3.76
2015年	3.70	3.67	3.67	3.66	3.63	3.61	3.64	3.64	3.66	**3.55**		

近期利好奶业的原材料价格走势：

Feed ingredients price trend for dairy industry recently

——玉米期货价格走势图（2014.10—2015.11）

Corn future price trend

- 从2015年3月开始价格明显下降
- 从2 300元/t 左右下降到目前的1 850元，下降近20%

近期利好奶业的原材料价格走势：

Feed ingredients price trend for dairy industry recently

——豆粕期货价格走势图（2014.6—2015.10）

Soybean meal future price trend

- 豆粕价格一直处于下降通道
- 从14年中期的3 600元/t左右下降到目前的2 600元，下降28%

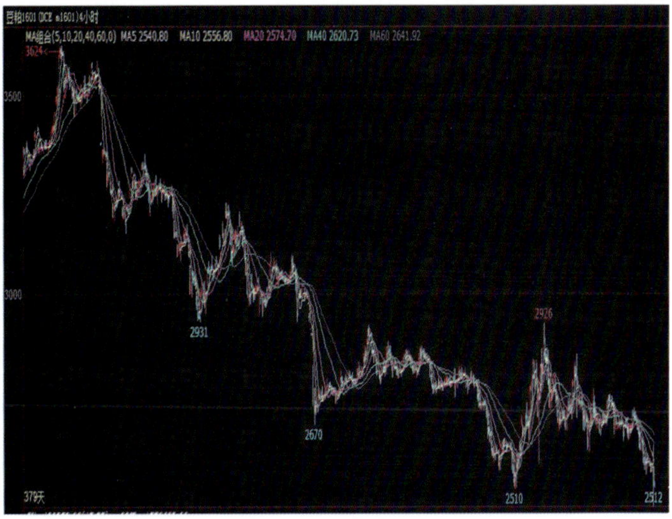

30 kg 奶牛饲料成本调整空间

类型 Type	2014.10	2015.10	下降幅度/% Margin of decrease/%
精饲料/元 Concentrated feed/Yuan	2 550	2 050	15%～20%
日粮/元 Ration/yuan	60	54	10 %

● 高成本导致的高价格
● Higher costs leading to higher price.

Raw milk price of some countries(RMB Yuan/kg)

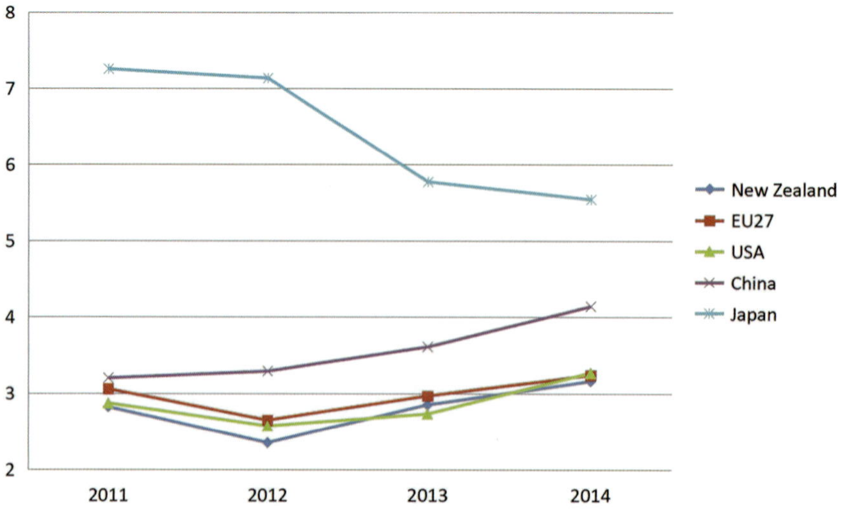

From：China Dairy Data Report

原料奶价格和饲料成本的比较
The raw milk price and feeding cost comparison

In 2013 Chinese dairy feed cost(70% of the total cost), was 30% ～50% higher than that of developed countries, 30%～40% higher in milk prices.

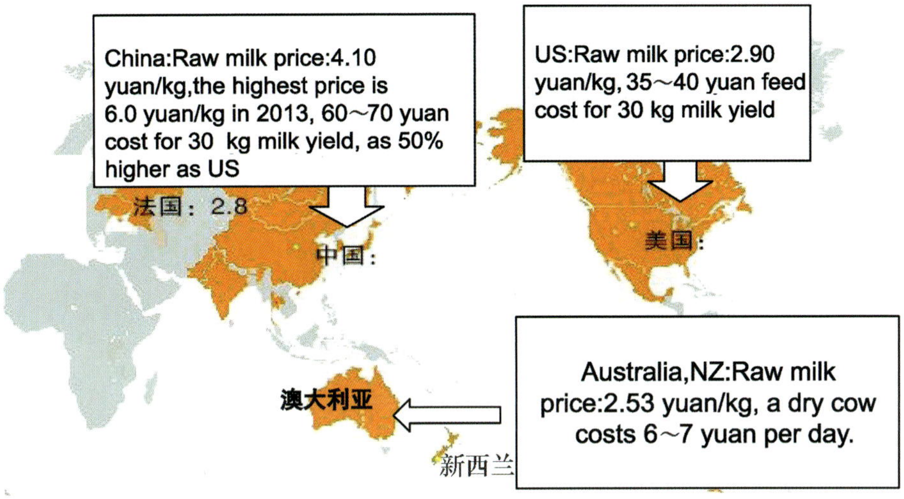

● 奶牛进口
Importation of dairy cattle

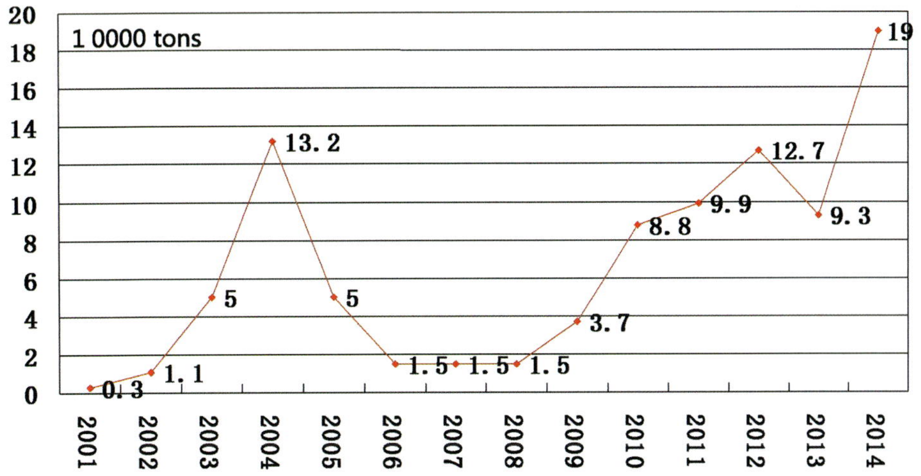

◈ 进口奶牛的来源 Import sources of dairy cattle

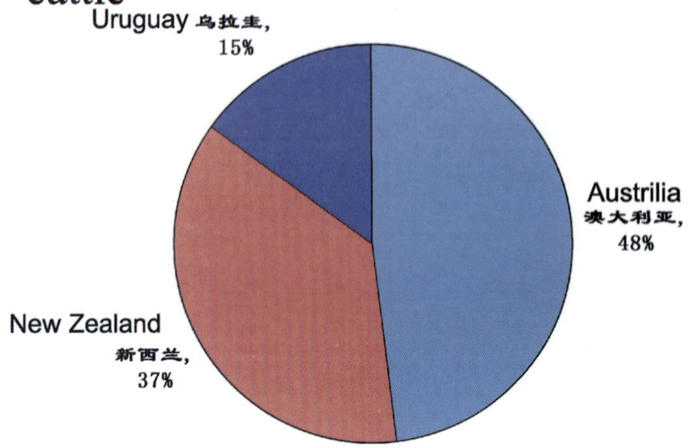

2014年
Year of 2014

● 乳制品进口急剧增加——对国内乳品业形成激烈竞争
The importation of dairy products increasing dramatically——fierce competition for domestic dairy farming.

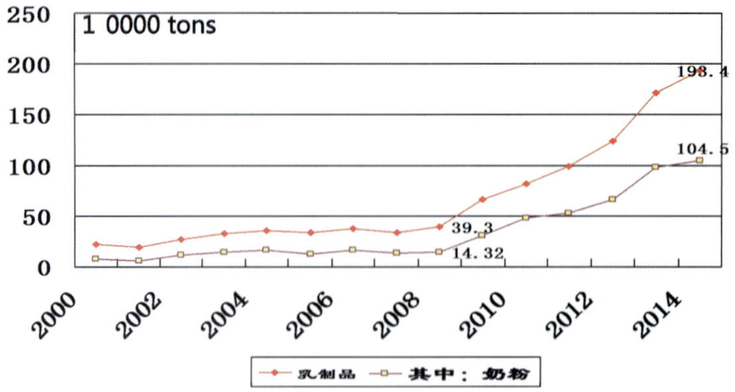

Dairy production, milk powder

1. Milk products: import 1.934 million tons in 2014, with year-on-year growth of 12.8%.
2. Milk powder: import 1.045 million tons in 2014, with year-on-year growth of 7%.
3. Liquid milk: improt 0.32 millions ton, with year-on-year growth of 96.8%.

◈ 进口散装奶粉的来源

Import sources of bulk milk powder

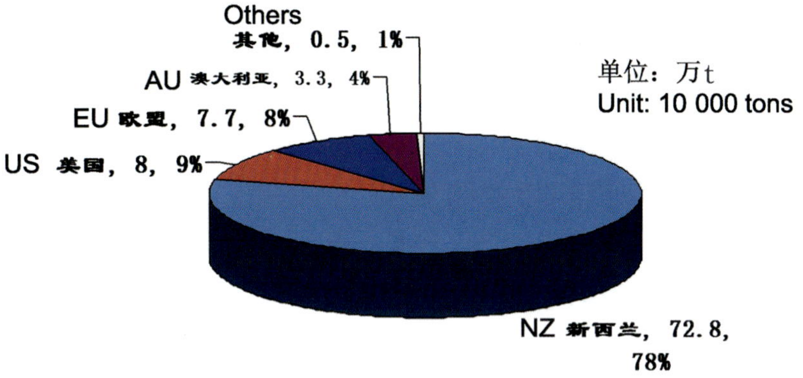

3. 中国奶业可持续发展的策略
Strategies for sustainable development of Chinese dairy industry

Should be"QSPS"

- Quality 质量
- Safety 安全
- Productivity 生产能力
- Stable increase for consumption for milk products (confidence and price)
  乳制品消费稳定增长（信心和价格）

研究与推广
Research and extension

- ✓Genetic improvement (nucleus) 遗传改良
- ✓Genomic selection 基因组筛选
- ✓DHI and Milk recording system 牛群改良和牛奶记录体系
- ✓Precision feeding and quality forage production
  精细化饲养和高质量牧草生产
- ✓Major epidemic prevention and efficient vaccination
  主要流行性疾病的预防和有效的免疫
- ✓The appropriate waste collection and treatment
  合适的粪污收集与处理
- ✓Technical service and Extension and Training for dairy farms
  针对奶牛场的技术服务推广与培训

中国规模牧场饲料利用率不断提高
Increase the feed efficiency in China scale dairy farms
(2014,NDITS)

Cattle number	Milk yield	DMI	Feed efficiency
>2 000 （Average 4230）	27.16	21.35	1.36
1 001~2 000 （Ave1398）	26.66	23.03	1.28
<1 000 （Ave566）	24.67	19.93	1.23
Average 2031	26.16	21.44	1.24

Sample size：190 farms, most are scale farms。

青贮玉米质量的提升 Improve the corn silage quality

	中国 China	美国 US
Cutting time	1/3	1/2
length	> 2 cm	<1 cm
grain	Most not broken	Most broken
DM	20%~27%	30%~35%
Strach	10%~25%	25%~33%
NDF	>55% 55%~60%	<55% 45%~53%
ADF	>30% 30%~40%	<30% 25%~30%
CP	7%~8.5%	7.5%~9.0%
NH_3-N(总N)	>10%	<10%
Nel	1.1~1.4 Mcal/kg	>1.6 Mcal/kg

饲料种植基地和奶牛场联合——生产效率更高
The combination of cropping farming and dairy farming—more productivity

- ✓ Develop new land policy
- ✓ Supply high quality forage
- ✓ Keep Nutrient (N/P) recycling and reduce the emission
- ✓ develop family farms

未来发展的利好？

Good news for future development ?

2014年世界乳企排名
World rankings of dairy enterprises in 2014

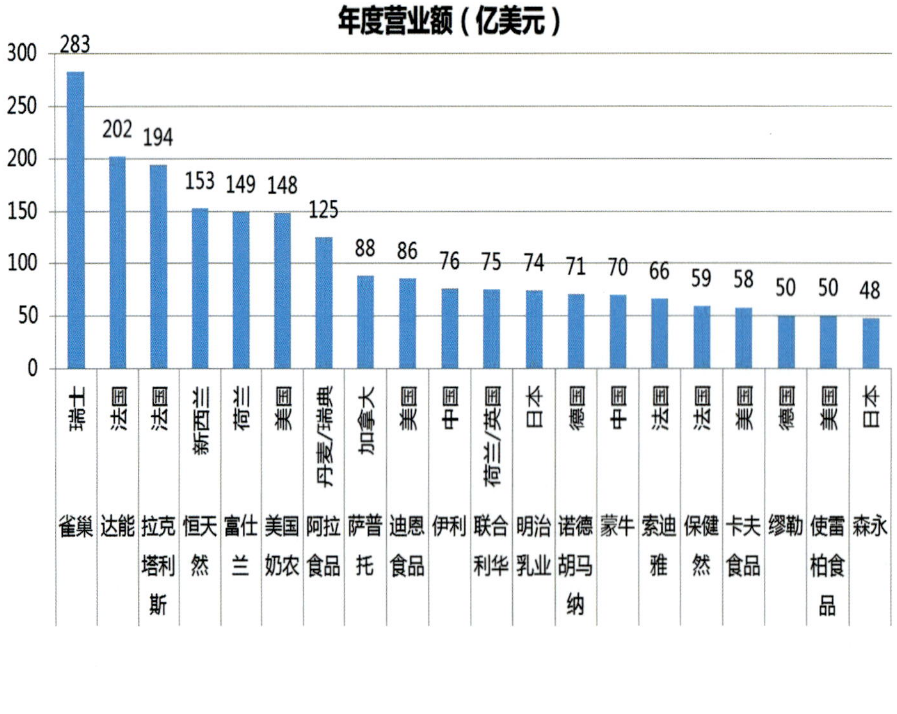

2020年伊利、蒙牛千亿计划
Yili and Menniu ¥100 billion project in 2020

✓ 伊利：进入前5强，销售额超过160亿美元

Yili: Top 5 level, sale volume more than $16 billion.

✓ 蒙牛：前8强，销售额超150亿美元

Mengniu: : Top 8 level, sale volume more than $15 billion.

“全面二孩”政策对乳业的影响
Influence on the dairy industry by the two-child policy

- 2015年10月29日，十八届五中全会公报特别提出：促进人口均衡发展，全面实施一对夫妇可生育两个孩子的政策。

“全面二孩”政策对乳业的影响有多大？

How much influence does the universal two-child policy ?

2000年以来中国历年出生人口数量

Annual birth population in China over the years since 2000

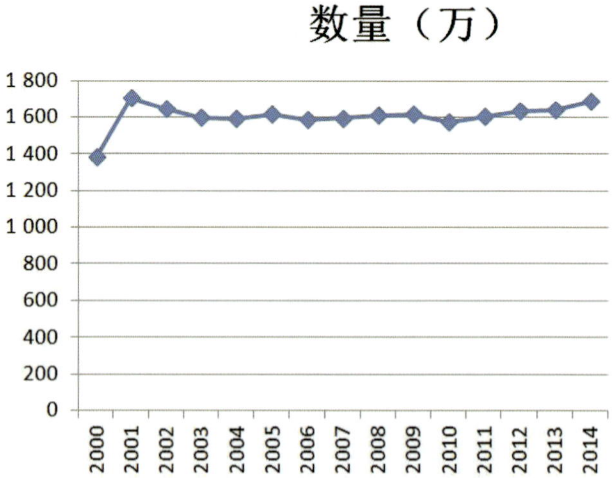

数据来源：中国报告大厅

40% reduction in 25-29 years olds in 10 years
在10年间25—29岁年龄段的人会减少40%

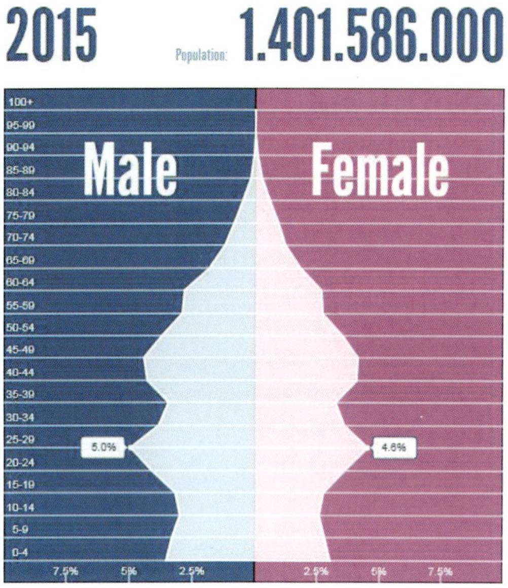

Link to this graph: http://populationpyramid.net/china/2015/

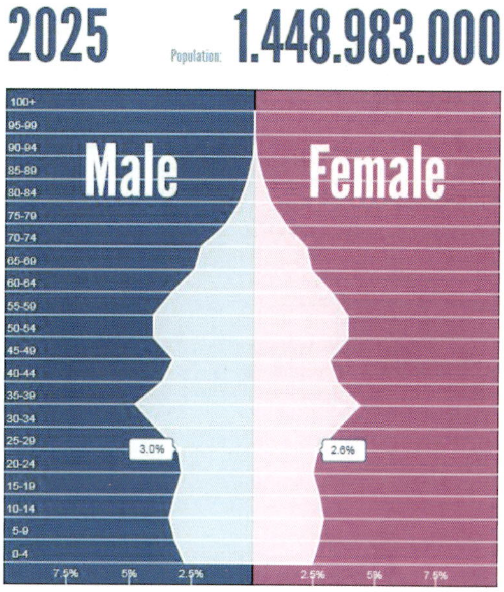

Link to this graph: http://populationpyramid.net/china/2025/

Rapid acceleration in Urbanization
城镇化人口的激增

	1953	1964	1982	1990	2000	2010	2020*
% Urban 城镇人口比例	13.3%	18.3%	20.9%	26.4%	36.2%	49.7%	60%

- Source: PRC National Population Census
- 来源：中国国家人口普查
- *2020 Target for National New Type Urbanization Plan 2014—2020
- 2014—2020年国家新型城镇化方案中2020年的目标
- Note: Some caution in interpreting this data is warranted due to changing definition of urban residents
- 备注：因城镇人口定义的变化，以上数据需要谨慎解读
- The trend will be a further challenge to finding employees to work in rural areas
- 城镇人口变化趋势使得在农村地区寻找工人变得更有挑战性

Lag in Secondary Education
中等教育水平的滞后

Table 2. Share of the labor force that has attained at least some upper secondary school in China and benchmark countries in 2010 (Percentage, by age cohort)

Country/Country Group 国家/国家组	25-64	25-34	35-44	45-54	55-64
China[a] 中国	**24**	**36**	**23**	**24**	**12**
OECD 经济合作与发展组织					
Average 平均	74	82	78	72	65
Other OECD 其他经合组织国家					
EU21 欧盟21国	75	83	80	73	64
Mexico 墨西哥	36	44	37	33	23
Turkey 土耳其	31	42	28	24	19
G20 Average G20成员国平均	56	72	68	61	25
Argentina 阿根廷	42	m[b]	m	m	m
Indonesia 印度尼西亚	24	m	m	m	m
BRICS BRICS					
Brazil 巴西	41	53	42	34	34
Russia 俄罗斯	88	91	94	89	79
India 印度	m	m	m	m	m
S. Africa 南非	28	m	m	m	m

Contrary to official Min of Education stats, the 2010 census **reports low levels of 2°school education**

与国家教育厅数据相反，2010年普查报告显示中等受教育程度较低。

Source: China's Looming Human Capital Crisis:Upper Secondary Educational Attainment Rates and the Middle Income Trap byN. Khor ..et al, 2015 www.reap.fsi.stanford.edu

新增出生人口数量预测
Forecast of birth population

- 多位社会学领域专家对新生儿数量进行了预测。
- 1. “全面二孩”政策出台后，新生儿的出生峰值可能在2017年到来，每年带来的新增出生人口在300万~800万之间，估计中值为500万（黄文政）。
- 2. 每年增加出生人口最高估计只有600万~700万，加上目前1 600万左右的年出生人口，2017年出生的总人口估计为2 200万（乔晓春）。
- 3. 2016年新增出生人口为565.8万，2017年达到最高峰583.2万，此后逐年降低（王广州）。

2015年生育政策调整新增出生人口规模均值估计（万人）

年份	单独二孩	全面二孩
2016	111.42	565.80
2017	92.27	583.20
2018	69.64	393.45
2019	73.12	421.30
2020	95.75	426.52
2021	97.49	391.70
2022	69.64	280.29
2023	92.27	351.66
2024	67.90	306.40
2025	92.27	337.74
2026	87.05	283.77
2027	111.42	322.07
2028	116.64	332.51
2029	127.09	262.88
2030	109.68	254.17

来源：王广州. 生育政策调整研究中存在的问题与**反思**[J]. 中国人口科学.2015（02）

- 假设每位婴儿平均饮用配方奶粉12个月，每月4罐（配方奶粉4 kg，约耗费纯奶粉2.22 kg），每位婴儿需要的奶粉量为2.22 kg×12=26.64 kg。基于王广州的新增出生人口预测数据，新增奶粉消耗量(add milk powder consumption)如下表所列（单位：吨/t）：

年份	单独二孩	全面二孩
2016	29 682	150 729
2017	24 581	155 364
2018	18 552	104 815
2019	19 479	112 234
2020	25 508	113 625
2021	25 971	104 349
2022	18 552	74 669
2023	24 581	93 682
2024	23 190	81 625
2025	24 581	89 974
2026	23 190	75 596
2027	29 682	85 799
2028	31 073	88 581
2029	33 857	70 031
2030	29 219	67 711

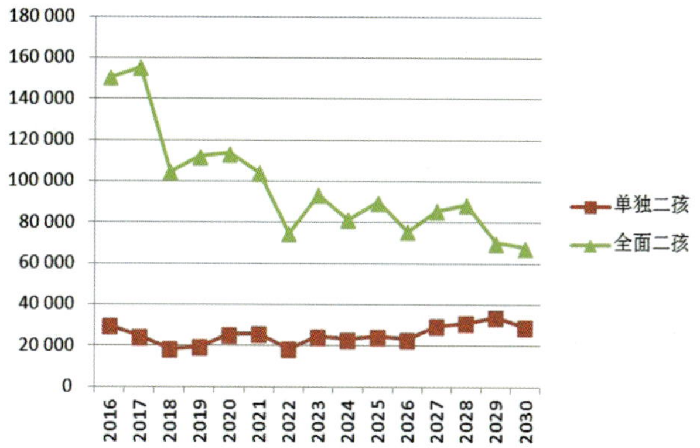

单位：吨/t

我国的牛奶生产和需求预测分析

Analysis and prediction of milk production and demand

牛奶生产和需求预测分析			
	2014	2020	2030
牛奶产量 / 万t	3 025	4 313	6 409
奶牛存栏 / 万头	1 000	1 194	1 456
单产 / t	5.5	6.6	8.0
人均占有量 / kg	27.7	40	50
人口 / 亿	13.68	14.5	15
牛奶需求 / 万t	3 787	5 800	7 500
奶粉、液态奶进口 / 万t（折成原奶）	762	1 487	1 091

注：未来单产平均增长率按照2%~3%计算，奶牛存栏增长率按2%~3%计算，成母牛比例按55%计算。奶牛指荷斯坦等专用型奶牛。

中德牛业项目研讨会-2016.12

3 奶牛场选种选配技术

张 胜 利

中国农业大学动物科技学院

2016. 12. 1

奶牛遗传改良工作

奶牛育种的目的就是改进下一代个体的遗传值，提高生产性能和效率。

- 提高产奶量和牛奶质量
- 提高繁殖力和抗病力
- 改进体型符合生产管理要求
- 提高长寿性和生产利用年限

目标：高产、优质、健康

奶牛育种工作的重点

- 奶牛场实现遗传改良的策略：
  - —坚持选用优秀种公牛进行人工授精
  - —主动开展性能测定(DHI报告、技术服务)
  - —做好繁殖管理和后备牛培育工作
- 奶牛育种的重点是培育优秀种公牛
  - ✓后裔测定和遗传评定
  - ✓遗传优势的扩散(AI技术推广、ET技术等)

奶牛群改良的源动力来自于一代优于一代的种公牛!

奶牛场选种选配工作

- 选配即有目的有计划地决定公母牛配对，达到双亲结合产生更理想的后代；
  - 产奶性状：产奶量、乳脂率、乳蛋白率、体细胞数等
  - 体型性状：乳房、肢蹄、体躯等
  - 功能性状：长寿性、产犊难易、受胎率
- 选配是在牛群鉴定和选种的基础上进行
- 合理有效的选配是巩固群体优良性状，改进不良性状的有效手段。

今天的选种选配决定奶牛场未来数年的效益!

奶牛场选种选配工作

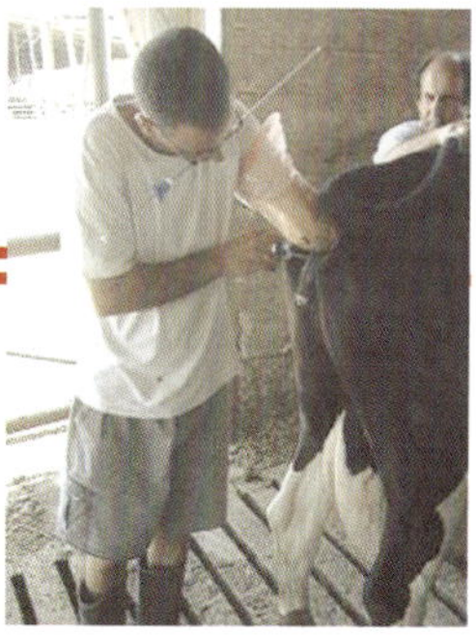

人工授精 (AI) 技术是奶牛群体遗传改良的主要手段

- 使用公牛冻精时常见的问题

> 如何选择种公牛冷冻精液？
> 不同规模的牛群(50,100 ,200头...)该选择**几头**种公牛?
> 如何有效地防止**近交**?
> 应该用**青年公牛:验证公牛**的比例?
> 应该做群体选配，还是个体选配? 谁来做?

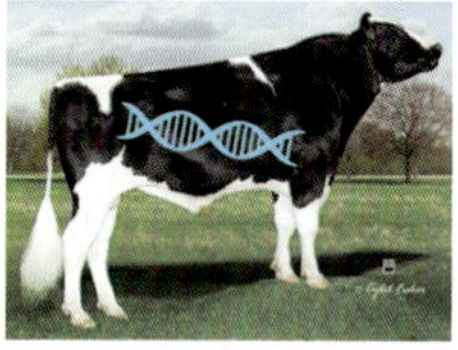

如何评价公牛的遗传质量

- 系谱指数（TPPI）
- 基因组遗传评估（GCPI）
- 后裔测定技术（CPI）

计划选配 → 青年公牛评定 → 验证公牛

育种实践证实：后裔测定仍是最终评定种公牛遗传素质的可靠方法。

种公牛的选择依据

➢ 重点看种公牛遗传评估的结果

- 后裔测定种公牛的育种值：

  CPI1：有女儿产奶性能和体型成绩

  CPI2：只有女儿产奶性能，没有体型成绩

  CPI3：国外进行后裔测定，转换计算

- 青年公牛基因组育种值结果

  GCPI值：合并基因组检测和系谱信息

奶牛遗传评定方法

➢ 产奶性状（M，F%，F，P%，P，SCS）

使用测定日模型(Testday Model)估计育种值

➢ 体型性状（TYPE，MS，FL）

使用动物模型(Animal Model)估计育种值

➢ 中国奶牛性能指数（CPI）

$$\mathrm{CPI} = 20\times\left[30\times\frac{\mathrm{Milk}}{459}+15\times\frac{\mathrm{Fatpct}}{0.16}+25\times\frac{\mathrm{Propct}}{0.08}-10\times\frac{\mathrm{SCS}-3}{0.16}+5\times\frac{\mathrm{Type}}{5}+10\times\frac{\mathrm{MS}}{5}+5\times\frac{\mathrm{FL}}{5}\right]$$

如何评价公牛的遗传质量

公牛号	CPI1	女儿数	可靠性%	产奶量育种值	乳脂率育种值	乳蛋白率育种值	体细胞评分	体型总分	肢蹄评分	乳房评分
11101906	1 507.25	3 940	99	542	0.01	0.13	3.01	-1	-2	1
11101907	1 693.84	5 258	99	1 466	-0.04	-0.01	3.02	-1	-2	0
11109589	2 130.15	810	88	1 467	0.04	-0.05	2.88	3	2	5
11109648	2 971.02	370	77	1 526	0.09	0.1	2.95	0	2	2
11109655	1 575.10	297	87	1 182	0.02	-0.04	2.95	3	4	1
11109658	2 015.78	282	86	1 653	-0.26	-0.06	2.89	8	1	10
11109722	466.32	533	91	351	-0.2	0.09	3.08	0	4	-4
11109745	2 024.49	465	97	1 237	-0.2	0.12	2.99	2	-5	2
11111602	2 865.48	391	63	1 451	0.11	0.06	2.93	4	3	4
11193541	-137.38	541	99	24	-0.03	0.01	3.06	-2	-5	1
12104198	2243.12	112	96	907	0.02	0.04	2.96	9	11	8
12104199	-225.36	93	79	-203	-0.04	0.06	3.00	-3	-6	-2
12107227	2 357.45	273	95	1 398	0.06	0.08	2.97	-2	4	-4
12107229	-1029.03	202	90	170	-0.13	-0.11	3.00	-5	-5	-3
12108230	2 147.16	198	93	1 218	0.1	0.08	3.01	-1	-1	-2
12108240	3 008.30	457	92	1 544	0.08	0.09	2.97	5	3	2
12111278	2 737.07	161	78	2 353	-0.11	0.00	2.93	-3	-4	-2

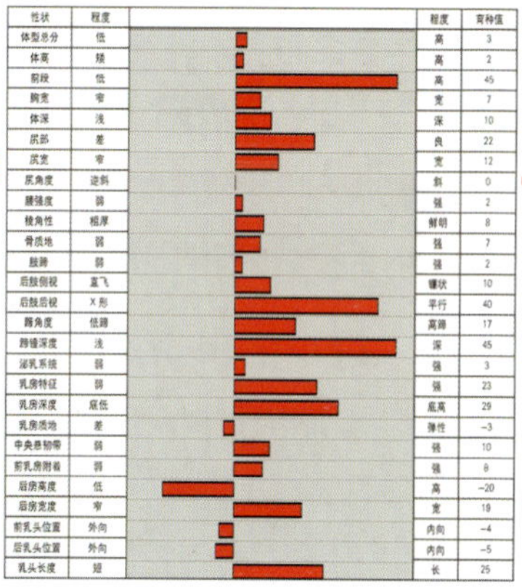

父：COMESTAR LOSCAR
6684186 CAN 体型：86
终身效益指数 +947
02 年超级生产奖
5/06 M+1540 F+45 F%-0.09
P+47 P%-0.03 SCS 2.99

母：MIGNO LEADER TOPAZE
8314286 CAN

年龄	天数	M	F%	P%
2-01	305	13890	3.93	3.32

父：MEADOW BRIDGE MEGABUCK
5425054 CAN 体型：87
终身效益指数 +501
96 年超级生产和超级外貌奖
5/06 M+1210 F+15 F%-0.27
P+39 P%-0.01 SCS 3.36

父：383622 CAN
母：4466380 CAN

母：COMESTAR LAURA BLACK
5319783 CAN 体型：87
04-04 305 -M13212-F%3.5-P%3.2

父：1929410 USA
母：4425038 CAN

父：COMESTAR LEADER
5319769 CAN 体型：EX
终生效益指数 +969 金牌公牛
96 年超级生产和超级外貌奖
5/05 M+404 F+5 F%-0.09
P+22 P%+0.08 SCS 2.89 REL 99%

父：1929410 USA
母：4425038 CAN

母：MIGNO CASANOVA SECRETTE
10633021 CAN
02-01 271-M5955-F%4.2-P%3.5

父：9017951 CAN
母：6598239 CAN

看系谱
看性能
看体型

选择种公牛的几个原则

- 看综合育种值（CPI）-整体印象
- 看产量各性状育种值-巩固优良、改进不良
- 看体型各性状育种值-改良体型
- 看有无遗传缺陷基因(标识)-后代更健康
- 看公牛系谱-避免近交
  - CPI排名靠前的，看有无重大缺陷；
  - CPI排名中等的，找其突出优点。

合理选用配种种公牛

- 首先结合本场实际情况，确定牛群遗传改良的目标
  - 奶牛的生产方向？ ◆ 经济重要性？ ◆ 其他？
- 了解分析牛群基本情况
  - 牛群血缘关系分析
  - 生产性能、体型外貌优缺点
  - 繁殖情况、后代表现

列出母牛个体优缺点，进行分类，以做群体选配

后乳房宽和高

选择种公牛冻精的问题

- 根据奶牛场自身实际和改良重点，选取需要的种公牛冻精
- 选用奶牛场需要和适合的种公牛。
  - ✓一头种公牛不会集合所有的优点。
  - ✓一头公牛不会对所有的母牛都有良好的改良效果。
- 对使用进口冷冻精液的误区

  一定要分析性能，看育种值结果
- 价格高的冻精一定好：适合的

认真看懂系谱资料中的信息

U.S. Registered Holsteins FOR MAXIMUM PROFIT

HOLSTEIN ASSOCIATION USA, INC.

HOW TO READ

Holstein Sire Information

1
HOLSTEIN JUROR JOHN-ET　TPI +1708G
USA 131520543 100%RHA-NA TV TL　03-02-05
Sire: KED JUROR-ET　+1709M
USA 2290977 100% RHA-NA TV TL　86　GM
Dam: HOLSTEIN BETTY　+1664
USA 17215771 100%RHA-NA　88 EVVVV

2

PRODUCTION		%	%R	SIRE	DAM	DAU	GRP
Milk	+1705		83	+1976	+1291	26938	25231
Fat	**+62**	+.00		+43	+62	1000	936
Pro	**+50**	+.00		+46	+44	822	772
01-2009	73 DAUS		44 HERDS			84 %RIP	100 %US

3

PL	**+0.0**		53	+0.0	-0.6	SCE 9%	69 %R
SCS	**3.05**		67	2.92	3.14	DCE 9%	55 %R
FE +140	NM$ +440		CM$ +438			FI 1.5	50 %R

4

TYPE		%R	SIRE	DAM	DAU SC	AASC
Type	**+1.45**	82	+2.00	+1.95	76.0	79.8
UDC	**+1.53**		+1.94	-1.39		
FLC	**+1.47**		-2.35	-1.78	BD +1.29	D +1.37
01-2009	60 DAUS	38 HERDS	EFT	D/H 3.6		

5
Breeder　Bill & Betty Breeder
Owner　AI Company
Controller　AI Company

6
ACTIVE
1HO3872
JOHN

7 TRAIT	8 STA	9
Protein	2.58	High
Fat	2.70	High
Final Score	2.07	High
Productive Life	0.00	
Somatic Cell Score	0.38	Low
Stature	2.02	Tall
Strength	0.38	Strong
Body Depth	0.77	Deep
Dairy Form	1.50	Open Rib
Rump Angle	1.05	High Pins
Rump Width	0.74	Wide
R Legs-Side View	0.85	Straight
R Legs-Rear View	2.67	Straight
Foot Angle	2.09	Steep
Feet & Legs Score	0.82	High
Fore Attachment	1.26	Strong
Rear Udder Height	1.62	High
Rear Udder Width	2.00	Wide
Udder Cleft	1.23	Strong
Udder Depth	1.68	Shallow
F Teat Placement	1.28	Close
R Teat Placement	0.78	Close
Teat Length	1.52	Short

10

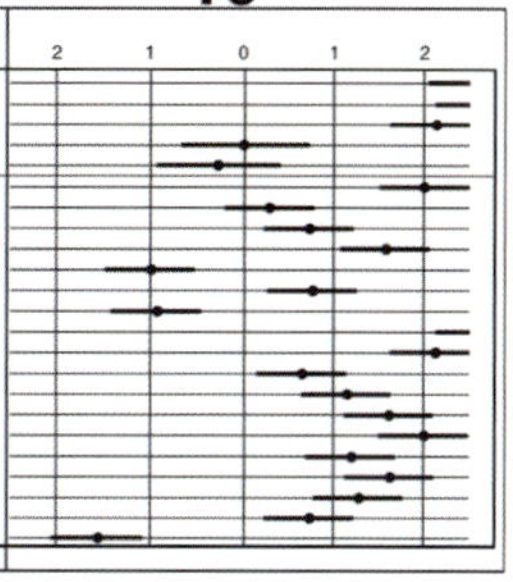

1 IDENTIFICATION PEDIGREE BLOCK

Line 1　Bull's name, TPI® value and source of evaluation where: blank = US, G = Genomic, and M = MACE. TPI (Total Performance Index) is a multi-trait index, calculated by Holstein Association USA. It combines PTA Protein, PTA Fat, PTA Type, STA Dairy Form, Udder Composite, Feet and Legs Composite, PTA Productive Life and PTA SCS, PTA Daughter Pregnancy Rate, PTA Daughter Calving Ease, PTA Daughter Stillbirth, thus ranking sires on their ability to transmit a balance of these traits. Only the TPI

Line 3　Sire's name and TPI value.

Line 4　Sire's nation, identification number, percentage RHA (NA=North American, I=International), recessive gene codes, final score, and Gold Medal Sire designation.

Line 5　Dam's name and CTPI value.

Line 6　Dam's nation, identification number, percentage RHA (NA=North American, I=International), recessive gene codes, final score, five major breakdowns and Gold Medal

OFFICIAL HOLSTEIN PEDIGREE

U.S. Registered Holsteins FOR MAXIMUM PROFIT

Holstein Association USA, Inc.

www.holsteinusa.com

100% Registered Holstein Ancestry (RHA-NA)

50K GTPI 80%R
WARGO-N-JD SUPER DELUX-ET +2175 **G**
USA 69519919 100%RHA-NA P
3-07 90 EEV+E

PTA +1388M +32F +49P 82%R 4/2014
PTA +555NM -.07%F +.03%P
PTA +3.6PL 2.69SCS +2.0DPR 6.9%DCE
PTA +2.81T +1.77UDC +1.93FLC 81%R 4/2014

	AGE	X	DAYS	MILK	DCRM	%	FAT	%	PRT	DCRC
***	2-01	3	295	29020	96	4.0	1168	3.3	958	96

08/10/2010 1063 FEMALE
CRAIG CARNCROSS & JASON DANHOF
W13157 COUNTY ROAD J
LODI, WI 53555-9342
608/592-2560

50K GTPI 99%R
END-ROAD PVF BOLIVER-ET +1775 **G**
USA 123586443 100%RHA-NA TV TL TY TD
11-11 96 EEEE GM 8/09 11/27/1998

PTA +858M +37F +33P 99%R 4/2014
PTA +379NM +.02%F +.03%P 52%US
PTA +2.5PL 2.93SCS -.3DPR 6.6%DCE
PTA +1.19T +1.23UDC -.23FLC 99%R 4/2014

IMP GTPI 84%R
CHARLESDALE SWEET STAR +1808 **G**
USA 133701030 100%RHA-NA
2-08 85 +V+VV DOM 10/28/2000

PTA +820M +28F +27P 85%R 4/2014
PTA +409NM -.01%F +.01%P
PTA +4.7PL 2.89SCS +1.9DPR 5.5%DCE
PTA +.68T -.04UDC +.56FLC 84%R 4/2014

	AGE	X	DAYS	MILK	DCRM	%	FAT	%	PRT	DCRC
**	1-10	3	305	28080	94	3.4	943	3.1	880	94
			365	33740	94	3.3	1106	3.1	1058	94
**	4-02	2	305	25050	100	3.4	847	3.0	749	100
			365	29250	100	3.4	991	3.0	883	100
	LIFE		1391	105450		3.3	3519	3.2	3390	

50K GTPI 99%R
CHARLESDALE SUPERSTITION-ET +2182 **G**
USA 62065919 100%RHA-NA TR TV TL TY TD
GM 12/13 12/29/2004

PTA +1486M +6F +42P 99%R 4/2014
PTA +644NM -.17%F -.01%P 65%US
PTA +7.3PL 2.63SCS +2.8DPR 5.5%DCE
PTA +2.05T +1.98UDC +1.06FLC 99%R 4/2014

50K GTPI 99%R
HARTLINE TITANIC-ET +1506 **G**
USA 123066734 100%RHA-NA TV TL TY
GM 8/08 05/03/1998

PTA +684M +20F +22P 99%R 4/2014
PTA +26NM -.02%F +.01%P 7%US
PTA -2.6PL 3.03SCS -2.0DPR 11.1%DCE
PTA +1.57T +1.34UDC +2.45FLC 99%R 4/2014

50K GTPI 88%R
WARGO-N-JD DIMPLES-ET +1624 **G**
USA 61959619 100%RHA-NA CV
5-00 91 EEVVE 03/01/2005

OFFICIAL HOLSTEIN PEDIGREE

U.S. Registered Holsteins FOR MAXIMUM PROFIT

Holstein Association USA, Inc.

www.holsteinusa.com

100% Registered Holstein Ancestry (RHA-NA)

P9 77K GTPI 76%R
WA-DEL ABS BOURBON-ET +2737 **G**
840003014558977 100%RHA-NA TV TL TY TD

PTA +2151M +77F +67P 77%R 8/2016
PTA +823NM -.01%F +.01%P 100%US
PTA +5.3PL 2.77SCS +2.4DPR 4.5%DCE
PTA +2.21T +1.69UDC +1.63FLC 75%R 8/2016

29HO17944 BOURBON
11/29/2014 MALE
ABS GLOBAL, INC.
1525 RIVER ROAD
DE FOREST, WI 53532
608/846-3721

50K GTPI 99%R
MOUNTFIELD SSI DCY MOGUL-ET +2514 **G**
840003006972816 100%RHA-NA TR TV TL TY TD
5-03 91 EEVE GM 8/15 06/22/2010

PTA +1292M +85F +40P 99%R 8/2016
PTA +689NM +.13%F +.00%P 76%US
PTA +3.8PL 3.01SCS -.6DPR 4.6%DCE
PTA +2.46T +2.57UDC +2.62FLC 99%R 8/2016

50K GTPI 88%R
UNIQUE-STYLE BOLTON MONEY +2232 **G**
USA 139121711 100%RHA-NA TM TV TL TY
7-08 93 EEEEE 2E GMD DOM 09/25/2007

PTA +1973M +79F +63P 89%R 8/2016
PTA +479NM +.02%F +.01%P
PTA +.4PL 3.20SCS -3.1DPR 8.4%DCE
PTA +1.62T +1.09UDC +1.24FLC 88%R 8/2016

	AGE	X	DAYS	MILK	DCRM	%	FAT	%	PRT	DCRC
**	2-00	2	305	21970	99	3.7	812	3.3	715	99
			360	25540	99	3.7	950	3.3	842	99
***	3-01	3	305	34350	98	4.1	1397	3.3	1146	98
			365	38430	98	4.2	1614	3.4	1320	98
***	7-04	3	182	23030		3.8	873	3.1	723	

P9 50K GTPI 84%R
BACON-HILL MONTROSS-ET +2613 **G**
USA 71703339 100%RHA-NA TV TL TY TD
2-11 88 VV+E 10/14/2012

PTA +2523M +86F +73P 86%R 8/2016
PTA +765NM -.04%F -.01%P 100%US
PTA +4.3PL 3.08SCS -.5DPR 5.7%DCE
PTA +2.27T +1.68UDC +2.17FLC 79%R 8/2016

50K GTPI 99%R
CO-OP BOSSIDE MASSEY-ET +2288 **G**
USA 63026939 100%RHA-NA TV TL TY TD
GM 12/14 02/05/2007

这头公牛带有HH5单倍型遗传缺陷，要注意选用！！

合理选用配种种公牛

- 了解公牛站整体情况和三代系谱分析

  牛群血统、饲养管理、 育种程序等

- 审查公牛后裔测定结果，重点选用后裔测定结果可靠性高的验证公牛(CPI、TPI、LPI指数)
- 青年公牛要依据基因组检测评定结果

  GCPI

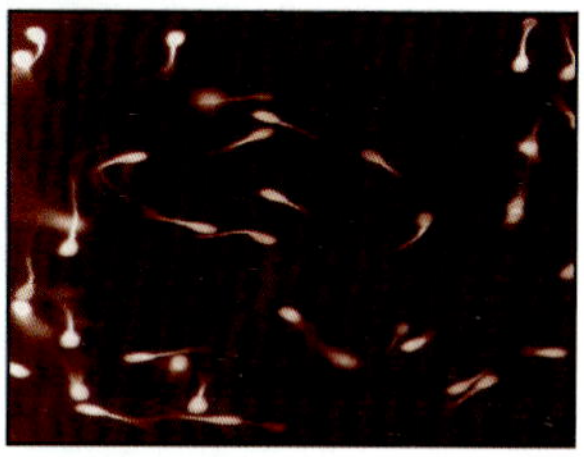

- 冷冻精液质量符合国家标准

  活力>0.35； 有效精子数>800万个/剂

  畸形率<18%, 微生物<800个

- 注意缺陷：CVM、BLAD、BY、DUMP等

配种受胎率与不同公司产品

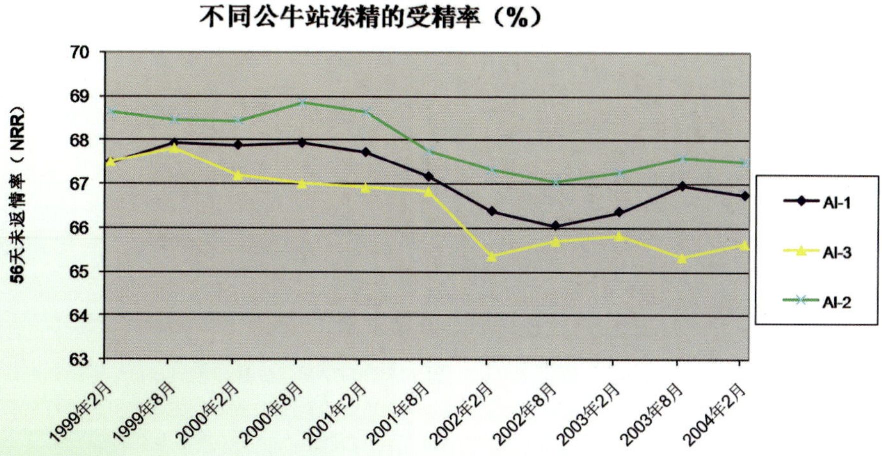

数据来自加拿大CDN冻精受精率报告

高产母牛的体型性状表现

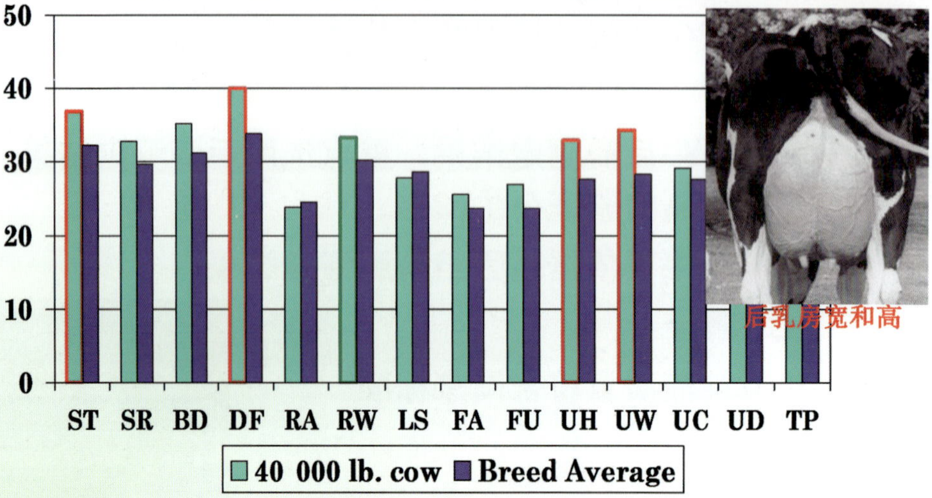

ST体高，SR强壮度，BD体深，DF乳用体形，RA尻角度，RW尻宽，LS后肢侧视，FA蹄角度
FU前乳房附着，UH后乳房高度，UW后乳房宽度，UC乳房韧带，UD乳房深度，TP乳头分布

奶牛体型外貌的变化

奶牛场选配需求的多样化

- 选择选配计划的类型
  - 产奶型选配计划　产量:体型:辅助性状= 60:30:10
  - 平衡型选配计划　产量:体型:辅助性状 = 45:45:10
  - 增加体型的选配　产量:体型:辅助性状 = 27.5:64:8.5
- 选择特定指标
  - 奶量(+800)/体型(+10)/产犊难易(+100)/乳脂量(+35 kg)/。
  - 建立红白花种群体→ 仅仅有红色基因的公牛
  - 近交系数(<8%)……
- 选用指定公牛。

奶牛场的遗传改良

- 重视产奶量的同时，更应重视乳成分的改进
- 重视生产性状的同时，需重视繁殖和健康性状
- 重视奶牛长寿性对产奶生产效率直接相关

更加强调平衡育种理念

- 产奶、体型、繁殖、健康等性状达到最佳组合…

奶牛生产寿命的重要性

奶牛生产寿命实际上反映了奶牛场对这头牛的综合满意程度，即，它代表了全部生产性状和功能性状的综合表现。

牛群生产寿命的衡量：

- 平均利用的胎次；
- 平均淘汰月龄；
- 初次产犊至淘汰时的天数；

生产寿命的遗传力=0.05～0.15

长寿性/生产寿命

- 生产寿命是降低成本的重要因素；
- 尽量延长使用寿命，可降低后备牛比例；
- 终生产量=年产奶量（kg）*生产寿命，是衡量奶牛场效益的重要指标；

项目	每头奶
	2 胎
产奶牛数量（头）	100
更新率/年（%）	50%
后备牛数（头）	130
存栏总数（头）	230

选配原则

- 应有利于巩固优良性状，根据母牛生产水平和基本体型，选择与配公牛。
- 根据母牛乳房、肢蹄等表现最差的体型缺陷，选具相对优点公牛。
- 其它性状表现，选最具相对优点的种公牛。公牛素质要高于母牛
- 同质选配：具有相同优良性状的公母牛间选配，目的是巩固优秀性状；
- 异质选配：矫正不良性状，多用于生产群；
- 亲缘选配：考虑公母牛间亲缘关系的选配；

除特殊育种需要外，应避免近交 $F \leqslant 4\%$

选配方法

- 优秀母牛采用同质选配，品质较差母牛采用异质选配
- 公牛生产性能和体型遗传成绩要高于母牛
- 一次选配，考虑改良的性状不多于3个
- 避免相同或不同缺陷的选配组合
- 后代近交系数控制在4%以下

近交有害

性 状	6.25%	12.5%	25%
产奶量	-136	-272	-544
乳脂量	-4.5	-9.1	-18.1
乳脂率/%	+0.02	+0.04	+0.12
出生重	-0.7	-1.4	-2.7
1岁体高	-0.6	-1.12	-4.0
死亡率	112%	125%	150%

- 每增加1%近交系数减少约 30 kg 产奶量

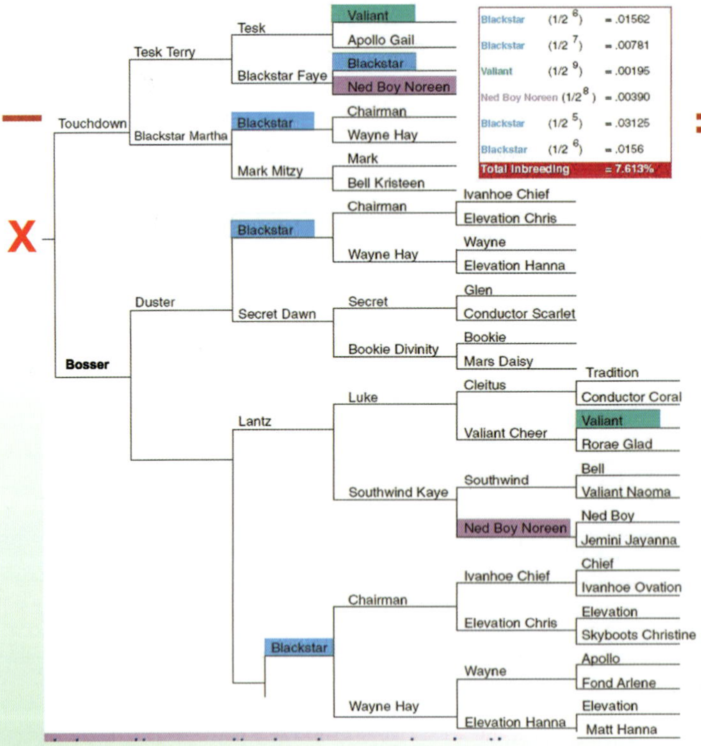

近亲繁殖

- 追溯7 代
- 兼顾母系和父系

查看系谱记录避免近交

母 牛

母牛号	父号	外祖父号
09819	12513	6532079
08081	11100113	37302004
08543	11100113	6532079
08171	30201	1929410
07171	9243527	6532079
07307	9217363	1929410
08313	05021	6532079

种 公 牛

公牛号	父号	外祖父号
94107	1929410	1697572
37302004	5902195	2124357

禁止交配

选配方法

1. **个体选配**：每头母牛都按本身的特点与最适宜的优秀种公牛选配；
2. **群体选配**：用于生产群，根据牛群特点选择2～3头主配公牛，其他为辅，但注意避免近亲繁殖；
3. **分组选配**：先按个体关系分组，然后选不同公牛进行选配。

MultiMate 选配软件

奶牛群改良策略

- 注重**选种选配**：选用适宜的优秀种公牛冻精
- 注重**性能测定**：通过生产性能测定提高奶牛场管理水平
- **开放式**育种：引进各地优秀遗传资源，才能加速群体遗传改良过程。

31

谢谢！

张 胜 利
中国农业大学动科学院
Tel.：010-62733697
Mobile：13901194331
E-mail: zhang62733697@163.com

中德畜牧业技术创新中心

4 中国牛业发展合作项目发展现状和前景

王雅春　中国农业大学

中德牛业发展合作之图片展（一）

中德牛业发展合作之图片展（二）

发挥中国产奶产肉发展潜力

– 德方合作伙伴可以为此做哪些贡献？

中国牛业发展合作项目之前期基础

- 2007年7月，中华人民共和国农业部国际合作司与德意志联邦共和国巴伐利亚州农林部签署了“关于推广应用德系西门塔尔乳肉兼用牛种遗传物质与相关技术的合作协议”
- 2008年正式启动了“德系西门塔尔乳肉兼用牛区域试验示范推广项目”

2008年“西牛推广项目”成果简析

- 杂交后代生长发育、生产性能有所提高

表1　东北部项目区德系后代杂交牛与本地黄杂牛体重比较

单位：kg

品种	初生重	3月龄重	6月龄重	12月龄重	18月龄重
黄杂牛	38.5	83.8	129.0	226.0	365.6
杂交一代	45.1	98.1	150.9	264.4	427.8
杂交二代	52.3	113.7	175.1	306.7	496.2

表3　西北部项目区德系后代杂交牛与本地西杂牛体重比较

单位：kg

品种	初生重	3月龄重	6月龄重	12月龄重	18月龄重
本地西杂牛	36.8	101.1	171.8	301.8	434.3
杂交一代	40.9	113.9	193.6	327.9	464.2
杂交二代	38.4	126.5	191.4	403.0	——

表7　德系后代杂交牛与本地西杂牛的屠宰性能对比

单位：kg，%

组别	宰前活重	胴体重	净肉率	屠宰率
本地西杂牛	459.31	217.00	43.15	51.25
杂交一代	483.33	276.77	47.37	56.87

表10　德系杂交后代与本地西杂牛的泌乳性能比较　单位：d，kg

项目	本地西杂牛	杂交一代
产奶天数	305	305
305d标准乳量	3080	3889

表11　德系杂交后代与本地西杂牛的乳成分比较

单位：%，万个/mL

组别	蛋白质含量	脂肪含量	体细胞数
本地西杂牛	3.48	3.51	35
杂交牛	3.63	3.89	30

信息来源：《中国奶牛》2013.14

2008年“西牛推广项目”成果简析

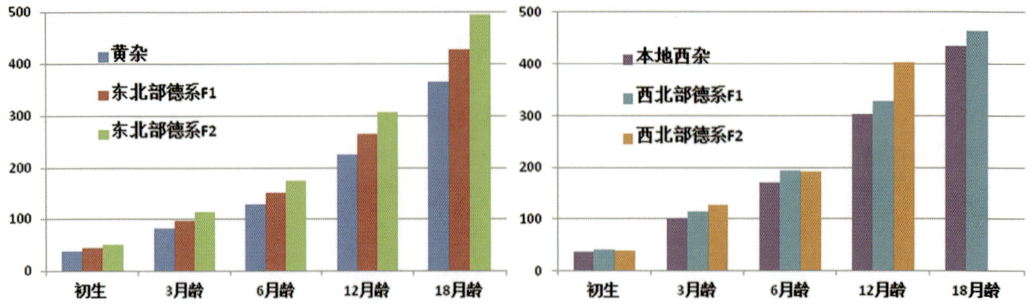

“西牛推广项目”东北部和西北部项目区杂交后代体重统计

- 与项目区原有群体相比，生长速度加快

信息来源：《中国奶牛》2013.14

2008年“西牛推广项目”成果简析

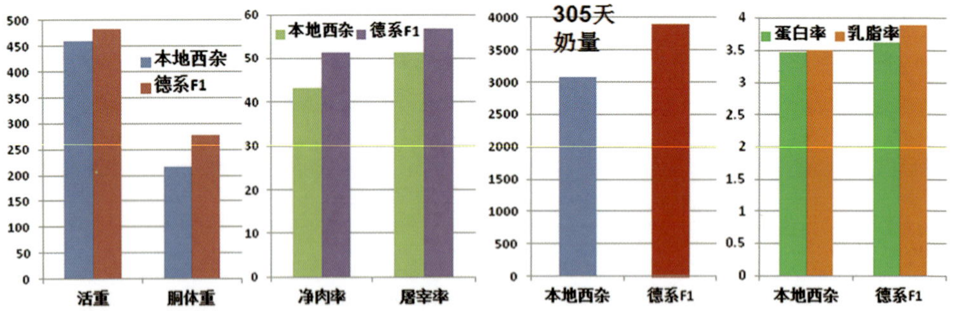

“西牛推广项目”杂交后代屠宰性能、泌乳性能统计

- 德系后代在直接与经济效益相关性状方面表现优异

信息来源：《中国奶牛》2013.14

2008年“西牛推广项目”成果简析

- 项目带动效应：
  - 项目区自筹资金引进优质德系西门塔尔牛冷冻精液 55 万余支
  - 统计的后代达到 10 万头左右
  - 中国西门塔尔牛及其杂交牛等群体性能提升、经济效益提高
  - 德系西门塔尔牛的再认识：完善育种体系与群体遗传水平不断提升
  - 兼用牛的重新认识：奶牛品种多元化主力

世界部分国家生产性能测定历史

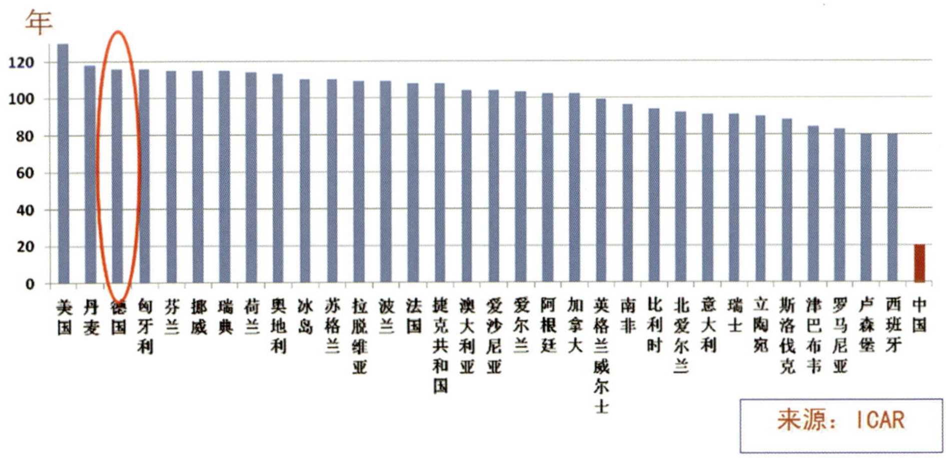

☛ 奶业发达国家牛奶测定的历史都在100年左右，德国名列前茅，中国仅实施了20年

德系西门塔尔牛育种体系

- 完善的育种体系
  - 育种目标综合考虑乳用、肉用、功能性状
  - 乳肉性能测定、登记牛群比例高、数量大
  - 世界上乳肉性能平衡得最好的品种：测定要求既有乳用性状又有肉用性状
  - 最新技术积极研发，基因组选择已有应用
- 推广应用：兼用、功能性强
  - 综合经济效益高、牛群逐渐缓慢扩大
  - 德国境内部分牛场尝试与奶牛杂交生产、荷兰也有尝试

德系西门塔尔牛肉用性能（德国ADR数据）

公牛品种	头数	日龄	活重	日增重
奶牛及兼用牛				
荷斯坦（黑白花）	154	441	551	1 157
西门塔尔牛	2 047	432	607	1 311
褐牛	703	452	515	1 057
德国黄牛	32	432	614	1 321
肉牛				
安格斯	336	455	609	1 261
夏洛莱	442	455	702	1 446
肉用西门塔尔牛	474	447	705	1 483
利木赞	540	483	668	1 303

2011年实地测定：

- 在奶用兼用牛品种中领先
- 肉用品系可与纯种肉牛媲美

德系西门塔尔牛肉用性能（德国ADR数据）

公牛品种	头数	始测日龄	结束日龄	始活重	终活重	日增重
荷斯坦（黑白花）	92	184	378	201	431	1 186
兼用西门塔尔牛	111	112	350	140	466	1 371
肉用西门塔尔牛	18	217	372	371	643	1 753
	51	267	413	418	677	1 777
夏洛莱	36	240	375	362	597	1 739
利木赞	99	240	375	344	552	1 540
安格斯	23	246	381	332	551	1 623

•2011年测定站测定

- 犊牛肉：兼用型**4/6~12**月龄日增重**1.3~1.4 kg**
- 常规育肥：肉用型，**7~12**月龄育肥日增重**1.7 kg**

德系西门塔尔牛肉用性能（德国ADR数据）

品种	屠宰场	头数	月龄	胴体重	净日增重	商业等级	脂肪等级
西门塔尔牛（巴符州）	124	73 516	20.0	376	629	3.39	2.31
西门塔尔牛（拜仁州）	33	240 550	18.9	406	710	3.63	2.44
褐牛	74	13 594	20.4	371	607	2.56	2.37
褐牛	23	14 993	19.6	390	656	2.78	2.78

2011年屠宰场测定：

- 巴符州+巴伐利亚31.4万头德系西门塔尔牛屠宰性能
- 净日增重：胴体日增重，拜仁州领先
- 西门塔尔牛的**胴体等级较高、脂肪等级适中**
- 拜仁州早1个月出栏，较荷斯坦牛**早2月出栏**

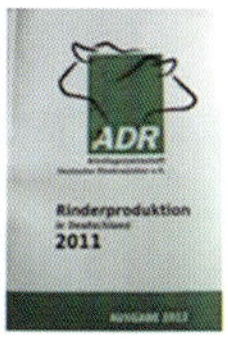

2008年“西牛推广项目”反思

- 牛群生产性能 = 遗传物质 + 环境（营养 + 饲养管理 + 健康管理）
- 中国兼用牛群体的状态：选育体系不健全，代犊母牛以散养为主、后代以肉用为主、乳用性能发挥有限
- 中国兼用牛群体效益来源：为高中低档牛肉市场提供牛源（母牛主要用于哺乳、间接）
- 乳业主打品种：中国荷斯坦牛 ↔ 高产+高效

目标：发挥中国产奶产肉发展潜力！

“中国牛业发展合作项目”宗旨

- 借鉴德国种畜产业发展成功经验，通过引进德国优秀奶牛和兼用牛遗传物质以及相关配套技术：
  - 提高群体生产性能和养殖者经济效益
  - 构建我国兼用牛群体遗传改良基础工作平台
- 长远：
  - 中国可持续奶业发展：高产、高效
  - 培育兼用型牛发展重点地区的育种核心群，提高我国自主培育和选育优秀种公牛能力
  - 项目合作内容延伸到其他品种、畜种

中国牛业发展合作项目

- 合作层面**最**高：国家级
- 双方重视程度**最**高：中方（总站设项目办、组织顶级专家组、各省积极配合）
- 涉及牛品种**最**多：荷斯坦、西门塔尔、褐牛++
- 涉及专业面**最**宽：基因、营养、数据、管理等
- 项目内容企业参与量**最**大：5家育种企业…
- 项目投入软科技量**最**全面：定制软件、专家、中长+中外培训

项目实施主框架

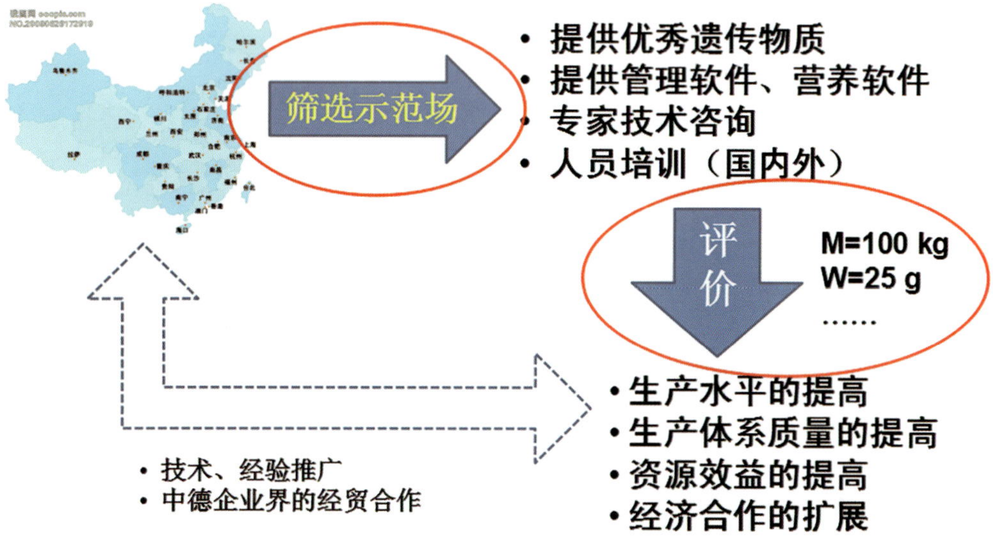

2011年重点考察的候选项目示范场

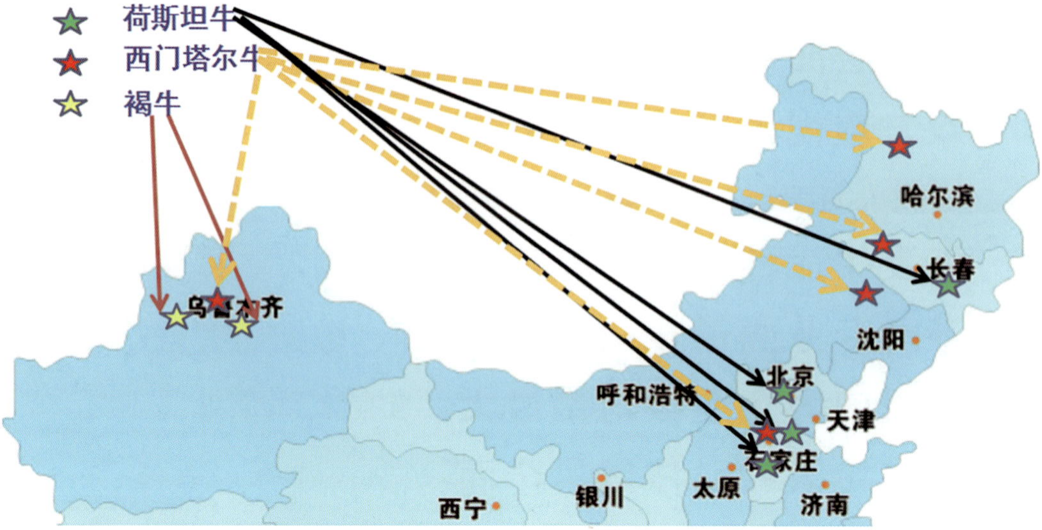

- 重点省区推荐基础上，中德专家考察11个场

2011年选定6个项目示范场

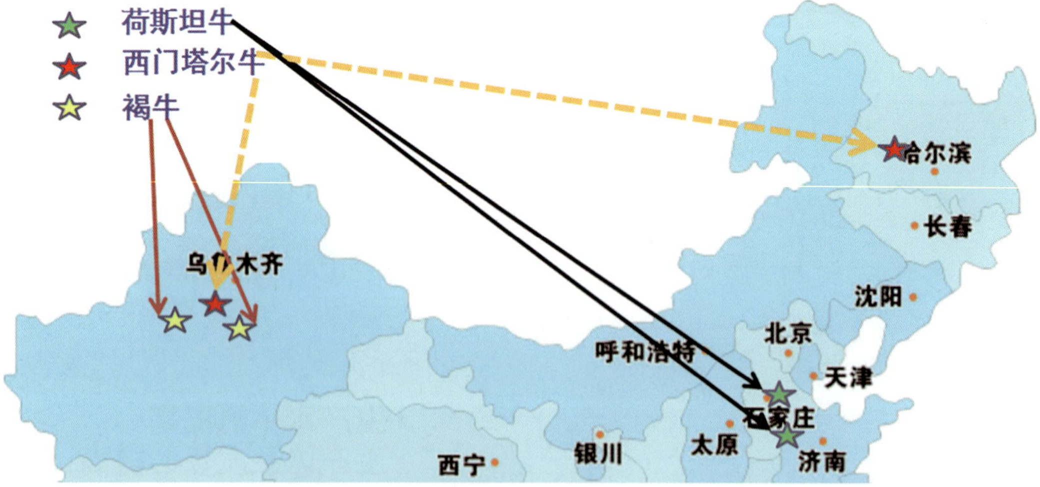

- 综合考虑规模、类型等因素，分布于三个区域

示范场与项目实施

示范场	地点	品种	规模*	放牧	技术队伍	原有软件+管理	DHI测定	供种
1	北京	荷斯坦	大	否	强	有	有	公牛母亲?
2	河北	荷斯坦	中	否	中	?	有	公牛母亲?
3	黑龙江	西门塔尔牛	小	是	弱	?	NA	否
4	新疆	西门塔尔牛	大	否	中	?	有	是
5	新疆	褐牛	中	否	中	?	有	是
6	新疆	褐牛	中	是	中	?	无	本交公牛

- 项目涉及三个品种
- 分别分布于各品种的重点养殖区域
- 希望项目成果将来对不同养殖情况有代表性

中国牛业发展合作项目之现场指导

- 通过对示范场牛群、饲料、环境等方面考察，对管理提出细致的改进意见：
  - 饲料原料成分测定与使用Futter-R平衡日粮精准配制
  - 青贮原料切割、取料技术、降低贮藏损失
  - 苜蓿收购期、青贮玉米品种选择、草场维护
  - 初乳管理、犊牛饲养和管理关键点
  - 关注青年牛培育原则，各阶段各有特点
  - 针对寒冷地区的牛舍设计、场区设计
  - 修蹄、挤奶管理

示范场技术需求

有待项目二期
实施展现效果

- 遗传物质：平衡育种、独特品种 ✓
- 饲养管理技术体系：长期技术指导、中外培训 ✓
- 技术培训模式：实践性强、理论辅助 ✓
- 管理软件+数据应用：形成记录体系、进一步指导生产管理 ✓
- 环保设施、技术：农牧结合型和粪污集中处理型提高效率、创造价值 ✓

2010年+2011年+2012年

项目实施过程中存在的问题

- 软件使用的相关问题
  - 人员：软件掌握能力、结果应用能力
  - 数据：基础参数缺乏、历史数据录入/导入、原有软件不兼容
  - 费用：饲料原料样品检测、软件收费
  - 软件适用性：e. g. 放牧+舍饲的饲养模式

项目实施过程中存在的问题

- 指导专家现场咨询目的：
  a）针对各个示范场发现关键问题；
  b）解决关键问题，获得经验↔牛的特殊性
- 指导专家：
  a）是否需要各专业（中外）一同会诊？
  b）按品种、规模、养殖方式进行个性化指导？
  c）指导专家“中长期”驻场

⇨就各场自有技术人员培训、提升–不依赖社会化服务体系

中国牛业发展项目未来发展建议

- 切中中国牛业发展的关键点：遗传种质及其遗传潜力发挥的必备条件
- 牛业发展项目可涉及的其他技术内容：
  – 育种技术及育种体系建设
  – 繁殖技术、牛群管理与保健、环保
  – 乳品加工等行业发展必备技术体系：促进￥↑
- 中德畜牧业创新中心项目中方专家的参与
  – 沟通中国畜牧业发展的本地具体情况
  – 消化、理解与再传播，推动项目成果转化

对于中方项目示范场建议

- 种+料+病+管↔形成高效生产体系
- 不仅缺一不可，而且要：
  - –紧密结合！
  - –各因素间需要对话、互补！

如何吸收德国养殖技术精华

人员：

- 需要一个技术团队，而不是某个个人
  - – 团员之间专业配合：至少繁育+兽医+营养
- 建立沟通的工作机制
  - – 专业培训后场内进行学习内容和经验传播
  - – 针对场内问题，团队成员之间共同讨论对策

通过共同消化理解变为

自己团队的技术！

如何吸收德国养殖技术精华

- 收集自己的数据并分析
  - 需要建立数据工作的管理制度
  - 数据的收集和录入有专人负责，及时更新
    - 没有数据，专家也没辙！
  - 由简到繁学习分析自己的数据
    - 例如：平均数，哪头公牛好？季节效应与防暑降温
  - 设定基准体系、自我检测和判断，例如：
    - 如检测TMR管理配方是否能提高产奶量？
    - 基准：本场、项目场、国内、德国同类牛场

普遍适用的理念↔普遍适用的技术

如何吸收德国养殖技术精华

- 发现自己场的问题并不断总结、改进经验
  - 项目组将建立专门网站
    - 上传材料⇒报道项目在本场的执行进展
    - 分享各地技术收获、沟通经验
  - 利用合作项目的契机
    - 认识同行朋友和同行专家：从别人的问题发现自己的问题
    - 通过关键指标的分析找到问题
    - 在各种机遇下，讨论各自的问题和经验
      - “厨房会议”

- 德国牛业百年的发展，经验值得学习！
- 最先开动脑筋，重视、懂得学习的场最有可能取得领先的地位，成为最有成就的团队！
- 最早严肃对待这次机会的人员最有可能掌握先进理念和技术，成为行业领军者！

附录三　大事记

1　中德畜牧业技术创新中心——中国牛业发展合作项目启动仪式*

2011年11月4日，总站与GFA在北京联合举办中德畜牧业技术创新中心——中国牛业发展合作项目启动仪式。时任农业部国际合作司屈四喜副司长、农业部畜牧业司王宗礼副司长、全国畜牧总站李希荣站长、德国米勒国务秘书、德国驻华使馆农业参赞白梅女士等出席了启动仪式。启动仪式上，中德两国农业部领导介绍了项目有关情况，总站与GFA签署了《中德畜牧业技术创新中心——中国牛业发展合作项目实施方案》（附图3-1）。同时，总

附图3-1　全国畜牧总站与德国农业技术咨询公司（GFA）签署中德畜牧业技术创新中心——中国牛业发展合作项目实施方案

* 注：来源于中国饲料工业信息网。

站分别与首批 6 家项目示范单位签署了项目合作协议书，中德代表为第一批项目示范单位举行授牌仪式。

2010 年 1 月，中德两国农业部签署了《关于建立中德畜牧业技术创新中心意向书》，意向书明确："为促进中德畜牧业科技交流，双方将在北京建立中德畜牧业技术创新中心。"中心受中德农业联委会领导，旨在促进中德企业界的经贸合作，负责协调和支持双方在畜牧业科研和经济方面的信息交流与合作，提高中国畜牧业综合生产能力和畜产品质量安全。

全国畜牧总站是国家级畜牧技术推广机构，承担着畜禽良种与技术推广、畜禽牧草种质资源保护与利用管理等工作，拥有一支高素质的畜牧科技队伍，在组织和实施国际合作项目方面有着丰富的组织和管理经验，作为中德畜牧业技术创新中心中方项目执行单位，全国畜牧总站承担中方项目的组织和实施工作。全国畜牧总站按照部领导的指示，筹备了"中德畜牧业技术创新中心中方项目领导小组"，中方项目办公室设在全国畜牧总站牧业发展处，安排专人负责项目工作。为加强对项目的技术指导，促进与德方的交流，成立了中方项目专家组，专家组成员由中国的农业院校和科研单位著名畜牧专家组成。

德方也在北京设立了项目办公室，确定了项目执行部门德国农业技术咨询公司(GFA)和项目实施单位 ADT 公司，确定了参与合作项目的四家德国企业。ADT 公司在北京设立了办事机构，负责项目落实工作。德方参与项目的四家企业分别是德国巴伐利亚遗传物质公司(Bayern-Genetik GmbH)、德国宝牛育种中心 (BVN)、德国遗传国际有限公司 (GGI) 和诺丁林种畜基因产品公司(Masterrind)，这些企业都是德国乃至世界著名的企业。

中方项目办公室积极与德方项目办公室沟通，落实项目工作。在农业部国际合作司的组织下，2010 年 12 月至 2011 年 9 月，中德双方在北京召开了四次技术工作会议，就项目工作进行专题讨论，2011 年 6 月中方派考察团赴德国参观考察。通过沟通和了解，双方就中德畜牧业技术创新中心第一阶段工作充分交换了意见，形成了共识，确定中德双方先期开展中国牛业发展合作项目，在此项目基础上，逐步扩大合作领域。

在中德双方项目办公室的共同努力，中德专家的支持及相关省份的大力配合下，2011 年共确定了 6 家项目示范单位(附图 3-2)，分别为北京三元绿荷奶牛养殖中心、石家庄润通牧业有限公司、新疆呼图壁种牛场有限公司、黑龙江省九三红枫种植有限公司、新疆维吾尔自治区国营乌鲁木齐种牛场和伊犁新褐种牛场。这六家企业具有广泛的代表性，具备项目实施的基本条件。在项目执行期间，示范单位将无偿获得牛场管理软件、优质牛冷冻精液及耳标。

农业部国际合作司、畜牧业司、科教司和发展计划司、全国畜牧总站、中国奶业协会、中国畜牧兽医学会、中国畜牧业协会等有关单位领导，项目专家组成员，北京、河北、黑龙江、新疆、吉林、内蒙古等省(自治区、直辖市)畜牧行政和技术推广部门负责人，项目示范单位代表，德国驻华大使馆、德国农业部代表，德国有关企业代表等，共计 100 多人参加了项目启动仪式。

附图 3-2　中德代表为第一批项目示范单位举行授牌仪式

2 中国牛业发展合作项目示范单位增至 10 家*

2014 年 11 月 27 日至 28 日，由全国畜牧总站与德国农业技术咨询公司(GFA)联合举办的中德畜牧业技术创新中心——中德牛业发展合作项目第三次研讨会在北京举行(附图 3-3)。中德双方专家在会上介绍了项目实施 3 年多的成果以及今后继续合作的重点领域。同时，针对养猪业及养羊业的双边合作德国行业考察今年也圆满完成，中德双方计划在 2015 年将项目扩大到其他畜种。此外，来自河北、四川和北京的四家新增项目示范场即张北华田牧业科技有限公司、四川省阳平种牛场、北京首农畜牧奶牛中心良种场、北京中地畜牧科技有限公司将纳入到本项目中来，至此中方项目示范单位增至 10 家。

会上，时任全国畜牧总站副站长郑友民、德国驻华大使馆代表蒲曼婷以及德方项目办公室代表保姆盖特分别致辞，并介绍了中德牛业发展合作项目的实施背景、开展现状及发展前景。随后，中国牛业发展合作项目为 2014 年新遴选的 4 家中方项目示范单位授牌，

附图 3-3　中德牛业发展合作项目第三次研讨会

---

* 注:来源于中国畜牧兽医报。

宣告中德牛业发展合作项目将进入第三阶段。

中德牛业发展合作项目是以 2010 年两国农业部签署的“关于建立中德畜牧业技术创新中心意向书”为合作基础的非常重要的双边合作项目之一。作为由德国农业部资助的经济合作项目，德国 ADT 国际项目管理与咨询公司受德国农业部委托与全国畜牧总站共同执行并实施此项目。

附录四 其 他

1 中方专家简介

张沅，男，1943 年 1 月出生于北京市，汉族，农工党员，博士，动物遗传育种学教授，博士生导师，中国农业大学教授，全国政协委员。

主要研究方向：动物数量遗传学理论与方法；家畜育种方法与育种规划（奶牛和猪的育种技术）；动物生化遗传学在育种中的应用；动物生物技术在育种中的应用；家畜分子数量遗传学。

主要著作：

《Animal Production Multilingual Illustrated Dictionary》多人合编 1986 年 德国 GTZ 出版公司；

《畜禽育种中的线性模型》张沅 张勤 1993 年 北京农业大学出版社；

《高产奶牛的培育和饲养》姬作义 张沅 1993 年 安徽科学技术出版社；

《家畜育种规划》张沅 2001 年 中国农业大学出版社；

《动物育种原理和方法》主编 1989 年北京农业大学；

《畜牧概论》参编 1995 年 农业出版社；

《动物育种学各论》主编 1996 年 北京农业大学出版社；

《家畜育种学》主编 2001 年 中国农业出版社（面向 21 世纪课程教材）；

1992 年获农业部科技进步 3 等奖（第 3 完成人）；

1999 年获农业部科技进步 1 等奖（第 1 完成人）；

2000 年获北京市科技进步 2 等奖（第 1 完成人）；

2000 年获国家科技进步 2 等奖（第 1 完成人）；

1991 年获“全国做出突出贡献的留学归国人员”称号；

1992 年获“农业部有突出贡献的中青年专家”称号；

1993 年获“国家级有突出贡献的中青年专家”称号；

1992 年起享受政府特殊津贴；

2000 年获宝钢奖励基金“全国优秀教师奖”。

张胜利，遗传育种学博士，现任中国农业大学动物科技学院教授，中国奶业协会育种专业委员会副主任、常务理事，中国畜牧兽医学会动物遗传育种学分会理事、养牛学分会常务理事，国家畜禽遗传资源委员会牛马驼专业委员会委员；2004 年获“国务院政府特殊津贴专家”奖励。

研究方向：奶牛遗传育种与繁殖。一直从事动物遗传育种和奶牛良种繁育方面的教学、科研及技术推广工作，主要研究方向是动物数量遗传和奶牛育种技术。

近年来主持和参加了“奶牛良种扩繁技术研究及产业化开发”、“种公牛分子选育技术的研究与应用”等多项国家科技部、农业部和北京市科研课题，获北京市科技进步一等奖 1 项（2006 年）、二等奖 2 项（2004 年、2006 年），农业部丰收奖三等奖 1 项（2010 年）。

王雅春，中国农业大学动科院动物遗传学教授，加拿大圭尔夫大学动物遗传育种专业博士。现任国家奶牛产业技术体系遗传育种岗位科学家，岗位任务是奶牛育种规划与核心群建立。

曾主持国家“十一五”科技支撑计划“优质奶牛新品种（系）选育与关键技术研究及示范”等多项育种课题。曾对北美、欧洲等多个国家的奶牛育种体系和代表性牧场进行考察，对奶牛、肉牛和兼用牛育种技术体系建立和平衡育种理念有深入理解。

李俊雅，动物遗传育种研究员。1968年生于内蒙古赤峰市，1999—2002年在中国农业大学学习，获博士学位；2004—2007年在美国康乃尔大学农业与生命科学院做博士后研究工作。现任中国农科院牛遗传育种团队首席科学家、研究室副主任，中国畜牧兽医学会养牛学分会秘书长，国家畜禽品种资源管理委员会牛马分会委员。

研究方向为分子数量遗传学、肉牛及兼用牛育种技术。先后主持和参加国家课题40余项。现阶段承担国家肉牛遗传评估中心建设项目和全国肉牛的遗传评估工作，致力于适合我国肉牛群体的全基因组选择技术平台建设和肉牛新品种培育。

作为主要技术负责人之一，育成了对我国养牛业具有突出作用的“中国西门塔尔牛新品种”。初步建立了肉用西门塔尔牛全基因组选择技术体系。先后获国家科技进步二等奖1项，北京市科技进步一、二等奖各1项，中国农业科学院科技进步奖一等奖2项。近5年来发表相关论文40余篇，其中SCI收录文章20余篇。

朱化彬，男，1965 年 8 月出生，博士，博士生导师，中国农业科学院北京畜牧兽医研究所动物生物技术与繁殖学科主任，家畜胚胎工程与繁殖创新团队首席科学家，国家奶牛产业技术体系岗位科学家。中国畜牧兽医学会动物繁殖学分会副理事长，中国奶业协会理事，中国畜牧业协会驴业分会和牛业分会理事。

从事奶牛和肉牛胚胎生物技术和繁殖新技术研究与示范推广，特别是牛体内、外胚胎生产和体细胞克隆技术研究，先后主持和参加完成奶牛胚胎生物技术研究、繁殖和饲养有关的课题 40 多项，获得国家和省部级科技奖励 9 项，申请国家发明专利 18 项，获得国家发明专利 10 项，发表研究论文 200 多篇(其中 SCI 论文 45 篇)，主编出版编著 6 本。

石万海，高级畜牧师。现任北京首农畜牧发展有限公司奶牛中心副经理，中国奶业协会育种专业委员会秘书长。从事奶牛育种工作 31 年，参与从“八五”以来奶牛研究课题及相关标准修订多项，并获相关奖励；对奶牛体型鉴定技术方法有较深入研究，在不断与国外交流和学习及实践中，对我国该项技术不断改进并推广做出贡献。

2 德方工作人员简介

项目协调人：施密特博士（Dr. Ferdinand Schmitt）

德国ADT国际项目管理与咨询公司总经理施密特博士，获农业工程博士学位，作为项目协调人，主要负责同项目委托人、项目合作企业以及中德双方项目相关人员在项目实施过程中的总体协调工作。施密特博士从第一期项目开始就一直致力于项目的实施工作。在从事国内及国际发展合作项目的规划与实施工作方面已有20多年的工作经验。从1994年开始，就已接触并执行在中国的发展合作项目。

中德牛业发展合作项目负责人：格鲁伯博士（Dr. Sven Grupe）

格鲁伯博士是中德牛业发展合作项目的负责人。他曾在德国专业的农业学校学习并毕业，随后在大学研读动物生产专业，并获得农业工程硕士学位，之后又进修了动物育种方向的博士学位。从2004年至2013年他作为农场主，经营管理了一家奶牛存栏数超过800头的牧场。自2014年2月以来，他作为中德牛业合作项目的牛群管理专家为项目各示范场进行现场专业指导，并与项目合作企业进行沟通。

项目经理:玛丽亚胡娜（Maria Höhne）

自 2016 年 2 月起,玛丽亚胡娜女士作为项目经理负责与项目相关的在中国和德国开展的培训活动的组织和安排。她在硕士期间攻读了国际可持续发展农业专业。她主要负责中国专业考察团在德期间考察及培训的组织安排工作,同时在中德专家的邀请及项目公共活动方面给予支持。

项目经理:胡斯安(Sebastian Hofsommer)

自 2014 年 2 月至 2016 年 2 月,胡斯安先生作为项目经理主要负责中德牛业发展合作项目以及中德畜牧业发展合作项目的相关组织安排工作。

项目经理:希弗勒博士(Dr. Inga Schiefler)

自 2010 年至 2014 年 2 月,希弗勒博士作为项目经理主要负责中德牛业发展合作项目的组织安排工作。

中德畜牧业合作项目驻华项目办公室总经理:孙其龙

自 2011 年起,孙其龙先生负责管理项目驻华办公室。他曾就读公共关系专业,并具备很高的德语水平。他主要负责同全国畜牧总站、中方项目各示范单位、德方项目参与企业以及其他项目相关人员就项目执行过程中的具体内容和活动进行组织和协商。

中德畜牧业合作项目驻华项目助理：杨晓敏

杨晓敏女士担任项目助理一职，并在牛群饲养与育种方面作为初级顾问协助德方专家进行相关工作。她曾在德国就读畜牧专业，并获得硕士学位。她主要负责中德牛业发展合作项目各项工作的开展，并协助牛业发展合作项目负责人在组织安排及专业方面的相关工作。

中德畜牧业合作项目驻华项目助理：齐雪

自 2014 年至 2016 年 12 月份，齐雪女士担任项目助理一职。她在中国和德国就读了德语专业。她主要负责协助项目办公室总经理开展各项工作，并协助项目长期驻场专家在华的各项工作，如组织安排、现场指导、各项培训的举办以及年度总结大会等，同时承担翻译工作。

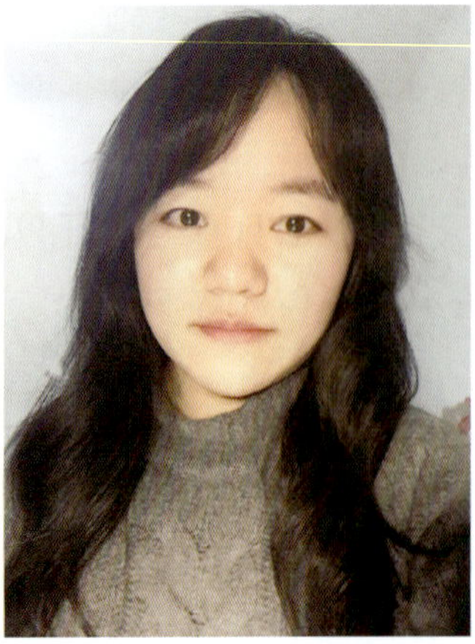

中德畜牧业合作项目驻华项目助理：何媛

何媛女士毕业于德国安哈尔特应用技术大学食品农业经济专业，自 2017 年 8 月担任项目助理一职，主要负责中德畜牧业项目中组织安排、现场指导、项目培训以及年度总结大会等工作的开展，同时担任翻译工作。

2015 年 5 月奶业大会德国论坛

2015 年 10 月格鲁伯博士与中国农业大学师生进行交流

2016 年 6 月奶业大会育种论坛

3　中德畜牧业技术创新中心网站

http://www.adt-tierzucht-china.org/index.php? id=49

4 主要项目企业

德国巴伐利亚遗传物质公司；

德国宝牛育种中心；

德国遗传物质国际有限公司；

德国诺丁林种畜基因产品公司；

德国 BvL 倍威力公司；

凯斯乐牧畜标识产品国际有限公司；

DSP 有限公司；

Defi Woldegk 有限公司，德国农业协会；

FAN 固液分离机有限公司；

福林格农业机械有限公司；

Michael Herdt 工程师；

梅明根牛种人工授精合作社。